Deepen Your Mind

前言

多年來，影音、多媒體技術一直以各種各樣的形式對社會產生深刻影響，從專業領域的廣播電視到消費領域的個人數位攝影機等這些都已融入人們生活的各方面。進入網際網路時代，線上視訊、短視訊等娛樂場景，以及遠端會議、遠端醫療等專業應用進一步擴展了影音技術的應用領域，使其與現代文明的聯繫更加密不可分。

❖ 影音技術推動泛娛樂行業高速發展

從 21 世紀的最初幾年開始，線上視訊產業便漸漸開始興起。隨著寬頻網逐漸走入尋常百姓家，消費者們無須再忍受撥號網路緩慢的傳送速率，部分知名門戶網站也逐漸開始涉足線上視訊領域。此後線上視訊網站層出不窮，線上視訊行業呈現百花齊放的場景。

在視訊網站平台的發展起起伏伏之際，另一種線上視訊娛樂的形態——網路互動直播開始異軍突起。直播本是歷史最悠久的視訊應用之一，多年以來廣電領域的數位電視廣播、閉路電視系統一直是直播系統的最典型應用。進入網際網路時代，直播的整體形態與產品細節與傳統的閉路電視系統相比發生了翻天覆地的變化，最典型的升級是從主播到觀眾的單方面放送，轉變為主播與觀眾的雙向互動，網路互動直播從萌芽到興起，到最為繁榮的「千播大戰」，直到最終經歷多次的兼併和淘汰，其中的倖存者已經寥寥無幾。

除中、長視訊外，隨著以智慧手機為代表的移動智慧裝置的日漸普及，短視訊作為一項新的業務形態逐漸佔據了消費者的碎片時間。通常認為短視訊起源自本世紀早期的微電影、網路短片和校園 DV 等形態，伴隨著各種 UGC 視訊平台的蓬勃發展而越發興盛。在智慧行動裝置全面進入人們的生活後，透過行動裝置進行「短、平、快」風格的內容分享重新點燃了短視訊行業的星星之火，低成本、快節奏的短視訊拍攝成為人們分享生活和觀點的重要手段。行動短視訊平台憑藉其豐富的內容和對使用者心理與喜好的研究在使用者中產生了巨大影響，成為當前基於影音的泛娛樂場景中新的一極。

✤ 影音技術給商務與辦公領域帶來新生命

目前，遠端辦公已成為必然選擇。當前市場上多家科技企業發佈了多款遠端辦公產品軟體或一體式解決方案，典型的有 Microsoft 的 Teams、Google 的 Google Meet、Zoom 等。這些產品的共同特點是基於網際網路、雲端運算等技術，整合了電子郵件、電子白板、遠端連接與桌面共用等模組，旨在為異地辦公的員工和團隊提供強大而可靠的交流和共用服務。建構一個穩定而完備的遠端辦公系統需要多個不同的系統精密配合，而即時影音通訊可謂其中技術最為複雜、挑戰最大的模組之一，其穩定性和性能直接決定了系統整體的性能與使用者體驗。

目前主流的即時影音通訊解決方案主要基於 WebRTC 標準。與傳統的 RTMP+CDN 系統相比，基於 WebRTC 的方案延遲更低，卡頓情況更少，且支援直接連線瀏覽器進行推流與播放。

✤ 影音技術具有廣闊的發展前景和學習價值

從上述影音應用的發展歷史我們可以看出，影音技術始終在業內佔據重要地位。從線上視訊網站到互動直播，再到短視訊與即時影音通訊，當影音領域在某一個行業發展到頂峰，甚至隨後開始逐漸衰落時，也總是有另一個趨勢異軍突起成功接棒。究其原因在於，影音由於具有可以生動形象地攜帶大量資訊，且易於被人們快速理解的特性，已成為資訊傳輸效率最高的通訊媒介。幾乎所有的商業形態都可以透過影音技術實現資訊的快速理解與交換，實現效率的倍增。因此，近年來無論社會如何發展變化，影音領域依然以朝陽產業的面貌蓬勃發展。

另一方面，影音技術是軟體程式設計的一項高階技術，具有較高的存取控制門檻。一名優秀的影音專案師應當從原理到實踐做到融會貫通，至少需要掌握以下領域的知識與技能：

數學、資訊與編碼理論、電腦系統原理、演算法理論、程式設計語言（如 C++、Java、Go 等）、網路開發、跨平台軟體開發（如行動端、服務端和用戶端）和系統架構設計等。

因此，影音技術的學習之路比普通的軟體開發之路更加艱難、漫長。而另一方面，這也成為影音領域技術人員最好的護城河，為業內的開發者提供了深入沉澱的機會。

✤ 本書的價值

影音技術並不是一項可以輕鬆掌握的技術，為了解決這個問題，許多天才程式設計師貢獻了多項開放原始碼專案對影音開發的底層技術進行了封裝與整合，以提升整體的開發效率，FFmpeg 便是其中的典型。作為最強大的影音開放原始碼項目之一，FFmpeg 提供了影音的編碼與解碼、封裝與解封裝、推拉流和影音資料編輯等操作，遮罩了許多底層技術細節，使得開發者可以將更多的精力專注在業務邏輯的實現上，大幅提升了開發如播放機、推流、影音編輯等用戶端或 SDK 等產品的效率。

儘管如此，對初學者來說，FFmpeg 提供的命令列工具和 SDK 的使用方法仍然較為困難。除影音的基本概念外，繁冗複雜的命令列參數與 API 常常讓初學者無從下手，除官方提供的文件外，幾乎沒有完備的技術資料可供參考。本書系統地講解了影音領域的基礎知識，並由淺入深地介紹了 FFmpeg 的基本使用方法，筆者希望本書的面世可以進一步降低影音開發的入門門檻，讓更多有志於從事影音開發的讀者可以為整個行業作出貢獻。

✤ 本書的內容及學習方法

本書內容分為三部分，各部分之間的內容相互連結但又相對獨立，讀者可以根據自身的需求按順序閱讀或選擇性學習。

- 第 1 ～ 6 章為本書的第一部分，主要講解影音技術的基礎知識，包括影音編碼與解碼標準、媒體容器的封裝格式和網路串流媒體協定簡介。建議對影音技術不夠熟悉的讀者從該部分開始閱讀，有一定基礎的讀者可以選擇泛讀或跳過該部分。

- 第 7 ～ 9 章為本書的第二部分，主要講解命令列工具 ffmpeg、ffprobe 和 ffplay 的主要使用方法。命令列工具在架設測試環境、建構測試用例和排除系統 Bug 時常常造成重要作用。如果想要在實際工作中有效提升工作效率，那麼應熟練掌握 FFmpeg 命令列工具的使用方法。

- 第 10 ～ 15 章為本書的第三部分，主要講解如何使用 libavcodec、libavformat 等 FFmpeg SDK 進行編碼與解碼、封裝與解封裝，以及媒體資訊編輯等影音基本功能開發的方法。在實際的企業級影音專案中，通常採用呼叫 FFmpeg 相關的 API 而非使用命令列工具的方式實現最基本的功能，因此該部分內容具有較強的實踐意義，推薦所有讀者閱讀並多加實踐。此部分的程式實現基本來自 FFmpeg 官方文件中的範例程式，筆者在此基礎上進行了一定的改編。書中程式整體上遵循了範例程式的指導，穩定性較強，且更易於理解。

✤ 勘誤與聯繫方式

由於本書內容較為繁雜，且筆者在撰寫稿件的同時仍承擔繁重的最前線開發任務，因此書中極有可能出現部分疏漏或錯誤，望讀者們閱讀後不吝指正，提出寶貴的意見或建議，聯繫電子郵件：yinwenjie-1@163.com。

✤ 致謝

自本書初步策劃開始，截至今日已一年有餘。這是我第一次獨立撰寫書稿，其間所經歷的困難甚至痛苦不言而喻。最終初稿得以完成，首先必須感謝我的伴侶，在本書定稿的過程中，你完成了身份從女朋友到妻子的升級，沒有你的支持，本書斷無問世的可能。此外還必須感謝我的父母，你們的關愛、期望與督促，也是本書問世的源動力之一。

感謝博文視點的編輯老師，你們的專業程度一直令我嘆服。沒有你們從開始到最終的指導和幫助，本書是一定無法完成的。

感謝各個技術交流群中的同行與朋友，以及我的網誌與課程的讀者，有了你們的支持，我才克服了所經歷的困難，將本書帶到你們的面前。

希望在不久的將來，能有更多更有價值的內容貢獻給大家，謝謝！

殷汶杰

目錄

〰〰〰〰〰〰〰〰

第一部分　基礎知識

01　影音技術概述

02　圖型、像素與顏色空間

03 視訊壓縮編碼

04 音訊壓縮編碼

05　影音檔案容器和封裝格式

06　影音串流媒體協定

第二部分　命令列工具

07　FFmpeg 的基本操作

08 濾鏡圖

09 串流媒體應用

第三部分　開發實戰

10 FFmpeg SDK 的使用

11 使用 FFmpeg SDK 進行視訊編解碼

12 使用 FFmpeg SDK 進行音訊編解碼

13 使用 FFmpeg SDK 進行影音檔案的解封裝與封裝

14 使用 FFmpeg SDK 增加視訊濾鏡和音訊濾鏡

15 使用 FFmpeg SDK 進行視訊圖型轉換與音訊重取樣

第一部分

基礎知識

- -

本部分主要講解影音技術的基礎知識，包括影音編碼與解碼標準、媒體容器的封裝格式和網路串流媒體協定等。

影音技術概述

影音技術在生活中幾乎無處不在，從廣播電視節目、直播與短視訊服務，到保全監控系統，再到遠端醫療、遠端辦公、線上會議等，影音技術都作為基礎技術服務而存在，其性能、穩定性和使用者體驗等直接決定了產品的競爭力和創造價值的效率。隨著技術的發展，影音技術在雲端和端等各個技術方向上都獲得了長足進步，如影音壓縮編碼、網路串流媒體傳輸、即時影音資訊通訊和多終端媒體應用等。同時，業內無數優秀的工程師為了技術的發展貢獻了多個知名的開放原始碼專案，其中，常用的有 FFmpeg、GStreamer、WebRTC 和 LAV Filters 等。本章從影音技術的基本概念入手，介紹典型的影音與多媒體系統架構。

1.1 影音資訊與多媒體系統

「媒體」即表示資訊的媒介。資訊的生產者將自己發出的資訊透過某種格式記錄下來，並透過某種方式傳遞給消費者；消費者從該媒介中讀取內容並獲得生產者生產的資訊。自人類文明起源至今，媒體的形態和使用方法已經發生了天翻地覆的變化，但無論何種方式，都始終服務於資訊傳遞這一根本目的。

1.1.1 資訊傳輸系統的發展

人類文明之所以歷經千年發展而生生不息，其關鍵在於建立了一套較為高效的資訊記錄與傳輸系統，使得技術、經驗等資訊能有效傳承，並在此基礎上可以繼續創新和進步。在文明誕生之初，人類的祖先就透過圖畫的方式記錄事件等資訊，並將其繪製在居住的洞穴岩壁、日常使用的器皿和祭祀使用的用具上。

隨著文字的誕生，人類記錄資訊的效率大大提升。由於撰寫文字的難度與複雜度遠低於繪製壁畫，因此更多的資訊透過文字保留和傳承了下來。東方文明最早的文字印記可追溯至商朝的甲骨文。

幾千年來，圖畫和文字扮演了人類文明僅有的資訊記錄方法，其載體從甲骨文的龜甲、金文的青銅器皿，到竹簡和絹帛，再到紙張，向越來越輕便、便於書寫和保存的方向發展。時至今日，在實體書籍和網路中，文字仍是資訊傳遞和保存的最主要的方式之一。

長久以來，聲音是人們相互交流的最主要途徑之一。在沒有文字和圖畫的時期，透過聲音口耳相傳成為人類傳遞資訊的唯一方式。但在漫長的時期內，使用聲音傳遞資訊始終受困於其固有的缺陷，其一為傳播距離近，講話者與收聽者僅能在有限距離內方可進行交流；其二為資訊保存困難，在技術不完整的時代，聲音訊號難以進行捕捉和記錄，無法還原講話者原有的聲音。直到 18 世紀後期，亞歷山大‧貝爾和湯瑪斯‧愛迪生分別發明了電話和留聲機，解決了聲音的長距離傳輸與聲音訊號的記錄保存問題，使得人們不僅可以突破交流距離，還可以較為準確地記錄和還原交流的內容。從此，透過聲音傳輸和記錄資訊的技術發展進入了快車道，直到今天，使用音訊進行高品質通訊仍然是多媒體通訊領域的核心目的之一。

相比於文字和聲音，圖型訊號傳輸與保存的誕生過程更為艱難。直到 20 世紀初，蘇格蘭發明家約翰‧羅傑‧貝爾德才成功使用電訊號傳輸圖型資訊並在螢幕上顯示，該實驗也被視作電視誕生的標識。在隨後的一百多年中，電視技術不斷發展，直到現在，電視依然是家庭、娛樂等場景的主要顯示裝置。

電視的出現解決了圖型訊號在遠端播放的問題，但僅依靠電視無法滿足圖型訊號和視訊訊號的儲存需求。在攝影機取得廣泛應用之前，電視僅可播放直播節目，且節目內容無法保存。當需要再次播放節目時，演職人員不得不重新進行表演。攝影機的誕生最早可追溯到 19 世紀末，著名攝影師愛德華‧麥布里奇為了拍攝馬匹奔跑的姿態設計了一套照相機陣列，透過快速觸發各個照相機快門的方式拍攝馬匹奔跑的連續照片，並將其合成為原始的電影影片（為了紀念愛德華‧麥布里奇，開發者用他的名字命名了 FFmpeg 的版本）。後來經過法國學者雷米‧馬萊和美國發明家湯瑪斯‧愛迪生的多次改進，攝影機逐漸變得實用化，並開始促進電影和電視產業的快速發展。如今，以 Sony 為代表的多家廠商不僅設計、生產了多種針對專業領域的攝影攝影裝置，還針對家用和消費電子領域開發了多款民用產品，使得視訊拍攝與內容創作延伸到普通民眾中，大大促進了媒體產業的發展。

1.1.2 資訊時代的影音技術

1946 年 2 月 14 日，世界上第一台電腦 ENIAC 的誕生，為人類文明通向資訊化時代的橋樑澆築了最後一根橋墩，自此，資訊技術駛上了發展的快車道。在科學研究、機械製造、醫療衛生和國防軍工等領域，電腦憑藉其高效的運算能力極大地推動了技術的進步，成為第三次科技革命的核心推動力。

儘管電腦的出現使得各行各業的面貌煥然一新，但在相當長的時間內，影音技術並未能借助電腦實現跨越式發展。一方面，早期的視訊拍攝和保存均以模擬訊號的形式實現，不利於電腦處理；另一方面，早期電腦的價格較為昂貴，且運算能力難以滿足影音處理的大運算量要求。因此，早期的電腦通常僅用於處理資料和文字等單一媒體類型的資料，影音節目則由其他專用裝置處理。隨著技術的發展，視訊和圖形加速卡、音訊卡（通常簡稱為顯示卡和音效卡）等電腦硬體擴充裝置的出現使得電腦開始擁有處理多媒體資訊的能力。音訊和視訊的解碼加速、圖型的繪製與顯示等大運算量的工作逐漸從 CPU 轉移到擴充卡的核心晶片中執行，大大提升了系統整體的執行流暢性。後來，隨著遊戲和娛樂需求的爆發，視訊和圖形加速卡在個人電腦中的地位愈發重要，成為評估電腦性能的核心指標之一。

1997 年，Intel 發佈了當時最新的電腦 CPU 型號，即 Pentium MMX，其與早期的 Pentium 處理器相比，最核心的提升是加入了 MMX（Multimedia Extension，多媒體擴充）指令集。MMX 指令集包括專門用於處理音訊、視訊和圖像資料的多筆專用指令。隨著 MMX 指令集的引入，電腦 CPU 解除了對影音訊號處理運算的大部分限制，自此電腦真正進入多媒體時代，為隨後在影音技術基礎上發展出的多種不同的新業務形態奠定了基礎。

隨著晶片體積越來越小，電腦系統的整合程度越來越高，終端裝置的體積也逐漸變得更加輕量化，從難以移動的桌上型電腦，到方便隨身攜帶的筆記型電腦，再到如今風靡整個消費電子領域的平板電腦和智慧型手機。時至今日，以智慧型手機為代表的智慧行動終端不僅具有遠超早期電腦的運算性能，而且附帶性能極強的影音拍攝錄製模組。無論影音的拍攝、剪輯、發佈，還是即時的視訊現場直播，都可以很方便地透過智慧行動終端實現。各種直播、短視訊、線上會議等業務形式和平台如雨後春筍般破土而出。因此，今日的影音應用場景，再也不是早期那種只能在一個固定的桌上型電腦前，以節目播放的形式單項接收資訊，而是可以隨時隨地透過行動裝置接收，並且僅需簡單的操作，即可作為主播透過直播、短視訊等形式向大眾發佈資訊。透過影音的形式，人與人之間的資訊傳播速率達到了史無前例的水準，也徹底改變了人們的生活方式。

1.1.3 影音技術的未來展望

透過回顧資訊技術和影音技術的發展歷程，我們有理由相信，當下的影音技術的現狀不會成為發展的終點，在未來必將有新的技術產生，並伴有新的業務形態出現。筆者認為，未來影音技術的發展趨勢如下。

1. 追求極致播放體驗的超高畫質、高串流速率和高每秒顯示畫面視訊

在電視、電腦和網路視訊興起的早期，由於儲存媒體價格、網路頻寬，以及拍攝和播放裝置規格的限制，視訊串流只能使用極低的解析度、每秒顯示畫面和串流速率進行傳輸。舉例來說，早期部分視訊擷取裝置的標準取樣解析度僅為 358 像素 ×288 像素，甚至更低，如 176 像素 ×144 像素。而今，1080P（1920 像素 ×1080 像素）的視訊解析度幾乎成為標準配備，部分場景甚至已經使用 4K（3840 像素 ×2160 像素）

或 8K（7680 像素 ×4320 像素）作為標準解析度。同樣，為了減輕網路傳輸壓力，早期視訊的每秒顯示畫面通常被限制在 30fps 甚至更低，而當前的部分場景已經開始使用 60fps 甚至 120fps 進行拍攝，以求達到更加流暢的播放體驗。視訊技術取得如此快的發展是因為有以下幾大前提：儲存技術的進步、網路傳輸頻寬的提升、裝置運算能力的提升、顯示裝置製造製程的進步等。未來，隨著超大螢幕、超高解析度拍攝和顯示裝置的普及，更加極致的播放體驗將繼續成為消費者下一步的需求，而這也對影音技術的發展提出了新的挑戰。

2. 低延遲串流媒體傳輸

由於沒有用於訊號傳輸的私人網路絡，所以網路串流媒體的傳輸品質和即時性一直不盡人意。近年來，隨著 WebRTC 等知名開放原始碼專案的普及，影音即時通訊逐漸開始產業化，並在視訊會議、遠端辦公等領域獲得了較大進展。2020 年，全世界的線下交流在相當長的時間內幾乎完全凍結，在這種條件下，即時影音通訊承擔了大量如會議、教學等原本線上下完成的業務，人們的生活和觀念都發生了巨大改變，未來對即時影音通訊的需求極可能繼續延續甚至發展。因此，未來串流媒體傳輸必須解決困擾機構與消費者的幾大痛點，如在部分場景下，視訊發送和接收間仍有較高的延遲；當網路卡頓時，使用者體驗仍不夠好等。

3. 新型媒體顯示裝置形態

隨著技術的發展，影音資訊的顯示媒體逐漸突破了電影、電視、電腦顯示器和智慧型手機等平面顯示裝置，開始出現多種新型的顯示形態。其中，最典型的有虛擬實境及其他一些可穿戴智慧裝置等。

虛擬實境（Virtual Reality，VR）是一種透過電腦以虛擬的方式模擬現實場景的技術。透過電腦的複雜運算，VR 裝置生成一個虛擬的三維空間，並透過 VR 顯示裝置在使用者眼前顯示。當使用者進行位置移動等操作時，VR 裝置透過即時運算改變模擬的場景，呈現給使用者近似於完全逼真的視覺互動體驗。目前，已上市的 VR 技術多以視覺體驗為主，透過專用的 VR 顯示裝置顯示模擬的場景，並透過改變虛擬場景的內容回應使用者的互動動作。更完整的 VR 裝置還應包含聽覺、重力回饋甚至嗅覺等多重感官的整合。當前的技術瓶頸主要有以下幾點：

- 裝置運算能力限制：即時模擬現實場景需要電腦有極強的運算能力，而運算能力的不足將導致 VR 繪製模擬場景出現延遲，進而導致與使用者的互動脫節。
- 資料傳輸頻寬限制：VR 虛擬場景的資料量遠超過普通的影音媒體播放，傳輸頻寬的不足將影響模擬場景的顯示品質和回應速度，進而影響使用者體驗。
- 顯示裝置設計限制：當前，多數顯示裝置都是由普通的小螢幕顯示器改進而成的，對視覺的生理成像機制適應性不足。

隨著時間的演進和技術的進步，運算能力更強的裝置、更優的網路傳輸線路將逐漸普及，這些限制因素都有望逐漸緩解乃至完全克服。

可穿戴裝置是近年興起的另一個熱門領域，當前主流的可穿戴裝置的形態有手錶、手環、鞋及服裝配件等。由於技術的限制，多數可穿戴裝置並未加入攝影或視訊播放功能，但在可穿戴裝置上增加影音功能毫無疑問是未來發展的必然方向，部分廠商已經在此領域開始了初步的嘗試，最典型的就是 Google 公司於 2013 年發佈的智慧眼鏡 Google Glass。

透過內建的攝影機，Google Glass 既可以即時拍攝高畫質視訊，還可以透過其設計精妙的顯示裝置在使用者的視野中以類似「抬頭顯示器」（Head Up Display，HUD）的方式顯示內容。Google Glass 還設定了麥克風和骨傳導耳機，實現聲音訊號的輸入和輸出，支援以語音控制的方式與裝置互動。此外，Google Glass 還配備了觸控板、陀螺儀、加速器和地磁儀等多種控制裝置與感測器，應用空間十分廣闊，可以支援多種如基於位置的服務（LBS）、智慧場景分析和自動化控制等業務。遺憾的是，由於續航、工業設計和軟硬體互動等許多問題尚未得到完美解決，以 Google Glass 為代表的支援視訊顯示的可穿戴裝置很多並未在消費者群眾中普及，但是它們為未來智慧裝置的發展提供了極為廣闊的想像空間。

1.2 典型的影音與多媒體系統結構

時至今日，影音系統早已廣泛應用於人們生產和生活的各方面，在通訊、娛樂、教育、醫療、工業甚至農業等傳統領域都發揮著重要作用。本節主要簡述在視訊點播、視訊直播、保全監控和視訊會議四種場景下的系統結構和簡單執行原理。

1.2.1 視訊點播

視訊點播（Video On Demand，VOD）是個人使用者最常用的功能之一，也是許多媒體平台的支柱業務，如 Netflix、Hulu 等。視訊點播的核心在於將媒體傳輸內容的選擇權交給使用者，將使用者選擇的影音媒體內容透過網路傳輸到使用者的播放機進行播放。視訊點播的內容可能來自專業生產內容（PGC）、使用者生成內容（UGC）或直播重播內容等，在透過雲端伺服器轉碼處理後保存。當使用者向平台網站請求某個影音節目時，媒體串流資訊透過內容分發網路（CDN）加速後發送至使用者的播放使用者端。

一個典型的視訊點播系統結構如圖 1-1 所示。

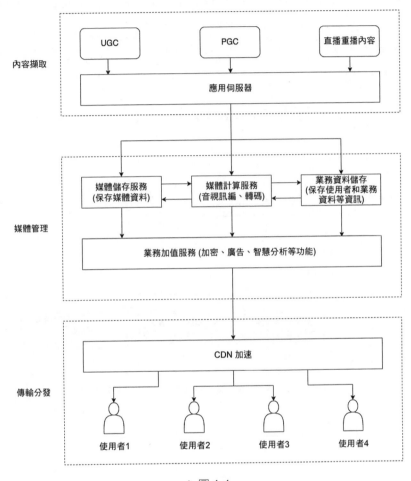

▲ 圖 1-1

1.2.2 視訊直播

視訊直播產生的歷史實際上比視訊點播更加久遠,在早期的有線電視中,幾乎所有的節目都只能透過直播的方式呈現給觀眾。隨著網路串流媒體的興起,各種直播平台經歷了如「千播大戰」的爆發式增長,最後兼併整合為幾大巨頭平台,如 Twitch 等。視訊直播的整體結構與視訊點播有一定的相似性,如都依賴影音轉碼服務和內容分發網路進行資料的標準化和加速傳輸等,它們之間最主要的區別在於,視訊直播的內容來自主播端透過擷取端即時獲取的資料,而視訊點播的內容來自內容發佈方預先製作的節目內容。

一個典型的視訊直播系統結構如圖 1-2 所示。

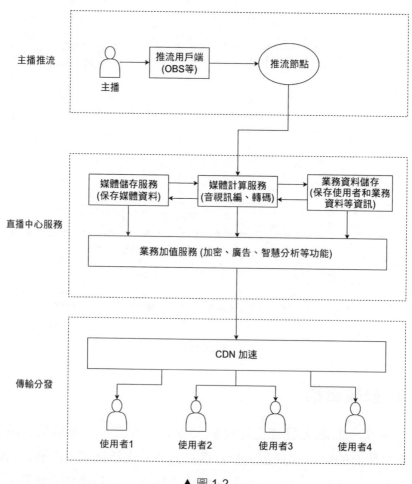

▲ 圖 1-2

1.2.3 保全監控

保全監控是影音領域的重要應用場景,也是最具商業價值的業務之一。在一個典型的保全監控系統中,透過監控攝影機擷取的視訊串流資訊會經由網路視訊錄影伺服器進行錄製儲存或轉發。使用者端透過管理伺服器控制媒體串流轉發或錄製的邏輯,並可以請求某一路即時串流或錄影檔案的播放。

一個典型的保全監控系統結構如圖 1-3 所示。

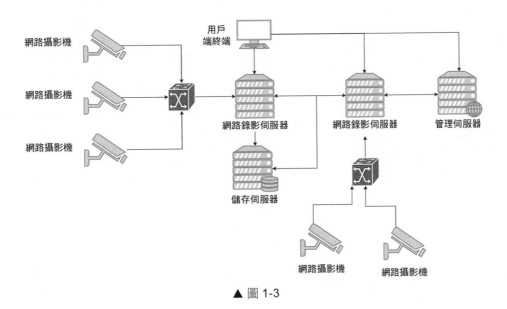

▲ 圖 1-3

1.2.4 視訊會議

視訊會議是近年來蓬勃發展的新興領域之一。2020 年,在許多產業均因新冠肺炎疫情遭到重創的情況下,視訊會議逆流而上,創造了自誕生以來最為迅速的增長。許多基於公網的視訊會議系統都以 WebRTC 為基礎,以盡可能低的延遲提供高品質的音訊和視訊即時通訊服務。

一個典型的視訊會議系統結構如圖 1-4 所示。

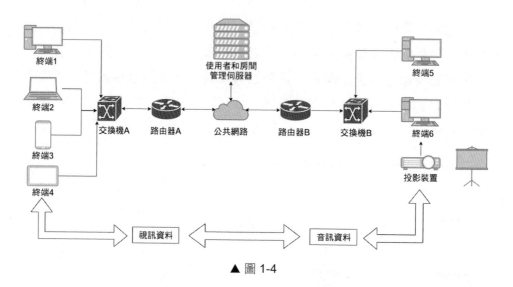

▲ 圖 1-4

圖型、像素與顏色空間

一個連續播放的視訊檔案是由一串連續的、前後存在相關關係的圖型組成的,並透過連續的圖型中的內容及圖型間的相互關係表達整個視訊檔案所包含的資訊。這些組成視訊基本單元的圖型被稱為幀 (Frame,或稱之為框),其在本質上與普通的靜態圖型沒有任何區別,只是在進行壓縮編碼的過程中使用了不同的技術,以達到更高的效率。

本章首先介紹圖型與像素的基本概念,以及圖型的顏色空間,然後介紹常用的圖型壓縮編碼技術。

2.1 圖型與像素

圖型（Image）一般特指靜態圖型。圖型是一種在二維平面上透過排列像素（Pixel）來表達資訊的資料組織形式。在整個圖型區域中，各個位置上的像素點無縫隙地呈密集陣型排列，透過每個像素點的不同設定值為整幅圖型指定特有的意義。像素是組成圖型的基本單元，每個像素都表示圖型中一個座標位置上的亮度或色彩等資訊。

在一幅圖型中，像素的組織形式如圖 2-1 所示。

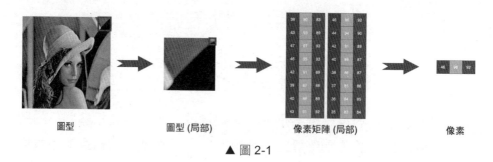

| 圖型 | 圖型 (局部) | 像素矩陣 (局部) | 像素 |

▲ 圖 2-1

在實際場景中，圖型通常分為彩色圖型和灰階圖型兩種。在彩色圖型中，每個像素都由多個顏色分量組成；在灰階圖型中，每個像素都只有一個分量用來表示該像素的灰階值。同一幅圖型的彩色圖型和灰階圖型如圖 2-2 所示。

彩色圖型 　　　　　　　灰階圖型

▲ 圖 2-2

2.2 圖型的位元深度與顏色空間

2.2.1 圖型的位元深度

對於灰階圖型，在每個像素點上只有一個分量，即該點的亮度值。常用的表示像素值所需的資料長度有 8 bit 或 10 bit 兩種，即圖型的位元深度為 8 bit 或 10 bit。

■ 8 bit：即用 8 bit（1 Byte）表示一個像素值，設定值範圍為 [0,255]。
■ 10 bit：即用 10 bit 表示一個像素值，設定值範圍為 [0,1023]。

在目前的實際應用場景中，8 bit 位元深度已經足夠滿足多數需求，且由於處理代價低、運算速度快，因此應用範圍非常廣泛。而 10 bit 位元深度表示的資料範圍更廣，可以對像素值進行更精細的表達，因此在特定場合下，10 bit 位元深度的圖型比 8 bit 位元深度的圖型更具優勢。

圖 2-3 簡單表示了像素值變化與亮度變化的關係。純黑色與純白色像素值分別定義為像素 0 和 1，由於 10 bit 位元深度可表示的像素值數約為 8 bit 位元深度的 4 倍，因此對純黑色與純白色之間的灰階等級表現得更加精細，即圖型品質更好。

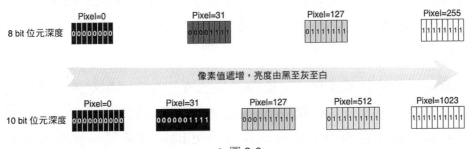

▲ 圖 2-3

對於彩色圖型，其每個像素點都包含多個顏色分量，每個顏色分量被稱為一個通道（Channel）。圖型中所有像素的通道數是一致的，即每個通道都可以表示為一幅與原圖型內容相同但顏色不同的分量圖型。以 RGB 格式的彩色圖型為例，一幅完整的圖型可以被分割為藍（B 分量）、綠（G 分量）、紅（R 分量）三原色的單色圖，如圖 2-4 所示。

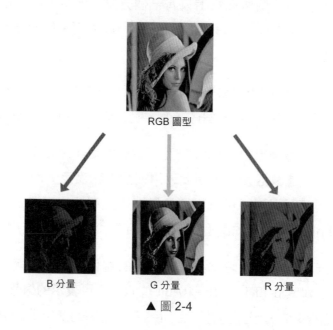

▲ 圖 2-4

對於 RGB 圖型，每個分量都可以類比為灰階圖型，即如果每個通道的位元深度為 8 bit，則 RGB 圖型中每個像素需要用 24 bit（8 bit×3）表示。如果圖型中包含用來表示圖型透明度的 Alpha 通道，即圖型為 ARGB 格式，則每個像素需要用 32 bit（8 bit×4）表示。

在確定圖型的位元深度後，根據圖型的寬、高尺寸即可確定圖型的資料體積。舉例來說，RGB 圖型的寬、高為 1920 像素 ×1080 像素，每個顏色通道的圖型位元深度為 8 bit，則圖型的資料體積為 1920×1080×3×8bit，即 49,766,400bit，約為 6.22MB 左右。

2.2.2　圖型的顏色空間

彩色圖型在多種實際應用場景下都發揮了廣泛作用，如圖型顯示和影像處理等。在不同場景下，對圖型色彩的表達方式有不同的要求，舉例來說，RGB 格式的圖型更適合用來顯示，而不適合用在影像處理系統中。因此，針對不同的場景有不同的彩色資料表達方式，即顏色空間。顏色空間是一種利用整數區間來表示不同顏色的模型，其維度可分為一維、二維、三維甚至更高維，其中，立體色彩空間的應用最為廣泛。常用的立體色彩空間除 RGB 外，還有 CIEXYZ、YUV 和 HSV 等。本節詳細講解 RGB 和 YUV 這兩種顏色空間的定義和特點。

1. RGB 顏色空間

RGB 顏色空間是由紅、綠、藍三原色組成的三維線性顏色空間，其中，三原色分別使用波長 645.16nm（紅）、526.32nm（綠）和 444.44nm（藍）的單色光為標準。

RGB 顏色空間通常可以用三維空間直角座標系表示。在三維空間直角座標系中，有效的顏色設定值範圍為一個邊長為 MAX 的正立方體，其中，原點（0,0,0）表示純黑色，（MAX,MAX,MAX）表示純白色，MAX 為某位元深度所支持的像素值上限，即如果位元深度為 8 bit，則 MAX 的值為 255，純白色的像素值為（255,255,255），如圖 2-5 所示。

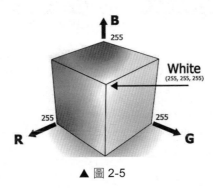

▲ 圖 2-5

在 RGB 顏色空間中,每種像素設定值都由 R、G、B 三原色的設定值組合而成,與主流顯示系統的實現原理高度契合,因此可廣泛用於圖型顯示領域。由於每個顏色都與三個分量相關,並且各個分量之間不存在主次關係,所以無法針對次要資訊進行特定的次取樣,因此 RGB 顏色空間不適用於視訊訊號壓縮編碼。

2. YUV 顏色空間

廣義上的 YUV 顏色空間指一類立體色彩空間定義的總稱,YUV 顏色空間自模擬電視時代起便廣泛用於視訊訊號的編碼與傳輸,並延續至今。YUV 顏色空間包括一個亮度分量 Y 和兩個色度分量,色度分量的取樣速率可與亮度分量相同或低於亮度分量。YUV 顏色空間具體可分為以下幾類。

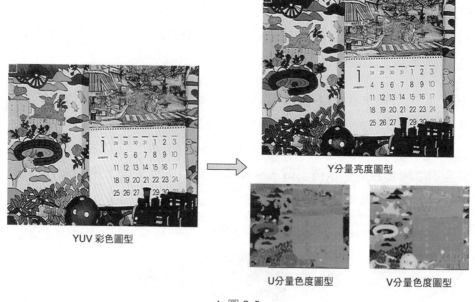

Y分量亮度圖型

YUV 彩色圖型

U分量色度圖型　　　　V分量色度圖型

▲ 圖 2-6

- YUV:狹義的 YUV 顏色空間,多用於亞洲和歐洲的數位電視制式(如 PAL 和 SECAM 等)。

- NTSC：多用於北美數位電視制式（如 NTSC）。
- Y'CrCb：廣泛用於數位圖型與視訊訊號的壓縮編碼，如 JPEG 和 MPEG 等編碼標準。

在討論圖型與視訊壓縮的場景下，通常預設 YUV 格式可等於 Y'CrCb 格式。一幅彩色 YUV 格式的圖型分解為 Y'CrCb 格式的圖型的效果如圖 2-6 所示。

2.3 圖型壓縮編碼

在數位電視廣播、圖型網路傳輸、電視電話會議等應用場景下，傳輸頻寬通常會佔據高昂的成本。為了降低傳輸圖型資訊的成本，最常用的方法是對圖型資訊先壓縮再傳輸，並在接收端解壓縮後顯示在裝置上。

2.3.1 圖型壓縮演算法分類

為了適應不同的場景，研究人員設計了多種不同的圖型壓縮演算法。根據壓縮後是否存在資訊損失可分為無失真壓縮和失真壓縮兩大類。

- 無失真壓縮：壓縮率較低，壓縮後體積較大，沒有資訊損失，可透過壓縮資訊完全恢復原始資訊。
- 失真壓縮：壓縮率較高，壓縮後體積較小，存在資訊損失，解壓縮後只能近似逼近原始資訊，無法完全還原原始資訊。

無失真壓縮格式有 TIFF、BMP、GIF 和 PNG 等，主要使用基於預測或熵編碼的演算法；失真壓縮格式有 JPEG 等，主要使用基於變換和量化編碼的演算法。本節先討論無損編碼和有損編碼的基本演算法，再討論兩類比較有代表性的圖型編碼格式：BMP 和 JPEG。

2.3.2 圖型壓縮基本演算法

各種圖型壓縮演算法均非單一的演算法，而是許多不同演算法的組合，以此盡可能提升資料的壓縮效率。本節簡單介紹無損編碼中使用的遊程編碼和霍夫曼編碼。

1. 遊程編碼

遊程編碼（Run-Length Coding，又稱行程長度編碼）是所有資料壓縮演算法中最簡單的一種，特別適合處理資訊元素集合較小（如二值化的圖型，只包含 0 和 1 兩個資訊元）的資訊。遊程編碼壓縮資料量的主要想法為將一串連續的、重複的字元使用「數目」+「字元」的形式表示。舉例來説，有一串未壓縮的原始字串如下：

AAAAABBCCCCCCDDAEE

在這個字串中，5 個連續的字元 "A" 可被稱作一個 "Run"。類似的，這個字串共有 6 個 "Run"，分別為 5 個 "A"、2 個 "B"、6 個 "C"、2 個 "D"、1 個 "A" 和 2 個 "E"。因此，這個字串可以用遊程編碼表示如下：

5A2B6C2D1A2E

對於資訊元素集合較大的資料，出現連續相同字元的機率很低，因此遊程編碼難以提供很高的壓縮比率。進一步，如果資訊具有較高的隨機性，則遊程編碼甚至可能會增大編碼後資料的體積。而在圖型與語音訊號中，出現連續字串的情況較為常見（如語音中用連續的 0 表示靜默音訊、圖型中的單色或相近色的背景等）。由於運算極為簡單，所以遊程編碼在無失真壓縮中應用較為廣泛，如在 BMP 圖型中可擇選遊程編碼對像素資料進行壓縮。

2. 霍夫曼編碼

1952 年，大衛·霍夫曼在麻省理工學院攻讀博士學位時，發明了一種基於有序頻率二元樹的編碼方法，該方法的編碼效率超過了他的導師羅伯特·費諾和資訊理論之父香農的研究成果，因此又被稱作「最佳編碼方法」。

霍夫曼編碼是可變長編碼方法的一種，該方法完全依賴於代碼出現的機率，是一種構造整體平均長度最短的編碼方法。霍夫曼編碼的關鍵步驟是建立符合霍夫曼編碼規則的二元樹，該二元樹又被稱作霍夫曼樹。

霍夫曼樹是一種特殊的二元樹，其終端節點的個數與待編碼的鮑率個數相同，而且在每個終端節點上都帶有各自的權值。每個終端節點的路徑長度乘以該節點的權值的總和為整個二元樹的加權路徑長度。在滿足條件的各種二元樹中，路徑長度最短的二元樹即為霍夫曼樹。

在使用霍夫曼編碼對鮑率進行實際編碼的過程中，鮑率的權值可以被設定為其機率值，即可以根據其權值來建構霍夫曼樹。我們假設使用霍夫曼編碼對表 2-1 中的代碼進行編碼。

表 2-1

鮑率	機率
A	0.1
B	0.1
C	0.15
D	0.2
E	0.2
F	0.25

根據機率表建構霍夫曼樹的過程如圖 2-7 所示。

第一步：各個代碼的
初始狀態

第二步：合併機率最小
的兩個節點(A和B)形成
新的節點(AB)

第三步：合併機率最小
的兩個節點(AB和C)形
成新的節點(ABC)

第四步：合併機率最小
的兩個節點(D和E)形成
新的節點(DE)

第五步：合併機率最小
的兩個節點(ABC和F)
形成新的節點(ABCF)

第六步：合併最終的兩個節點(ABC和DE)
形成新的節點(ABCDEF)

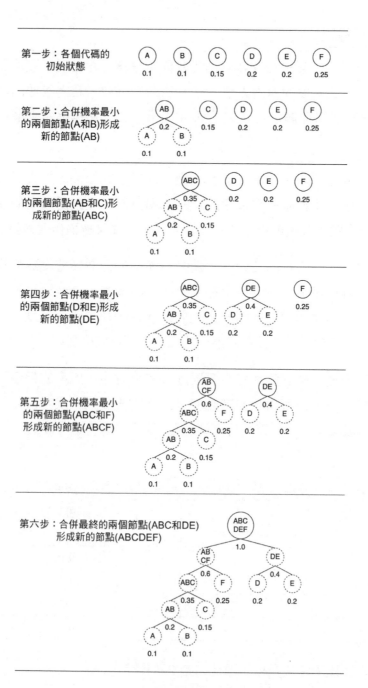

▲ 圖 2-7

最終可以得到如圖 2-8 所示的霍夫曼樹。

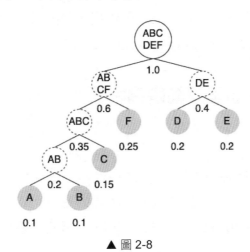

▲ 圖 2-8

在建構霍夫曼樹後，便可以得到每一個鮑率的霍夫曼編碼的代碼。具體方法是：從霍夫曼樹的根節點開始遍歷，直到每一個終端節點，當存取某節點的左子樹時指定代碼 0，當存取其右子樹時指定代碼 1（反之亦可），直到遍歷到終端節點，這一路徑所代表的 0 和 1 的串便是該鮑率的霍夫曼編碼代碼。

舉例來說，對於圖 2-8 中的霍夫曼樹，首先，根節點存取左子樹 ABCF，指定代碼 0；然後，存取左子樹 ABC，指定代碼 0，此時整個代碼為 00；接著，存取右子樹得到終端節點 C，指定代碼 1，此時便可以得到 C 的霍夫曼編碼代碼 001。依次類推，六個元素的鮑率集合的編碼表如下所示。

- A：0000。
- B：0001。
- C：001。
- D：10。
- E：11。
- F：01。

從這個碼表中可以看出另外一個規律，即霍夫曼編碼的任意一個代碼，
都不可能是其他代碼的字首。因此透過霍夫曼編碼的資訊可以緊密排列
且連續傳輸，而不用擔心解碼時出現問題。

2.3.3 常見的圖型壓縮編碼格式

1. BMP 格式

BMP 格式是在 Windows 等作業系統中最常用的點陣圖格式之一，其命
名取自點陣圖 Bitmap 的縮寫。BMP 格式的圖型可以保存位元深度為 1
bit、4 bit、8 bit、16 bit、24 bit 或 32 bit 的圖型，圖像資料可以使用未
壓縮的 RGB 格式。

2. JPEG 格式

JPEG 格式是一種基於離散餘弦變換（Discrete Cosine Transform，
DCT）的失真壓縮編碼格式，可以透過較小的資料損失獲得較小的資料
體積。離散餘弦變換具有以下特點。

■ 變換後的頻域能量分佈與實際的圖型訊號更加吻合。
■ 更容易相容硬體計算，運算更高效。

▶ 離散餘弦變換

離散餘弦變換類似於一種實數類型的離散傅立葉變換（DFT），其定義有
多種形式。通常來説，最常用的離散餘弦變換是一個正交變換，變換的
計算公式如下：

$$X_n = \sum_{k=0}^{N-1} C_k y_k \cos \frac{(2n+1)k\pi}{2N}$$

把一幅未壓縮的圖型壓縮成 JPEG 格式的圖型的主要流程如下。

（1）把像素格式的圖像資料轉為 YUV 格式，並對兩個亮度分量進行次像素取樣，最終生成 4:2:0 格式的圖像資料。

（2）針對每個 YUV 格式的圖像資料分別進行處理，將每個分量的圖型等距為 8 像素 ×8 像素的區塊。

（3）對於每個 8 像素 ×8 像素的區塊，都使用離散餘弦變換將像素資料變換為值頻域，並根據指定的量化表將變換係數量化為特定值。

（4）對於某個分量圖型的所有區塊，對其變換量化後的直流分量係數透過 DPCM 編碼，在交流分量係數透過「之」字型掃描轉為一維資料後，再透過遊程編碼進行處理。「之」字形遍歷順序如圖 2-9 所示。

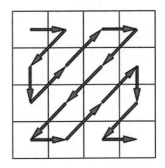

矩陣中係數索引與位置關係　　係數矩陣 "之" 字形遍歷順序

▲ 圖 2-9

（5）對於處理後的變換係數，使用熵編碼（如霍夫曼編碼等）生成壓縮編碼串流輸出。

根據大量實踐得知，大部分的情況下，尺寸為 8 像素 ×8 像素的區塊為最佳選擇。如果區塊的尺寸小於 8 像素 ×8 像素（如 4 像素 ×4 像素），則一幅圖型在分割後區塊數量容易過多；若尺寸大於 8 像素 ×8 像素，則在圖型尺寸較小的情況下，區塊內各個像素之間的連結性會降低，每個區塊將殘留過多的變換係數，導致壓縮率降低。

JPEG 編碼的整體流程如圖 2-10 所示。

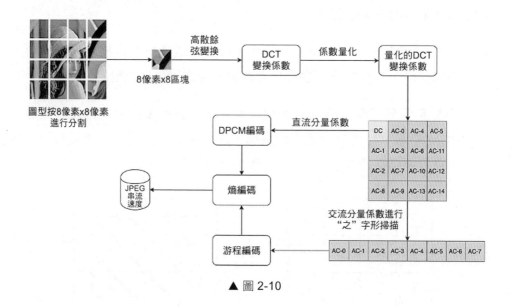

▲ 圖 2-10

視訊壓縮編碼

眾所皆知，視訊資料是由一串連續的圖型按照一定的顯示頻率依次排列組成的。透過對第 2 章的學習我們得知，對於未壓縮的圖像資料，其體積取決於圖型的尺寸、像素的位元深度等參數，如大小為 1920 像素 ×1080 像素、位元深度為 8 bit 的圖型，其將佔據約 6.22MB 的儲存空間。對於圖像資料，JPEG 等圖型壓縮演算法獲得了廣泛的應用。同理，對於視訊資料也需要使用高效的壓縮演算法。本章主要介紹視訊壓縮編碼的基礎知識、視訊壓縮編碼標準的發展歷程、視訊壓縮編碼的基本原理、視訊編碼標準 H.264 和高效視訊編碼標準 H.265 等。

3.1 視訊壓縮編碼的基礎知識

3.1.1 視訊資訊的數位化表示

早期視訊拍攝的和顯示系統所處理的都是模擬視訊訊號。隨著電腦、網路傳輸與視訊處理系統的發展，模擬視訊訊號已經難以滿足需求，因此數位化處理勢在必行。

數位視訊是在擷取過程中透過對模擬視訊訊號進行取樣和量化獲得的，其形式為一幀幀連續的圖型。與靜態圖型類似，數位視訊中的每幅圖型都由呈平面緊密排列的像素矩陣組成，被稱之為視訊幀。視訊中每秒內容所包含的視訊幀的數量被稱為每秒顯示畫面，單位為 fps（即 frame per second）。在各幀圖型品質相近的情況下，每秒顯示畫面越高的視訊其播放越流暢，但是體積、串流速率也會更高。

在視訊壓縮編碼中，圖型的顏色空間通常使用 Y'CrCb 顏色空間，在工程上常用 YUV 顏色空間指代。在視訊幀中，每個像素所佔位元組數由其取樣方式和位元深度決定。對於位元深度為 8 bit 的灰階圖型，每個像素只有 1 個亮度值，因此只佔 1 Byte（位元組）。對於位元深度為 8 bit 的彩色圖型，取樣格式不同，圖型像素所佔據的空間也不同。

▶ YUV 像素格式與取樣格式

YUV 像素格式的視訊幀，其像素使用亮度 + 色度的方式表示，其中，Y 分量表示亮度，U 分量和 V 分量表示色度。亮度分量與色度分量既可以一一對應，也可以對色度分量進行取樣，即每個色度分量的數量可以少於亮度分量。在視訊壓縮編碼中，常用的次像素取樣格式有 4:4:4、4:2:2 和 4:2:0（又稱作 4:1:1）等，如圖 3-1 所示。

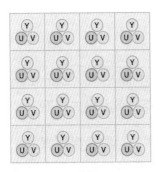  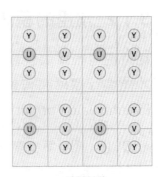

4:4:4   4:2:2   4:2:0（4:1:1）

▲ 圖 3-1

上述三種取樣格式的特點如下。

- 4:4:4 格式：每個亮度像素 Y 均對應一個色度像素 U 和 V，色度分量圖的尺寸與亮度分量圖相同。

- 4:2:2 格式：每兩個亮度像素 Y 對應一個色度像素 U 和 V，色度分量圖的尺寸為亮度分量圖的 1/2。

- 4:2:0（4:1:1）格式：每四個亮度像素 Y 對應一個色度像素 U 和 V，色度分量圖的尺寸為亮度分量圖的 1/4。

在 YUV 像素格式中，使用這種方式的主要原因是人的感官對亮度資訊的敏感度遠高於對色度資訊的敏感度。因此相對於其他像素格式，YUV 像素格式的最大優勢是可以適當地降低色度分量的取樣速率，並保證不對圖型造成太大影響，而且使用這種方式還可以相容黑白和彩色顯示裝置。對於黑白顯示裝置，只需去除色度分量，顯示亮度分量即可，不需要進行像素的轉換計算。

3.1.2 常用的視訊格式與解析度

從數位視訊擷取裝置中獲取的原始圖型訊號需要轉為某中間格式後才能進行編碼和傳輸等後續操作。其中,通用中間格式(Common Intermediate Format,CIF)為其他格式的基準。其他常用格式如下。

- QCIF:圖型解析度為 176 像素 ×144 像素,常用於行動多媒體應用。
- CIF:圖型解析度為 352 像素 ×288 像素,常用於視訊會議與視訊電話。
- 4CIF/SD:圖型解析度為 720 像素 ×576 像素,也稱為標準清晰度(Standard Definition,SD)視訊,常用於標準解析度數位電視廣播和數位視訊光碟(DVD)。
- HD/720P:圖型解析度為 1280 像素 ×720 像素,也稱為高畫質晰度(High Definition,HD)視訊,常用於高畫質晰度數位電視廣播和藍光數位視訊光碟(藍光 DVD)。
- FHD/1080P:圖型解析度為 1920 像素 ×1080 像素,也稱為全高畫質晰度(Full High Definition,FHD)視訊,與 HD 視訊一樣,也常用於高畫質晰度數位電視廣播和藍光 DVD 視訊光碟。
- UHD:解析度比 FHD 視訊更高的視訊格式,也稱為超高畫質(Ultra High Definition,UHD)視訊。常用格式有 4K 和 8K 等,解析度分別為 3840 像素 ×2160 像素(4K)和 7680 像素 ×4320 像素(8K),常用於超高畫質數位電視和高端數位娛樂系統。

3.1.3 對視訊資料壓縮編碼的原因

視訊壓縮編碼中最常用的色度取樣格式為 4:2:0。對於未壓縮的像素資料,即使對色度分量進行了取樣處理,資料量依然過於龐大。對於最常用的 1080P，4:2:0 格式的一幀圖型的大小為 1920 像素 ×1080 像素 ×1.5，約為 3.11MB，對於每秒顯示畫面為 30fps 的視訊，其串流速率接近 750Mbps。

對於 4K 或 8K 等清晰度更高的視訊，其串流速率更為驚人。這樣的資料量，無論儲存還是傳輸都無法承受。因此，對視訊資料進行壓縮成為了必然之選。

3.2 視訊壓縮編碼標準的發展歷程

從事視訊編碼演算法的標準化組織主要有兩個：ITU-T 和 ISO。

ITU-T 稱為 International Telecommunications Union - Telecommunication Standardization Sector，即國際電信聯盟——電信標準分局。該組織下設的 VECG（Video Coding Experts Group）主要負責制定針對即時通訊領域的標準，主要制定了 H.261、H263、H263+、H263++ 等標準。

ISO：全稱為 International Standards Organization，即國際標準組織。該組織下屬的 MPEG（Motion Picture Experts Group，動畫專家組）主要負責制定針對視訊儲存、廣播電視和網路傳輸的視訊標準，主要制定了 MPEG-1、MPEG-4 等標準。

實際上，真正在業界產生較強影響力的標準均是由這兩個組織合作產生的，比如 MPEG-2、H.264 和 H.265 等。

除上述兩個組織外，其他比較有影響力的標準如下。

- Google：VP8/VP9。
- Microsoft：VC-1。
- AVS、AVS+、AVS2。

主流的視訊編碼標準的發展歷程如圖 3-2 所示。

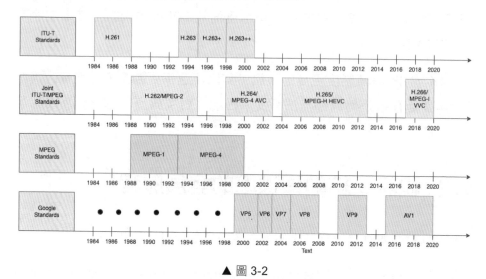

▲ 圖 3-2

3.3 視訊壓縮編碼的基本原理

3.3.1 視訊資料中的容錯資訊

像素格式的視訊資料之所以能被壓縮，其根本原因在於視訊中存在容錯資訊。我們可以透過多種不同的演算法去除容錯資訊，從而對資料進行壓縮。視訊資料中的容錯資訊主要有：

- 時間容錯：視訊中相鄰兩幀之間的內容相似，存在運動關係。
- 空間容錯：視訊中某一幀內部的相鄰像素存在相似性。
- 編碼容錯：視訊中不同資料出現的機率不同。
- 視覺容錯：觀眾的視覺系統對視訊中的不同部分敏感度不同。

針對不同類型的容錯資訊，在各視訊編碼的標準演算法中都有專門的技術應對，以透過不同的角度提高壓縮比率。

3.3.2 預測編碼

預測編碼是資料壓縮中最常用的方法之一，舉例來説，在脈衝碼調制
（Differential Pulse Code Modulation，DPCM）中，就是用當前取樣值
與預測取樣值的差進行編碼的，即透過這種方式減少輸出資料的體積。
在視訊壓縮中，預測編碼作為最核心的演算法之一造成了重要作用。

在視訊編碼中，預測編碼主要有兩種方法。

■ 幀內預測：幀內預測是根據當前幀已編碼的資料進行預測，利用圖型
  內相鄰像素之間的相關性去除視訊中的空間容錯。
■ 幀間預測：幀間預測是將部分已編碼的圖型作為參考幀，利用前後幀
  之間的時間相關性去除視訊中的時間容錯。

預測編碼自早期視訊編碼標準開始就已引入規定的演算法集合。在 H.261
和 MPEG-2 等早期標準中便引入了基於運動補償預測的幀間編碼演算
法，即透過視訊幀中區塊的運動關係壓縮時間容錯。在 H.264 及以後的
標準中加入了幀內預測方法，即將視訊幀按巨大區塊和子巨大區塊進行
分割，並對子巨大區塊用幀內預測方法壓縮空間容錯。

幀內預測和幀間預測在開發過程中都需要將巨大區塊分割後，在一個更
小尺寸的子區塊內進行。在幀內預測中，一個子區塊先從已編碼的相鄰
子區塊中獲取參考像素，再從預設的預測模式候選中選擇最佳模式進行
編碼，並將預測模式寫入輸出編碼串流。在解碼時透過解出的預測模式
和從已解碼的相鄰像素資訊生成重建區塊。

在幀間預測中，巨大區塊分割生成的子區塊在參考幀中搜索最匹配的參
考區塊，其中，匹配度最高的區塊相對於當前區塊在空間域的相對偏移
稱之為運動向量（Motion Vector，MV）。將當前區塊與參考區塊的相對

偏移稱為運動向量，是因為透過運動搜索得到的參考區塊，其內容可以作為當前區塊的運動起點，在某段時間內從參考區塊的位置運動到當前區塊的位置。在開發過程中，運動向量和參考幀的索引號被編碼到輸出編碼串流中，在解碼端透過參考幀索引獲得指定的參考幀，並透過運動向量在參考幀中獲取預測區塊。

編碼運動向量的方法通常不是直接編碼運動向量本身，而是將運動向量分為運動向量預測（Motion Vector Prediction，MVP）和運動向量殘差（Motion Vector Difference，MVD）兩部分。其中，MVP 是透過已編碼完成的資訊預測生成的，MVD 是透過熵編碼寫入輸出編碼串流的。已完成編碼的相鄰區塊，其運動資訊大機率具有相關性，甚至運動軌跡完全一致，因此透過預測的方式編碼運動向量在多數情況下可以有效減少編碼串流的資料量。

在未發生場景切換的情況下，視訊前後幀之間的相關性通常比視訊幀內部相鄰像素之間的相關性要大得多，因此幀間編碼通常可以取得比幀內編碼更高的壓縮比。但是幀內編碼的視訊幀在解碼時必須保證已經獲取完整、且正確解碼的參考幀，如果參考幀遺失或解碼失敗，則無法對當前幀進行正確解碼，並且會導致後續解碼失敗。相比之下，雖然幀內編碼的壓縮比率較低，但是解碼不需要依賴其他視訊幀，因此可作為視訊串流的隨機存取點和解碼資料刷新點。

3.3.3 變換編碼

與預測編碼類似，變換編碼是圖型與視訊壓縮編碼中最早使用的傳統編碼技術之一，在 JPEG 和 H.261 等早期壓縮標準中就已經使用。變換編碼的多種特性有助提升圖型與視訊資料的壓縮效率，變換編碼的主要特性如下。

■ 有利於利用人眼的視覺特性。除對亮度與色度進行區分外，人的視覺系統對圖型中的不同頻率分量也有不同的敏感度。因此除對敏感度較低的色度分量進行取樣外，以相對亮度更低的解析度進行編碼，對空間域的圖像資料進行頻域變換可以有效地分離高優先順序的直流或低頻訊號和低優先順序的高頻訊號，對高頻和低頻分別使用不同的參數進行壓縮，可有效壓縮視訊幀的資料量。

■ 有利於利用圖型與視訊資料的能量特性。圖型中的絕大部分訊號能量集中在直流和低頻區域，經過量化之後的高頻分量變換係數大多為 1 或 0。

■ 相對於空間域圖型訊號中相鄰的像素，變換到頻域後係數之間的相關性明顯降低。

與 JPEG 等圖型壓縮標準一致，在視訊壓縮編碼中，變換編碼的主要方法是離散餘弦變換及其最佳化演算法。離散餘弦變換不僅具有上述適用於視訊訊號壓縮編碼的特徵，而且其變換係數均為實數，方便以快速演算法實現最佳化。

3.3.4 熵編碼

在資訊學領域，熵用來指代資訊的混亂程度或相關性。某一段資訊的熵越高，代表這段資訊越無序、越不可預測。舉例來說，對於以下兩段字元，第一行字元的熵遠低於第二行。

```
Line 1: AAAABBBBCCCCDDDD
Line 2: CADBABDECACBDCAD
```

在當前主流的視訊壓縮編碼標準中，常用的熵編碼演算法如下。

- 指數哥倫布編碼（UVLC）演算法：常用於幀與 Slice 標頭資訊的解析過程。
- 上下文自我調整的變長編碼（CAVLC）演算法：主要用於 H.264 的 Baseline Profile 等格式的巨大區塊類型、變換係數等資訊的編碼。
- 上下文自我調整的二進位算術編碼（CABAC）演算法：主要用於 H.264 的 Main/High Profile 和 H.265 等格式的巨大區塊類型、變換係數等資訊的編碼。

3.4 視訊編碼標準 H.264

3.4.1 H.264 簡介

自 MPEG-2 在 DVD 和數位電視廣播等領域取得巨大成功後，ITU-T 與 MPEG 合作產生的又一重要成果便是 H.264。嚴格地講，H.264 是 MPEG-4 家族的一部分，即 MPEG-4 系列檔案 ISO-14496 的第 10 部分，因此又被稱作 MPEG-4 AVC。MPEG-4 重點考慮靈活性和互動性，而 H.264 著重強調更高的編碼壓縮率和傳輸可靠性，在數位電視廣播、即時視訊通訊、網路串流媒體等領域具有廣泛的應用。

3.4.2 H.264 的框架

與早期的視訊編碼標準類似，H.264 同樣使用區塊結構的混合編碼框架，其主要結構如圖 3-3 所示。

在 H.264 開發過程中，每一幀的 H 圖型都被分割為一個或多個分散連結（slice）進行編碼。每個分散連結包含多個巨大區塊（Macroblock，

MB）。巨大區塊是 H.264 中的基本編碼單元，其包含一個 16 像素 ×16 像素的亮度區塊和兩個 8 像素 ×8 像素的色度區塊，以及其他巨大區塊標頭資訊。當對一個巨大區塊進行編碼時，每個巨大區塊都會被分割成多種不同大小的子區塊進行預測。幀內預測的區塊大小可能為 16 像素 ×16 像素或 4 像素 ×4 像素，幀間預測或運動補償的區塊有 7 種不同的形狀：16 像素 ×16 像素、16 像素 ×8 像素、8 像素 ×16 像素、8 像素 ×8 像素、8 像素 ×4 像素、4 像素 ×8 像素和 4 像素 ×4 像素。在早期的視訊編碼標準中，只能按照巨大區塊或半個巨大區塊進行運動補償，而 H.264 所採用的這種更加細分的巨大區塊分割方法提供了更高的預測精度和編碼效率。在變換編碼方面，針對預測殘差資料進行的變換區塊大小為 4 像素 ×4 像素或 8 像素 ×8 像素。相比於僅支援 8 像素 ×8 像素變換區塊的早期視訊編碼標準，H.264 支援不同變換區塊大小的方法，避免了在變換與逆變換中經常出現的失配問題。

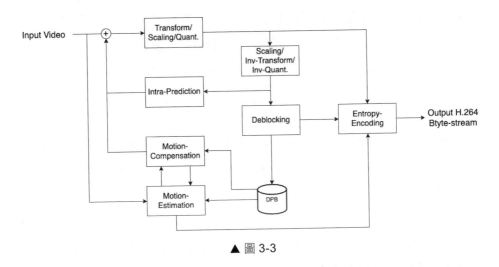

▲ 圖 3-3

在 H.264 中，熵編碼演算法主要有上下文自我調整的變長編碼（CAVLC）演算法和上下文自我調整的二進位算術編碼（CABAC）演算法。我們可以根據不同的語法元素類型指定不同的編碼演算法，從而達到編碼效率與運算複雜度之間的平衡。

H.264 視的分散連結具有不同的類型，其中最常用的有 I 分散連結、P 分散連結和 B 分散連結。另外，為了支持編碼串流切換，在擴充等級中還定義了 SI 分散連結和 SP 分散連結。

- I 分散連結：幀內編分碼散連結，只包含 I 巨大區塊。
- P 分散連結：單向幀間編分碼散連結，可能包含 P 巨大區塊和 I 巨大區塊。
- B 分散連結：雙向幀間編分碼散連結，可能包含 B 巨大區塊和 I 巨大區塊。

在視訊編碼中採用的如預測編碼、變化量化、熵編碼等主要工作在分散連結層或以下，這一層通常被稱為視訊編碼層（Video Coding Layer，VCL）。相對的，在分散連結層以上所進行的資料和演算法通常稱之為網路抽象層（Network Abstraction Layer，NAL）。設計網路抽象層的主要意義在於使 H.264 格式的視訊資料更便於儲存和傳輸。

為了適應不同的應用場景，H.264 還定義了多種不同的等級。

- 基準等級（Baseline Profile）：主要用於視訊會議、視訊電話等低延遲時間即時通訊領域。支援 I 分散連結和 P 分散連結，熵編碼支援 CAVLC 演算法。
- 主要等級（Main Profile）：主要用於數位電視廣播、數位視訊資料儲存等。支援視訊場編碼、B 分散連結雙向預測和加權預測，熵編碼支援 CAVLC 演算法和 CABAC 演算法。
- 擴充等級（Extended Profile）：主要用於網路視訊直播與點播等。支持基準等級的所有特性，並支持 SI 分散連結和 SP 分散連結，支援資料分割以改進誤碼性能，支援 B 分散連結和加權預測，但熵編碼不支援 CABAC 演算法和場編碼。

- 高等級（High Profile）：適用於高壓縮率和性能場景；支持 Main Profile 的所有特性，以及 8 像素 ×8 像素的幀內預測、自訂量化、無失真壓縮格式和 YUV 取樣格式等。

3.4.3 H.264 的基本演算法

1. 幀內預測

H.264 中採用了基於區塊的幀內預測技術，主要可分為以下類型。

- 16 像素 ×16 像素的亮度塊：4 種預測模式。
- 4 像素 ×4 像素的亮度塊：9 種預測模式。
- 色度塊：4 種預測模式，與 16 像素 ×16 像素的亮度塊的 4 種預測模式相同。

16 像素 ×16 像素的亮度塊的 4 種預測模式如圖 3-4 所示。

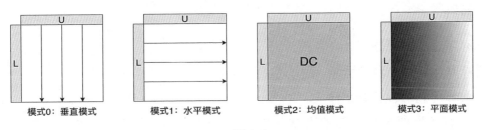

模式0：垂直模式　　模式1：水平模式　　模式2：均值模式　　模式3：平面模式

▲ 圖 3-4

4 像素 ×4 像素的亮度塊的 9 種預測模式如圖 3-5 所示。

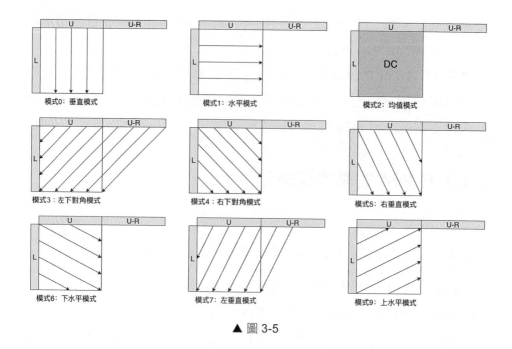

▲ 圖 3-5

2. 幀間預測

H.264 中的幀間預測方法使用了基於區塊的運動估計和補償方法，主要特點如下。

- 有多個候選參考幀。
- B 幀可以作為參考幀。
- 參考幀可以任意排序。
- 有多種運動補償區塊形狀，包括 16 像素 ×16 像素、16 像素 ×8 像素、8 像素 ×16 像素、8 像素 ×8 像素、8 像素 ×4 像素、4 像素 ×8 像素和 4 像素 ×4 像素。
- 有 1/4（亮度）像素插值。
- 有對交錯視訊的基於幀或場的運動估計。

把幀間預測的巨大區塊分割為子巨大區塊的方式如圖 3-6 所示。

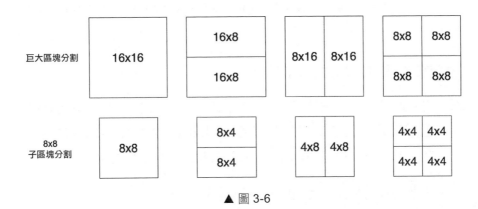

▲ 圖 3-6

次像素插值的表示如圖 3-7 所示。其中，Pixel 表示圖型中整像素點的位置，Half Pixel 表示 1/2 像素插值的位置，Quat.Pixel 表示 1/4 像素插值的位置。

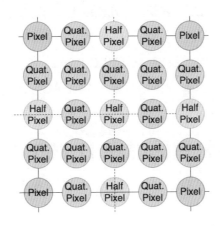

▲ 圖 3-7

3. 交錯視訊編碼

針對隔行掃描的視訊，H.264 專門定義了用於處理此類交錯視訊的演算法。

- 圖型層的帕場自我調整（Picture Adaptive Frame Field，PicAFF）。
- 巨大區塊層的帕場自我調整（MacroBlock Adaptive Frame Field，MBAFF）。

4. 整數變換演算法和量化編碼

H.264 的變換編碼創新性地使用了類似離散餘弦變換的整數變換演算法，有效降低了運算複雜度。對於基礎版的 H.264，變換矩陣為 4 像素 ×4 像素；在 FRExt 擴充中，還支持 8 像素 ×8 像素的變換矩陣。

H.264 的量化編碼演算法使用的是純量量化。

5. 熵編碼

H.264 針對不同的語法元素指定了不同的熵編碼演算法，主要有：

- 指數哥倫布編碼（Universal Variable Length Coding，UVLC）演算法。
- 上下文自我調整的變長編碼（CAVLC）演算法。
- 上下文自我調整的二進位算術編碼（CABAC）演算法。

3.5 高效視訊編碼標準 H.265

3.5.1 H.265 簡介

隨著 4K、8K 等超高畫質視訊的應用越發廣泛，產業界對視訊壓縮演算法的效率提出了更高的要求。從 2010 年開始，由 ITU-T 和 MPEG 聯合成立的 JCT-VC（Joint Collaborative Team on Video Coding）開始著手

指定 H.264 的後繼編碼標準，並於 2013 年作為國際標準正式發佈，即
H.265/MPEG-H HEVC（簡稱 H.265）。

3.5.2 H.265 的框架

相對於前代標準 H.264，H.265 仍然使用類似的整體框架結構，即塊結構
的混合編碼框架，如圖 3-8 所示。H.265 中包括了幀內預測、幀間預測、
變換量化、熵編碼和去塊濾波等，並且在這些模組中使用了大量的新技
術，進一步提升了編碼效率。

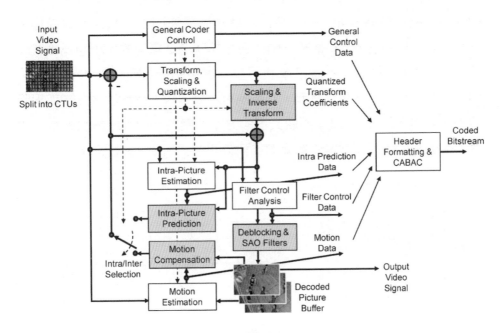

▲ 圖 3-8

H.264 編碼的最小單元為巨大區塊，每個巨大區塊的固定大小為 16 像素
×16 像素。對於常用的 4:2:0 格式，每個巨大區塊內包含一個 16 像素
×16 像素的亮度塊和兩個 8 像素 ×8 像素的色度塊。每個巨大區塊都是

按照幀內編碼或幀間編碼劃分為子區塊的，分別進行預測編碼、變換量化，並透過熵編碼輸出壓縮編碼串流。這種固定巨大區塊大小的圖型幀分割方式在 4K、8K 等超高畫質視訊中，會導致過多的巨大區塊被分割並產生對應的巨大區塊資訊，導致壓縮效率降低。

為了解決這個問題，H.265 提出了樹狀編碼單元（Coding Tree Unit，CTU）這一全新的圖型幀分割方式。一個樹狀編碼單元的大小為 64 像素 ×64 像素，並且可以根據其中的內容進行四叉樹狀的分割。每個樹狀編碼單元包含 3 個樹狀編碼區塊（Coding Tree Block，CTB），即 1 個亮度樹狀編碼區塊和 2 個色度樹狀編碼區塊，其中，亮度樹狀編碼區塊的大小與樹狀編碼單元相同，色度樹狀編碼區塊的大小由色度取樣格式決定，對於常用的 4:2:0 格式，兩個色度樹狀編碼區塊的大小均為樹狀編碼單元的 1/4。每個樹狀編碼單元都包含許多編碼單元（Coding Unit，CU）。對於某個樹狀編碼單元，其中既可以只包含一個編碼單元（即樹狀編碼單元本身），也可以按照四叉樹的方式分割為不同大小的編碼單元組合。從樹狀編碼單元到編碼單元的典型分割方式如圖 3-9 所示。

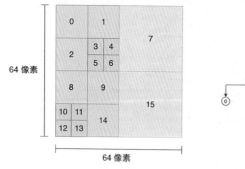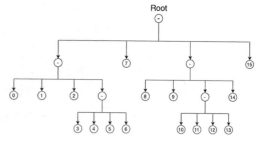

▲ 圖 3-9

在圖 3-9 中，一個 64 像素 ×64 像素的樹狀編碼單元，首先進行四等距，即分割為 4 個 32 像素 ×32 像素的子區塊。其中，序號 7 和 15（32

像素 ×32 像素）的子區塊作為一個編碼單元不再繼續分割，其餘兩個
32 像素 ×32 像素的子區塊分別被分割為 4 個 16 像素 ×16 像素的子區
塊，並且其中各有一個 16 像素 ×16 像素的子區塊進一步被分割為 8 像
素 ×8 像素的子區塊。依次類推，一個樹狀編碼單元最終被分割為 16 個
編碼單元。

與樹狀編碼單元類似，每個編碼單元同樣包含三個區塊，分別表示三個
顏色分量，該區塊被稱為編碼區塊（Coding Block，CB）。一個編碼單
元中包含一個亮度編碼區塊和兩個色度編碼區塊，亮度編碼區塊的大小
與編碼單元一致，色度編碼區塊的大小為亮度編碼區塊大小的 1/4（特指
4:2:0 格式）。

在把一個樹狀編碼單元按四叉樹分割為許多編碼單元後，每個編碼單元
按照對應的編碼方式可以繼續劃分。若該編碼單元以幀間預測進行編
碼，則將編碼單元分割為預測單元（Prediction Unit，PU），預測單元中
的三個顏色分量分別組成三個預測區塊（Prediction Block，PB）。編碼
單元中的預測殘差透過變換單元（Transform Unit，TU）執行變換和量
化編碼操作。在變換和量化編碼操作中，變換單元按三個分量分別與三
個變換區塊（Transform Block，TB）操作。

3.5.3 H.265 的基本演算法

1. 幀間預測

一個按照幀間編碼的編碼單元，在編碼之前首先按照某種方式分割為許
多預測單元。每個預測單元由一個亮度預測區塊和兩個色度預測區塊組
成，其中，每個預測區塊都共用一組相同的運動資訊，包括運動向量和
參考幀索引等。

H.265 中定義了 8 種把編碼單元分割為預測單元的模式,即 4 種對稱模式和 4 種非對稱模式,如圖 3-10 所示。

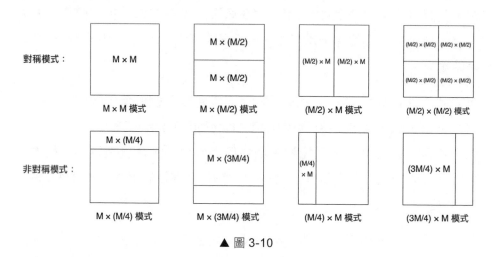

▲ 圖 3-10

除新的區塊劃分方式外,H.265 的幀間預測還使用了多種改進技術以提升編碼性能,其中代表性的有先進運動向量預測(Advanced Motion Vector Prediction,AMVP)和幀間預測區塊合併等。

在 H.264 中,獲取運動向量預測通常為取與當前區塊相鄰的三個已編碼區塊的運動向量的中間值。某些編碼模式(如預測模式為 TemporalDirect 模式)可能使用相鄰塊的運動向量值作為運動向量預測。在 H.265 中,由於引入了樹狀編碼單元,所以某個預測單元與其相鄰預測單元的關係更加複雜,如一個 64 像素 ×64 像素的預測單元,其左側鄰域最多可能存在 16 個 8 像素 ×4 像素的相鄰預測單元。為了適應這種情況,H.265 中引入的先進運動向量預測並未使用從前期已編碼的相鄰塊來估計當前塊的運動向量預測,而是將許多運動向量預測的候選以列表的形式重建,並以顯性編碼索引值的方式獲得運動向量預測。透過該方式,不僅對編解碼的實現較友善,而且保證了較高的壓縮編碼性能。

幀間預測區塊合併也是 H.265 中新增的方法。對於部分前景運動軌跡與背景差別較大，或運動物體的形狀特殊的場景，樹狀編碼單元的四叉樹分割可能導致整幀圖型的分割過於細碎，產生大量的無效邊緣。無效邊緣指邊緣兩側的預測單元其運動參數完全一致或接近完全一致。過多相同參數的預測單元產生的資料將影響整體壓縮效率。與先進運動向量預測類似，H.265 的幀間預測區塊合併同樣生成一個運動資訊的候選列表，並且在編碼串流中寫入一個索引值，由它決定當前預測單元應選擇哪一個候選的運動資訊。幀間預測區塊合併與先進運動向量預測的主要區別在於：先進運動向量預測的候選列表中只包括各個相鄰預測單元的運動向量，而幀間預測區塊合併的候選列表包括所有的運動資訊，除運動向量外，還有選用單一或兩個參考幀清單、參考幀索引等資訊。

2. 變換編碼

H.265 繼承了 H.264 中使用的整數變換演算法，並且針對 H.265 的特點進行了最佳化和擴充。在 H.264 中，變換編碼使用 4 像素 ×4 像素或 8 像素 ×8 像素大小的二維整數編碼。H.265 中使用了新的四叉樹結構的區塊分割方法，編碼的基本單元大小更加靈活，因此變換區塊尺寸也更加靈活。

一個從樹狀編碼單元分割出的編碼單元在完成預測過程後，編碼單元內部須進行變換編碼。一個編碼單元在變換開發過程中，不是對編碼單元的整個區塊進行變換，而是以當前編碼單元為根繼續進行四叉樹分割，經過分割之後生成許多變換單元（Transform Unit，TU），之後在每一個變換單元中進行實際的變換操作。每一個變換單元包括了許多變換區塊（Transform Block，TB），當亮度變換區塊的尺寸大於 4 像素 ×4 像素時，一個變換單元包含一個亮度變換區塊和兩個色度變換區塊；當變換區塊尺寸為 4 像素 ×4 像素時，則變換單元包括 4 個亮度變換區塊和

8 個色度變換區塊。最終劃分的變換單元的大小受到多個參數的限制，如四叉樹的最大深度、變換區塊的最大尺寸和最小尺寸等。由於變換單元和預測單元的形狀差異，一個變換單元可能跨越多個預測單元進行遞迴劃分。把一個編碼單元劃分為變換單元的方法如圖 3-11 所示。

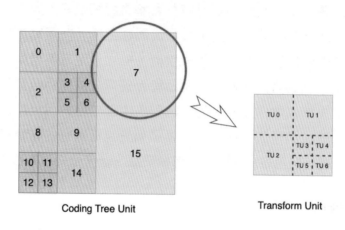

Coding Tree Unit   Transform Unit

▲ 圖 3-11

由於變換區塊的大小不同，所以 H.265 為不同尺寸的區塊定義了對應的整數變換矩陣。其中，4 像素 ×4 像素的變換矩陣如下：

$$A = \begin{bmatrix} 64 & 64 & 64 & 64 \\ 83 & 36 & -36 & -83 \\ 64 & -64 & -64 & 64 \\ 36 & -83 & 83 & -36 \end{bmatrix}$$

8 像素 ×8 像素的變換矩陣如下：

$$A = \begin{bmatrix} 64 & 64 & 64 & 64 & 64 & 64 & 64 & 64 \\ 89 & 75 & 50 & 18 & -18 & -50 & -75 & -89 \\ 83 & 36 & -36 & -83 & -83 & -36 & 36 & 83 \\ 75 & -18 & -89 & -50 & 50 & 89 & 18 & -75 \\ 64 & -64 & -64 & 64 & 64 & -64 & -64 & 64 \\ 50 & -89 & 18 & 75 & -75 & -18 & 89 & -50 \\ 36 & -83 & 83 & -36 & -36 & 83 & -83 & 36 \\ 18 & -50 & 75 & -89 & 89 & -75 & 50 & -18 \end{bmatrix}$$

除離散餘弦變換外，H.265 還使用了另一種類似的變換演算法，即整數離散正弦變換專門應用於幀內預測模式，對 4 像素 ×4 像素大小的亮度分量區塊的預測殘差進行變換編碼。整數離散正弦變換在實現時的運算複雜度與離散餘弦變換相同，並且更適應與幀內預測時殘差訊號的分佈規律。整數離散正弦變換的變換矩陣如下：

$$A = \begin{bmatrix} 29 & 55 & 74 & 84 \\ 74 & 74 & 0 & -74 \\ 84 & -29 & -74 & 55 \\ 66 & -84 & 74 & -29 \end{bmatrix}$$

3. 幀內預測

H.265 的幀內預測編碼使用了全新的設計。在 H.264 中，亮度分量的幀內預測針對兩種尺寸：16 像素 ×16 像素或 4 像素 ×4 像素，其中 4 像素 ×4 像素的亮度塊定義了 9 種預測模式，16 像素 ×16 像素的亮度塊定義了 4 種預測模式。由於 H.265 使用了樹狀編碼單元圖型幀分割方式，因此簡單地針對某種尺寸定義許多預測模式便顯得過於煩瑣。

當一個樹狀編碼單元按四叉樹分割為許多編碼單元後，每個編碼單元都決定了自身使用幀內編碼還是幀間編碼。當一個編碼單元使用幀內編碼時，該編碼單元的幀內預測模式將編碼後寫入輸出編碼串流，具體如下。

- 如果當前編碼單元的大小大於指定的最小編碼單元尺寸，則在編碼單元中為亮度編碼區塊指定一個幀內預測模式。
- 如果當前編碼單元的大小等於指定的最小編碼單元尺寸，則編碼單元中的亮度編碼區塊繼續按四叉樹分割為 4 個子區塊，並為每個子區塊分配一個幀內預測模式。
- 每個編碼單元都為色度編碼區塊分配了一個幀內預測模式，該模式適用於編碼單元內的兩個色度編碼區塊。

針對亮度分量，總共可能有 5 種尺寸的區塊執行幀內預測的操作，分別
為 64 像素 ×64 像素、32 像素 ×32 像素、16 像素 ×16 像素、8 像素
×8 像素和 4 像素 ×4 像素。對於每一種尺寸，H.265 共定義了 35 種預
測模式，包括 DC 模式、平面（Planar）模式、水平模式、垂直模式和
31 種角度預測模式。35 種模式如圖 3-12 所示。

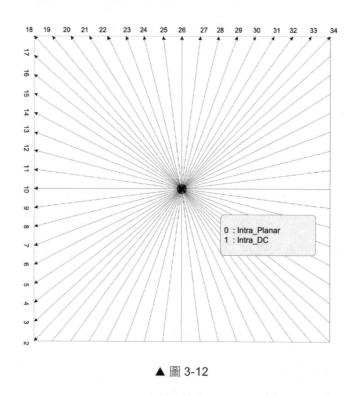

▲ 圖 3-12

從圖 3-5 可知，H.264 並未提供右上方向的預測模式。很明顯，H.265
中定義的幀內預測模式繼承了 H.264 的並進行了擴充，即 H.264 中定義
的 9 種預測模式可以被認為是 H.265 定義的 35 種預測模式的子集，如
H.265 中的平面模式就是由 H.264 中的平面模式發展而來的。而 31 種
角度預測模式是對 H.264 中的偏對角模式的擴充，與 H.264 中定義的 6
種對角、斜對角模式相比，31 種角度預測模式提供了更為精細的預測候

選。另一方面，更多的預測模式帶來了更高的算力需求，為了平衡演算法性能與運算複雜度，H.265 還定義了多種幀內預測的快速演算法。

在多種預測角度中，H.265 提供了許多右上方向的預測方式的原因之一在於其使用了比 H.264 更多的預測像素。在 H.264 中，由於當前區塊左下方的區塊尚未進行編碼或解碼，所以無法作為參考像素。而 H.265 使用了四叉樹分割，因此在編碼當前塊時，有可能獲取左下方的像素作為參考。H.265 在進行幀內預測的過程中，當前區塊與參考像素的相對位置關係如圖 3-13 所示。

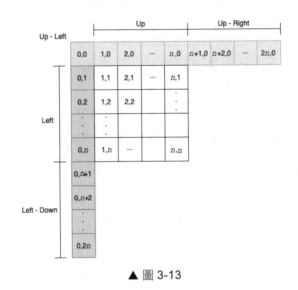

▲ 圖 3-13

4. 熵編碼

H.265 取消了對 CAVLC 演算法的支援，所有的 profile 均以 CABAC 演算法為主，並以指數哥倫布編碼演算法作為部分語法元素的解析方法。與 H.264 的 CABAC 演算法相比，H.265 中的 CABAC 演算法基本繼承了其主要特性，並針對部分特性做了改進，主要包括最佳化對鄰域資料的依賴性、提升對平行編碼的適應性等。

5. 環路濾波

環路濾波（In-loop Filter）是在 H.264 等早期標準中便已使用的技術，其主要目的是降低塊效應和振鈴效應等副作用，提升重建圖型的品質。從圖 3-8 所示的編碼框架結構中可以看出，濾波部分在反量化、反變換之後，位於解碼子環路中，因此被稱為環路濾波。在 H.265 中，環路濾波的主要功能有兩個。

- 去塊濾波（Deblocking Filter）：去除編碼產生的區塊效應。
- 像素自我調整補償（Sample Adaptive Offset，SAO）：改善圖型的振鈴效應。

去塊濾波在一幀中的各個樹狀編碼單元解碼完成後進行，針對每一幀中亮度和色度分量的 8 像素 ×8 區塊邊沿進行，先處理垂直邊界，再處理水平邊界。如果操作的是色度分量，則邊界兩側至少有一個區塊為幀內預測時方可進行濾波。針對某個 8 像素 ×8 像素邊緣濾波時，最多修正邊緣兩側的各 3 個像素，因此不同邊緣的濾波操作相互不影響，利於平行作業。

像素自我調整補償主要用於改善圖型中的振鈴效應。所謂振鈴效應，指的是由於有損編碼帶來的高頻資訊損失，圖型劇烈變化的邊沿產生的波紋形失真。H.265 引入的像素自我調整補償，可以降低振鈴效應的影響。像素自我調整補償以一個樹狀編碼單元為基本單元，對其中的像素進行濾波。對一個樹狀編碼單元中的像素進行分類處理的方式有三種。

- 邊沿補償（Edge Offset，EO）：計算當前像素與相鄰像素的大小關係，進行分類和修正。
- 像素帶補償（Band Offset，BO）：根據像素值所處的像素帶進行補償。
- 參數合併（Merge）：直接使用相鄰樹狀編碼單元的參數進行計算。

音訊壓縮編碼

聲音是人們獲取和傳遞資訊的重要載體之一，聽覺是人類僅次於視覺的第二大資訊獲取來源。因此人類自遠古時期便開始了對聲音資訊的研究。隨著科學技術的發展，音訊資訊的應用愈加廣泛，除資訊的傳遞與儲存外，如身份辨識、文字語音轉換等技術也逐漸興起。本章主要討論音訊壓縮編碼的基礎知識、音訊資訊的取樣與數位化，以及音訊訊號的編碼標準等。

4.1 音訊壓縮編碼的基礎知識

4.1.1 聲音資訊的概念

音訊技術以聲音訊號作為處理物件，聲音訊號是一種典型的機械波，與光訊號等電磁波有基本的差異。聲音的產生來自物體的震動，只有當物體發生震動時才有可能產生聲音。透過震動發出聲音的物體稱作聲源。當物體發生震動時,物體所在的媒體(如空氣或水等)被震動物體觸發,其分子隨之產生有節奏的震動,造成其分佈疏密的變化進而產生向四面八方傳播的縱波,這就是聲音的產生和傳播。

在生活中,當鼓等打擊樂器在受到演奏者的擊打時,鼓面發生劇烈震動產生聲音。音響裝置在收到輸入端的電訊號後,透過電磁鐵的轉換帶動揚聲器的共振膜發生震動產生聲音。

4.1.2 聲音資訊的基本要素

聲音資訊有三個要素,即振幅、頻率和音色,這三個要素的組合決定了一段聲音資訊的特性。

1. 振幅

顧名思義,振幅表示震動的幅度。聲音的振幅表現了聲音所包含的能量:能量越大,聲音的振幅越大,其音量越高;能量越小,聲音的振幅越小,其音量越低。

2. 頻率

不同頻率的聲音表現出的音調不同:聲音的頻率越高,其音調越高,聲音越尖銳;聲音的頻率越低,其音調越低,聲音越低沉。

聲音的頻率由震動發生的頻率決定,即由震動物體的特性決定。通常物體震動的頻率與震動長度、粗細、密度和厚度成反比。舉例來說,觀察打擊樂器的發聲板的排列可知,通常高頻音符的發聲板的長度比低頻音符的要短。震動的計量單位為赫茲(Hz),其含義為每秒內發聲的震動次數。聲音的頻率同樣以赫茲為單位。

人類的聽覺只能感知一定頻率範圍內的聲音,此頻率範圍內的聲音被稱為可聽聲,頻率範圍為 20Hz~20kHz。超過 20kHz 的聲音被稱為超音波,低於 20Hz 的聲音被稱為次聲波。超音波和次聲波雖然無法透過人的聽覺感知,但透過專業裝置可以進行探測,並實現多種特殊功能。

3. 音色

無論樂器演奏還是人的語言,世界上絕大多數聲音訊號都不是僅包含單一頻率的聲音,而是由多種頻率的聲音分量複合而成的。組成聲音訊號的各個頻率的聲音分量的強度不盡相同,其中,強度最大的頻率分量由聲源主體震動產生,稱為「基因」,聲源其他部分的震動同樣產生頻率不同、強度稍低的聲音分量,稱為「泛音」。聲音的音色主要由泛音的特性決定,不同的泛音使我們可以根據感知對聲音進行劃分,如男聲、女聲、童聲等不同人群的聲音,如鋼琴、古箏、吉他等不同樂器演奏的聲音等。

4.2 音訊資訊取樣與數位化

4.2.1 模擬音訊

與視訊訊號類似,音訊訊號也分為模擬訊號與數位訊號兩種。自然的音訊訊號是按時間連續輸出的,並且其幅度同樣連續的模擬訊號。模擬音訊的應用十分廣泛,最典型的就是卡式磁帶。

除卡式磁帶外,模擬音訊在部分高端需求中也有廣泛的應用,最典型的就是黑膠唱片。

黑膠唱片的錄音原理是將聲音訊號以紋路槽的形式燒錄在唱片表面，播放時透過唱針在碟片表面的滑動讀取聲音訊號並還原播放。相比於磁帶以及 CD 等數位視訊媒介，黑膠唱片的音質更接近原聲，聽覺失真最小，且播放時的沉浸感和現場感遠超其他音樂媒介，因此在發燒友和復古同好中廣受歡迎。

4.2.2 數位音訊

隨著時代的發展，黑膠唱片和卡式磁帶所代表的模擬音訊媒介的缺陷開始逐漸顯露。舉例來說，黑膠唱片的製作成本較高，且保存條件較為苛刻，唱片上的任何損傷甚至灰塵都會影響播放效果。卡式磁帶的體積相對較大，當攜帶的數量較多時較為不便。此外，模擬音訊的最大問題在於資訊密度較低，難以大量儲存和傳輸。隨著電腦逐漸應用於各個領域，影音媒體的數位化不可避免。數位化後的音訊資訊以二進位形式保存，非常便於後期的處理、複製和傳輸。

數位音訊時代應用最為廣泛的音訊媒介是 Compact Disk，簡稱 CD。與黑膠唱片不同，CD 的儲存方式是透過雷射在碟片表面蝕刻凹點或平面，以二進位形式保存數位音訊訊號。在播放時，CD 播放機透過雷射感應裝置讀取碟片表面的二進位數位音訊訊號並進行解碼和播放。

與黑膠唱片相比，CD 的主要優勢如下。

- 儲存資訊密度高，可儲存的音訊節目長度至少是黑膠唱片的兩倍以上。
- 抗干擾性好，不會因為輕微劃傷或灰塵造成播放效果下降。
- 體積更小，易於攜帶。
- 使用方便，可以從保存的節目中按要求進行跳躍播放。

最重要的是，CD 的製作成本遠低於黑膠唱片，便於大規模量產。因此隨著時間的演進，主流市場不可避免地被 CD 所佔領，直到以 iPod 為代表的可攜式 MP3 音樂播放機和以 iTunes 為代表的線上串流媒體服務的興起，CD 才逐漸讓出民用音樂媒體的統治地位。

4.2.3 取樣和量化

與圖型等其他類型訊號類似，模擬音訊數位化的過程主要包括取樣和量化兩個步驟。不同的取樣和量化方法會對輸出的數位音訊資訊的特性產生影響。

1. 音訊取樣

對音訊訊號的取樣為模擬音訊數位化的第一步。與圖型、視訊或其他類型的訊號類似，音訊取樣的原理為按照指定的時間間隔獲取並記錄音訊資訊的強度。一個波形為正弦波的訊號按照某一指定頻率取樣的效果如圖 4-1 所示。

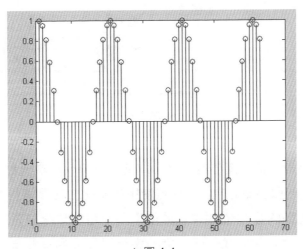

▲ 圖 4-1

音訊訊號取樣的頻率對數位化後的播放輸出效果有重大影響，過低的取樣頻率可能造成重建訊號的資訊失真。我們知道，幾乎所有的聲音訊號都是由多個不同頻率的訊號複合而成的。根據奈奎斯特取樣定理，訊號的取樣頻率必須超過最高頻率分量的 2 倍以上，否則將出現頻率混疊現象，產生取樣失真。因為人耳可聽聲的頻率範圍約為 20Hz~20kHz，所以對音訊訊號取樣的頻率通常需要超過 40kHz。在實踐中，常用的取樣頻率為 44.1kHz。

2. 取樣點量化

模擬的聲音訊號經過取樣後，其時間軸會從連續變為離散，但其設定值範圍仍然為一個連續的區間。為了便於以數位化形式表示，需要對取樣後的音訊取樣值進行量化操作。

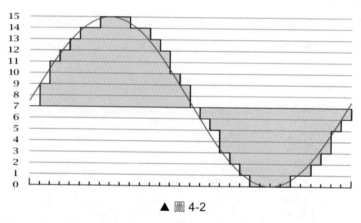

▲ 圖 4-2

這裡的「量化」可類比為一種「近似」的概念。舉例來説，最簡單的二值化可以認為是一種二進位的量化，即把小於 0.5 的數值量化為 0，把大於或等於 0.5 的數值量化為 1。實際使用的量化方法要複雜得多，舉例來説，使用了更多的量化位數等。量化中所使用的量化位數表現了量化的精度，又稱作位元深度或位元寬度，表示以多大的資料量表示一個量化後的資料。一般來說量化演算法使用的位元深度為 4 bit、8 bit、16 bit 或 32 bit 等，使用的位元深度越大，量化的結果就越精確，同時資料量也就越大。舉例來說，使用 8 bit 位元深度進行量化，則輸出的量化值的區間為 [0,255]，每個樣本點佔用 1Byte 儲存空間。使用 16 bit 位元深度進行量化，則輸出的量化值的區間為 [0,65535]，每個樣本點佔用 2Byte 位元組儲存空間。使用 4 bit 位元深度對一個正弦波形的訊號進行量化的效果如圖 4-2 所示。

4.3 脈衝碼調制

透過取樣和量化，時間和強度均為連續設定值的模擬訊號已經轉為指定頻率和設定值範圍的數位訊號，但此時的訊號為多進位資訊，直接傳輸其強度將存在諸多缺陷，如功耗高、抗誤碼性差等，因此在實際傳輸之前必須進行處理。在實際應用中，脈衝碼調制（Pulse Code Modulation，PCM）長期以來得到廣泛應用，其核心想法是對量化產生的多進位電位進行進一步編碼，統一以二進位電位的形式傳輸。

與均勻量化不同，脈衝碼調制使用的是非均勻量化。在國際標準中規定，脈衝碼調制可選擇 A 律 13 聚合線法和 μ 律 15 聚合線法，二者想法基本一致，本節以 8 bit 位元深度為例介紹 A 律 13 聚合線法。

4.3.1 PCM 量化區間分割

在使用 PCM 對取樣訊號進行量化和編碼之前，首先需要對取樣訊號的設定值範圍進行歸一化，並進行分割。歸一化後，每個取樣訊號的強度絕對值範圍被限定在 [0,1] 區間，並且按照對低半區二等距的方式進行非均勻分割。具體分割方式如下。

（1）將整個歸一化的設定值區間二等距，即分為 [0,1/2) 和 [1/2,1] 兩個區間。

（2）分割當前區間的低半區，將 [0,1/2) 分割為 [0,1/4) 和 [1/4,1/2)。

（3）循環分割低半區，共分割 7 次，得到 8 個子區間。

完成後，整個設定值區間如圖 4-3 所示。

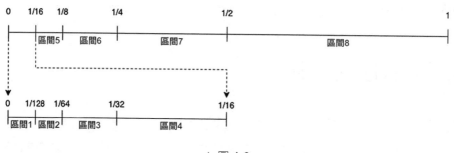

▲ 圖 4-3

另一方面，對量化的輸出區間進行 8 等距。量化的輸入和輸出對應關係如圖 4-4 所示。

在圖 4-4 中，垂直座標自下而上平均分割的 8 個區間分別對應一段聚合線，其斜率如下：

- 區間 [0,1/8)：斜率為 16。
- 區間 [1/8,2/8)：斜率為 16。
- 區間 [2/8,3/8)：斜率為 8。
- 區間 [3/8,4/8)：斜率為 4。
- 區間 [4/8,5/8)：斜率為 2。
- 區間 [5/8,6/8)：斜率為 1。
- 區間 [6/8,7/8)：斜率為 1/2。
- 區間 [7/8,1]：斜率為 1/4。

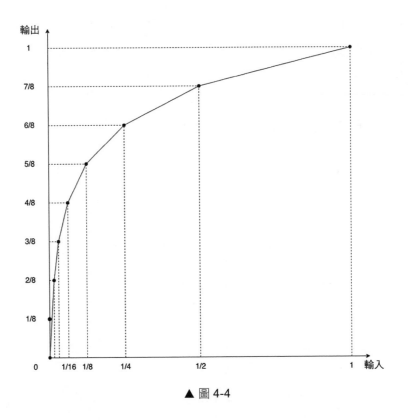

▲ 圖 4-4

對於訊號的負極性部分，其區間分割方式與正極性部分類似。越接近負值下限區間，聚合線斜率越低；越接近 0，聚合線斜率越高。

- 區間 (-1/8,0]：斜率為 16。
- 區間 (-2/8,-1/8]：斜率為 16。
- 區間 (-3/8,-2/8]：斜率為 8。
- 區間 (-4/8,-3/8]：斜率為 4。
- 區間 (-5/8,-4/8]：斜率為 2。
- 區間 (-6/8,-5/8]：斜率為 1。
- 區間 (-7/8,-6/8]：斜率為 1/2。
- 區間 (-7/8,-1]：斜率為 1/4。

因此，對 [-1,1] 區間繪製的完整的聚合線示意圖如圖 4-5 所示。在圖 4-5 中，第一象限和第三象限各包含 8 段聚合線，因此共包含 16 段聚合線。而在垂直座標區間，(-2/8,-1/8]、(-1/8,0]、[0,1/8) 和 [1/8,2/8) 對應的 4 段聚合線斜率相同，可視作一條聚合線，即在 [-1,1] 區間共有 13 段聚合線，因此該 PCM 量化編碼方法被稱為 A 律 13 聚合線法。

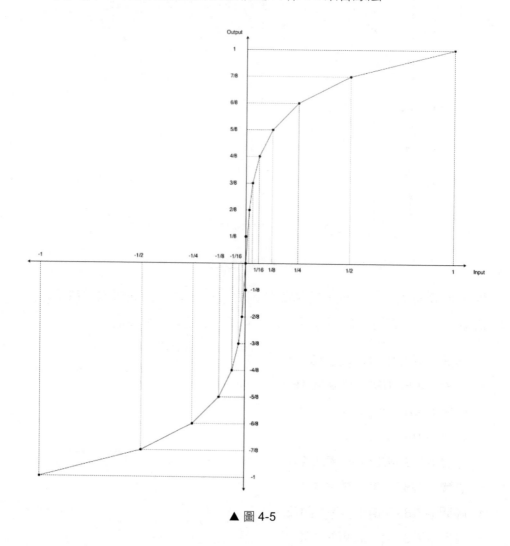

▲ 圖 4-5

4.3.2 PCM 量化編碼規則

假設使用 8 bit 位元深度進行 PCM 編碼,則每個代碼的位元寬度為 8 bit,其結構如表 4-1 所示。

表 4-1

名　稱	位　置	長　度	含　義
極性碼	b0	1 bit	表示電位的正負極性
段落碼	b1b2b3	3 bit	表示代碼所屬的段落
段內碼	b4b5b6b7	4 bit	表示代碼在指定段落中的位置

▶ 極性碼

極性碼表示該代碼所處的電位正負極性,0 表示該代碼處於正極性區(即聚合線圖第一象限),1 表示該代碼處於負極性區(即聚合線圖第三象限),如圖 4-6 所示。

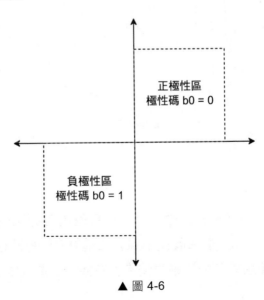

正極性區
極性碼 b0 = 0

負極性區
極性碼 b0 = 1

▲ 圖 4-6

▶ 段落碼

從前文已知，每個電位區都被分割為 8 個區間，對應 8 段聚合線。在 PCM 編碼中，3 bit 的段落碼表示當前代碼處於哪一個段落中，對應關係如圖 4-7 所示。

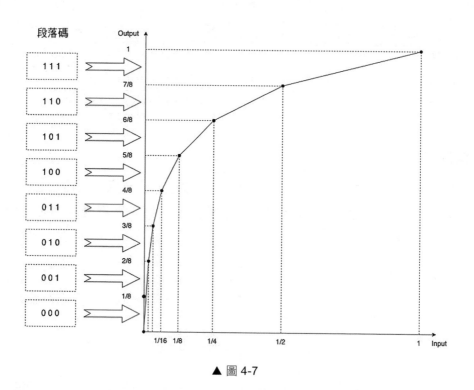

▲ 圖 4-7

▶ 段內碼

PCM 編碼的最後 4 bit 為段內碼，表示在每個段落中訊號的具體設定值。4 bit 的段內碼可表示 0~15 的數值，即把每個段落的電位設定值範圍等距為 16 個子區間，為每個區間從小到大分配 0~15 的設定值序號。段內碼的設定值可直接用段落中的電位設定值序號的二進位碼表示，如表 4-2 所示。

表 4-2

電位設定值序號	段內碼
0	0000
1	0001
2	0010
3	0011
4	0100
5	0101
6	0110
7	0111
8	1000
9	1001
10	1010
11	1011
12	1100
13	1101
14	1110
15	1111

4.4 MP3 格式與 MP3 編碼標準

提到 MP3，很多人第一個想到的是在 21 世紀初曾風靡全球的可攜式音樂播放機，如 iPod。實際上，MP3 作為音訊壓縮編碼標準（簡稱 MP3 編碼標準）的誕生時間比 MP3 播放機要早一些。MP3 編碼標準自 1993 年起便隨著 MPEG-1 影音壓縮標準一起發佈，定義於 MPEG-1 標準集合的第三部分，即 MPEG-1 Audio Layer 3。需要注意的是，MP3 編碼標準與 MPEG-3 標準集合沒有任何直接聯繫，不應誤解為「MP3 編碼標準是

MPEG-3 標準集合的簡稱」。此外，MP3 還是音訊檔案的封裝格式（簡稱
MP3 格式）。本節簡單討論 MP3 格式和 MP3 編碼標準。

4.4.1　MP3 格式

MP3 格式是最常用的音訊檔案格式之一，通常以 ".mp3" 作為檔案副檔
名。一個 MP3 檔案以幀（Frame）為單位保存音訊的編碼串流資料，每
個畫面資料都由幀表頭和酬載資料組成。除保存在幀中的音訊編碼串流資
料外，MP3 檔案中還定義了兩個標籤結構，用來保存歌曲名稱、作者、
專輯和年份等音訊檔案的屬性資訊，並形成了 ID3 標籤。目前常用的 ID3
標籤包括 ID3V1 Tag 和 ID3V2 Tag 兩部分。ID3V1 Tag 位於 MP3 檔案的
結尾，ID3V2 Tag 位於 MP3 檔案的頭部，整體結構如圖 4-8 所示。

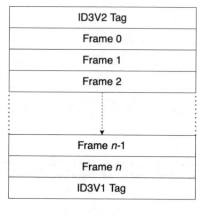

▲ 圖 4-8

1. ID3V2 Tag

ID3V2 Tag 通常位於 MP3 檔案的頭部。下面以二進位形式打開一個 MP3
檔案，如圖 4-9 所示。

```
Offset:  00 01 02 03 04 05 06 07 08 09 0A 0B 0C 0D 0E 0F
00000000: 49 44 33 04 00 00 00 00 08 49 54 49 54 32 00 00   ID3......ITIT2..
00000010: 00 16 00 00 03 E6 8B 89 E5 BE B7 E6 96 AF E5 9F   .....f.e>7f./e.
00000020: BA E8 BF 9B E8 A1 8C E6 9B B2 54 50 45 31 00 00   :h?.h!.f.2TPE1..
00000030: 00 1F 00 00 03 E4 B8 AD E5 9B BD E4 BA BA E6 B0   .....d8-e.=d::f0
00000040: 91 E8 A7 A3 E6 94 BE E5 86 9B E5 86 9B E4 B9 90   .h'#f.>e..e..d9.
00000050: E5 9B A2 00 00 00 00 00 00 00 00 00 00 00 00 00   e."............
00000060: 00 00 00 00 00 00 00 00 00 00 00 00 00 00 00 00   ................
00000070: 00 00 00 00 00 00 00 00 00 00 00 00 00 00 00 00   ................
00000080: 00 00 00 00 00 00 00 00 00 00 00 00 00 00 00 00   ................
00000090: 00 00 00 00 00 00 00 00 00 00 00 00 00 00 00 00   ................
000000a0: 00 00 00 00 00 00 00 00 00 00 00 00 00 00 00 00   ................
```

▲ 圖 4-9

一個 ID3V2 Tag 包括一個標籤表頭及許多標籤幀，在必要時還可以增加一個擴充標籤表頭。標籤表頭的總長為 10 Byte，結構定義如下。

```
Typedef struct {
char file_id[3];
char version;
char reversion;
char flags;
char size[4];
} TagHeader;
```

每個欄位的含義如下。

- file_id：Tag 的識別符號，即固定的三個字元 "ID3"，如果找不到，則認定 Tag 不存在。
- version：Tag 的主版本編號，在圖 4-9 中為 "4"。
- reversion：Tag 的次版本編號，在圖 4-9 中為 "0"。
- flags：Tag 的標識位元，僅最高 3bit 有效，格式為 "%abc0000"，含義如下。
  - bita：使用非同步編碼。
  - bitb：包含擴充標籤表頭結構。

- bitc：該 Tag 為試驗性標準，未正式發佈。
■ size：Tag 中有效資料的大小（不包括 Tag 標籤表頭）。

需要注意的是，ID3V2 Tag 標籤表頭中的 size 欄位在計算實際長度時，首先拋棄最高位元，由剩餘 7 位元組成一個 28 bit 整數，方為 ID3V2 Tag 的實際大小，如圖 4-10 所示。

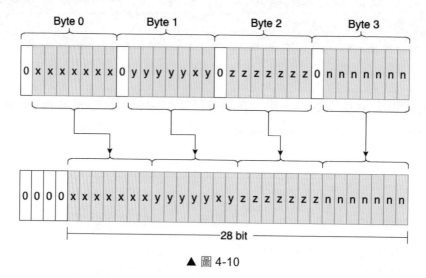

▲ 圖 4-10

在上文範例中，size 欄位保存的二進位內容為 0x00000849，透過上述方法計算得到的實際 Tag 大小為 0x0449，即 1097 Byte。

在 ID3V2 Tag 標籤表頭之後，是許多 ID3V2 Tag 標籤幀。每個 ID3V2 Tag 標籤幀又由標籤幀表頭和標籤幀資料組成。標籤幀表頭的長度為 10 Byte，結構定義如下。

```
Typedef struct {
char frame_id[4];
char size[4];
char flags[2];
} FrameHeader;
```

在上述結構中，frame_id 用 4 Byte 表示當前標籤幀的類型，每位組的設定值範圍在 "A" ~ "Z" 26 個字母和 "0" ~ "9" 10 個數字之間。常見的 frame_id 如下。

- TIT2：標題。
- TPE1：作者。
- TABL：專輯。
- TYER：年份。
- TRCK：音軌、集合中的位置。

在 frame_id 的後面，以 4 Byte 表示當前標籤幀的長度。舉例來說，在圖 4-9 中，"TIT2" 對應的 size 欄位設定值為十六進位數值 0x16，即表示該標籤幀的長度為 22 Byte。該長度為當前標籤幀資料的長度。

在標籤幀表頭中用 2 Byte 表示許多標識位元，在 MP3 檔案中，這些標識位元通常設為 0。

2. Frame

我們知道，MP3 檔案保存的是對 PCM 音訊取樣資料進行壓縮編碼之後的編碼串流資料，而取樣值在 MP3 檔案中以「幀」的形式保存。在每個畫面中，取樣值的數量根據使用編碼演算法的不同而不同，針對 MPEG-1 Audio 標準，Layer1 規定每個畫面保存 384 個取樣值，Layer2 和 Layer3 規定每個畫面保存 1152 個取樣值。如果確定了音訊的取樣速率，則可以進一步計算得到每個畫面的持續時間，即對於取樣速率為 44.1kHz 的 MP3 音訊，每個畫面的持續時間為

$$Duration=1152/44100\times1000\approx26ms.$$

在 ID3V2 Tag 之後，幀的二進位資料內容如圖 4-11 所示。

```
00000450: 00 00 00 FF FB 90 64 00 00 00 00 00 00 00 00 00    ....{.d.........
00000460: 00 00 00 00 00 00 00 00 00 00 00 00 00 00 00 00    ................
00000470: 00 00 00 00 00 00 00 00 49 6E 66 6F 00 00 00 0F 00    ......Info.....
00000480: 00 1A 9B 00 2B 71 A1 00 03 06 08 0A 0D 0F 12 14    ....+q!.........
00000490: 18 1A 1C 1F 21 24 26 28 2C 2E 31 33 36 38 3A 3D    ....!$&(,.1368:=
000004a0: 40 43 45 48 4A 4C 4F 51 54 57 5A 5C 5F 61 63 66    @CEHJLOQTWZ\_acf
000004b0: 68 6C 6E 71 73 75 78 7A 7D 80 83 85 87 8A 8C 8F    hlnqsuxz}.......
000004c0: 91 93 97 99 9C 9E A1 A3 A5 A8 AB AE B0 B3 B5 B8    ......!#%(+.0358
000004d0: BA BC C0 C2 C5 C7 CA CC CE D1 D3 D7 D9 DC DE E0    :<@BEGJLNQSWY\^`
000004e0: E3 E5 E8 EB EE F0 F2 F5 F7 FA FC 00 00 00 33 4C    cehknpruwz|...3L
000004f0: 41 4D 45 33 2E 39 39 72 01 AA 00 00 00 00 2E 32    AME3.99r.*,....2
00000500: 00 00 14 80 24 02 58 4C 00 00 80 00 2B 71 A1 40    ....$.XL....+q!@
00000510: 8F A4 A6 00 00 00 00 00 00 00 00 00 00 00 00 00    .$&............
00000520: 00 00 00 00 00 00 00 00 00 00 00 00 00 00 00 00    ................
00000530: 00 00 00 00 00 00 00 00 00 00 00 00 00 00 00 00    ................
00000540: 00 00 00 00 00 00 00 00 00 00 00 00 00 00 00 00    ................
00000550: 00 00 00 00 00 00 00 00 00 00 00 00 00 00 00 00    ..............|
00000560: 00 00 00 00 00 00 00 00 00 00 00 00 00 00 00 00    |.........
00000570: 00 00 00 00 00 00 00 00 00 00 00 00 00 00 00 00    ................
00000580: 00 00 00 00 00 00 00 00 00 00 00 00 00 00 00 00    ................
00000590: 00 00 00 00 00 00 00 00 00 00 00 00 00 00 00 00    ................
000005a0: 00 00 00 00 00 00 00 00 00 00 00 00 00 00 00 00    ................
000005b0: 00 00 00 00 00 00 00 00 00 00 00 00 00 00 00 00    ................
000005c0: 00 00 00 00 00 00 00 00 00 00 00 00 00 00 00 00    ................
000005d0: 00 00 00 00 00 00 00 00 00 00 00 00 00 00 00 00    ................
000005e0: 00 00 00 00 00 00 00 00 00 00 00 00 00 00 00 00    ................
```

▲ 圖 4-11

與 ID3V2 Tag 類似，MP3 Frame 由幀表頭（Header）和幀資料（Side Data、Main Data、Ancillary Data）組成，整體結構如圖 4-12 所示。

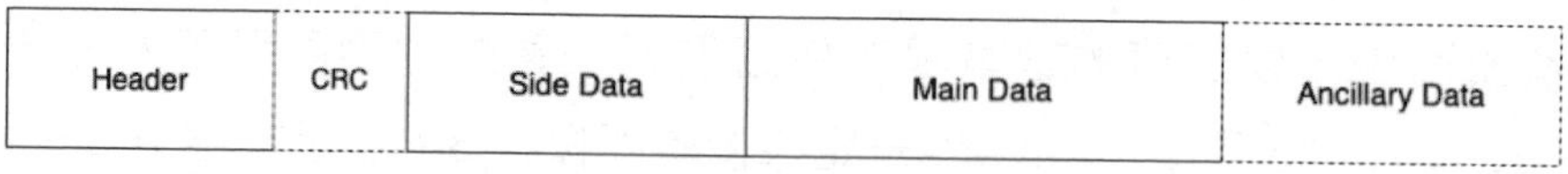

| Header | CRC | Side Data | Main Data | Ancillary Data |

▲ 圖 4-12

▶ 幀表頭

幀表頭的固定長度為 4 Byte（即 32 bit），可以透過下面的定義表示。

```
Typedef struct {
unsigned int sync:11;
```

```
unsigned int version:2;
unsigned int layer:2;
unsigned int errorprotection:1;
unsigned int bitrate_index:4;
unsigned int sampling_frequency:2;
unsigned int padding:1;
unsigned int private:1;
unsigned int mode:2;
unsigned int modeextension:2;
unsigned int copyright:1;
unsigned int original:1;
unsigned int emphasis:2;
} FrameHeader;
```

在圖 4-11 中,幀表頭的 4 Byte 設定值分別為 0xFF、0xFB、0x90 和
0x64。根據幀表頭定義可知,其每一 bit 所表示的含義如圖 4-13 所示。

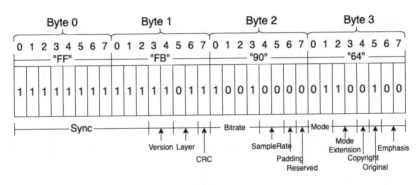

▲ 圖 4-13

具體含義如下。

(1) Sync(同步標識)。在每個幀表頭結構中,前 11 bit 為幀同步標識,
該部分的每個 bit 都始終為 1。

(2) Version(版本資訊)。緊接同步標識的兩個 bit 表示所屬 MPEG 標
準的版本。版本編號與設定值的對應關係如下。

- 00：MPEG-2.5。
- 01：未定義。
- 10：MPEG-2。
- 11：MPEG-1。

從圖 4-13 中可知，Version 設定值為 11，對應的 MPEG 版本為 MPEG-1。

（3）Layer（層資訊）。版本資訊後的兩個 bit 表示當前音訊檔案的層資訊。層資訊與設定值的對應關係如下。

- 00：未定義。
- 01：Layer3。
- 10：Layer2。
- 11：Layer1。

從圖 4-13 中可知，當前音訊檔案為 Layer3。綜合版本資訊和層資訊可知，該測試音訊檔案的格式為 MPEG-1 Layer3。

（4）CRC（循環容錯驗證）。第二位組的最低位元表示循環容錯驗證標識位元。該位元為 0 時表示啟用循環容錯驗證，該位元為 1 時表示禁用循環容錯驗證。

（5）Bitrate（串流速率）。第三位組的最高 4 位元表示當前音訊檔案的串流速率。在不同的版本和層中，設定值和串流速率可能有不同的對應關係。針對 MPEG-1（V1）、MPEG-2（V2）和 MPEG-2.5 的 Layer1（L1）、Layer2（L2）和 Layer3（L3），串流速率對應關係如表 4-3 所示，串流速率單位為 Kbps。

表 4-3

編碼串流設定值	V1,L1	V1,L2	V1,L3	V2,L1	V2,L2&L3
0000	free	free	free	free	free
0001	32	32	32	32	8
0010	64	48	40	48	16
0011	96	56	48	56	24
0100	128	64	56	64	32
0101	160	80	64	80	40
0110	192	96	80	96	48
0111	224	112	96	112	56
1000	256	128	112	128	64
1001	288	160	128	144	80
1010	320	192	160	160	96
1011	352	224	192	176	112
1100	384	256	224	192	128
1101	416	320	256	224	144
1110	448	384	320	256	160
1111	bad	bad	bad	bad	bad

當編碼串流設定值為 "0000" 時，串流速率設定為 "free"，表示音訊檔案使用了標準限定之外的自訂值，此時使用的從串流速率必須固定，且小於允許的最高串流速率。當編碼串流設定值為 "1111" 時，應將串流速率設定為 "bad"，表示禁用該設定值。

在 Layer2 中，部分串流速率不能相容所有的聲道模式，相容關係如表4-4 所示。

表 4-4

串流速率（Kpbs）	單聲道	身歷聲	強化身歷聲	雙聲道
free	yes	yes	yes	yes
32	yes	no	no	no
48	yes	no	no	no
56	yes	no	no	no
64	yes	yes	yes	yes
80	yes	no	no	no
96	yes	yes	Yes	yes
112	yes	yes	yes	yes
128	yes	yes	yes	yes
160	yes	yes	yes	yes
192	yes	yes	yes	yes
224	no	yes	yes	yes
256	no	yes	yes	yes
320	no	yes	yes	yes
384	no	yes	yes	yes

表 4-4 中的 "yes" 表示該模式相容某指定串流速率，"no" 表示該模式與此串流速率不相容。

音訊檔案可以使用固定串流速率或變串流速率。變串流速率表示每個畫面可以使用不同的串流速率值，該特性適用於各個 Layer，其中，對於 Layer1 和 Layer2，decoder 為可選特性；對於 Layer3，decoder 為必選特性。此外，針對 Layer3，一個幀還可以支援從前序幀獲得的參考串流速率，以獲得更大的串流速率設定值範圍，此情況將導致前後幀產生依賴，因此僅在 Layer3 中支持。

在圖 4-13 中，串流速率部分的二進位設定值為 "1001"，音訊檔案版本為 MPEG-1 Layer3，從表 4-3 中可知其串流速率為 128Kbps。

（6）Sample Rate（取樣速率）。串流速率後面的 2bit 表示當前音訊檔案的取樣速率。取樣速率的設定值與音訊檔案的版本有關，如表 4-5 所示。

表 4-5

編碼串流設定值	MPEG-1	MPEG-2	MPEG-2.5
00	44100Hz	22050Hz	11025Hz
01	48000Hz	24000Hz	12000Hz
10	32000Hz	16000Hz	8000Hz
11	保留	保留	保留

在圖 4-13 中，取樣速率的設定值為 "00"，音訊檔案版本為 MPEG-1，由此可知取樣速率為 44100Hz。

（7）Padding（填充標識）。表示當前幀是否使用了填充位元來達到指定的串流速率。0 表示未使用填充位元，1 表示使用了填充位元。

（8）Reserved（保留位元）。該位元的資料未被使用。

（9）Mode（聲道模式）。幀表頭結構最後一個位元組的高 2 位元表示當前音訊檔案的聲道模式。聲道模式與設定值的對應關係如下。

- 00：身歷聲。
- 01：聯合身歷聲。
- 10：雙聲道。
- 11：單聲道。

從圖 4-13 中可知，該音訊檔案的聲道模式為聯合身歷聲。

（10）Mode Extension（擴充聲道模式）。當聲道模式為聯合身歷聲時，可提供更多的關於聲道模式的資訊，該參數的含義與音訊檔案的版本和 Layer 值有關。

在 MPEG 的定義中，音訊資訊的完整頻率範圍被分為 32 個頻率次頻帶。對於 Layer1 和 Layer2，擴充聲道模式用於指定音訊資訊的次頻帶序號範圍，具體如下。

- 00：Bands 4 to 31。
- 01：Bands 8 to 31。
- 10：Bands 12 to 31。
- 11：Bands 16 to 31。

對於 Layer3，擴充聲道模式用於表示當前音訊檔案所使用的聯合身歷聲的實際模式，即強化身歷聲模式或 MS 身歷聲模式，對應關係如表 4-6 所示。

表 4-6

編碼串流設定值	強化身歷聲模式（Intensity stereo）	MS 身歷聲模式（MS stereo）
00	off	off
01	on	off
10	off	on
11	on	on

從圖 4-13 中可知，該音訊檔案的擴充聲道模式為 MS 身歷聲模式。

（11）Copyright（版權標識）。在幀表頭結構中，使用 1bit 表示當前音訊檔案是否有版權資訊。當該位元為 0 時，表示無版權資訊；當該位元為 1 時，表示有版權資訊。

（12）Original（原始媒體標識）。在幀表頭結構中使用 1bit 表示當前音訊檔案是否為原始媒體檔案。當該位元為 0 時，表示該音訊檔案為原始媒體檔案；當該位元為 1 時，表示該音訊檔案為原始媒體檔案的備份。

（13）Emphasis（強調方式標識）。表示當前音訊檔案是否經過「強調」處理，以及使用的「強調」處理方式，設定值含義如下。

- 00：none。
- 01：50/15ms。
- 10：reserved。
- 11：CCITJ.17。

此資訊不常用。

▶ 幀資料

（1）Side Data。在幀表頭之後，Side Data 用於保存部分解碼 Main Data 所需的資訊。對於單聲道音訊串流，Side Data 的長度為 17 Byte；對於多聲道和身歷聲音訊串流，Side Data 的長度為 32 Byte。

（2）Main Data。Main Data 可用來保存實際編碼後的音訊取樣值，結構如圖 4-14 所示。在 MP3 中，一幀資料保存了 1152 個取樣點。在幀的 Main Data 中，這 1152 個取樣點分別保存在兩個編碼粒度（granule）中，每個編碼粒度保存 576 個取樣點，分別用 granule0 和 granule1 表示。

以身歷聲音訊格式為例，一幀中的任意一個編碼粒度均按照左聲道和右聲道保存資料。每個聲道的編碼資料均由兩部分組成，即增益因數和霍夫曼編碼串流。

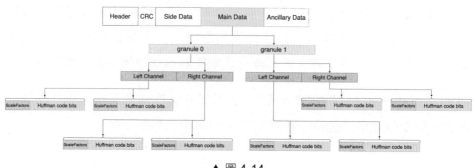

▲ 圖 4-14

（3）Ancillary Data。Ancillary Data 為一個可選結構，不顯性地指定長度，其實際包含的資料為從 Main Data 尾端到下一個 MP3 的起始。

3. ID3V1 Tag

在一個 MP3 檔案的尾端可以包含一個 ID3V1 Tag，其作用與可能出現在檔案頭部的 ID3V2 Tag 相同，但其結構要比 ID3V2 Tag 簡單得多。一個 ID3V1 Tag 的長度固定為 128 Byte，其主要結構如下所示。

```
AAABBBBB   BBBBBBBB  BBBBBBBB  BBBBBBBB
BCCCCCCC   CCCCCCCC  CCCCCCCC  CCCCCCCD
DDDDDDDD   DDDDDDDD  DDDDDDDD  DDDDDEEE
EFFFFFFF   FFFFFFFF  FFFFFFFF  FFFFFFFG
```

其每一部分的含義如下。

（1）ID3V1 Tag 識別符號。字元 "A" 的位置表示 ID3V1 Tag 識別符號，共 3 Byte，固定內容為字元 "T"、"A"、"G"。

（2）標題。在 ID3V1 Tag 識別符號之後，以 30 Byte 表示音訊媒體的標題，即字元 "B" 所示位置。

（3）作者。在標題之後，以 30 Byte 表示當前音訊媒體的作者資訊，即字元 "C" 所示位置。

（4）專輯。在作者資訊之後，以 30 Byte 表示當前音訊媒體所屬的專輯資訊，即字元 "D" 所示位置。

（5）年份。字元 "E" 所代表的 4 Byte 表示音訊媒體的年份資訊。

（6）註釋資訊。在年份資訊之後，以 30 Byte 保存音訊媒體的註釋資訊，即字元 "F" 所示位置。

（7）節目流派。在 ID3V1 Tag 的最後一位組，即字元 "G" 所示位置。流派的設定值表示音訊節目的風格，部分常用設定值如表 4-7 所示。

表 4-7

取值	含義	取值	含義	取值	含義	取值	含義
0	Blues	20	Alternative	40	Altern Rock	60	Top40
1	Classic Rock	21	Ska	41	Bass	61	Christian Rap
2	Country	22	Death Metal	42	Soul	62	Pop/Funk
3	Dance	23	Pranks	43	Punk	63	Jungle
4	Disco	24	Soundtrack	44	Space	64	Native American
5	Funk	25	Euro-Techno	45	Meditative	65	Cabaret
6	Grunge	26	Ambient	46	InstrumentalPop	66	NewWave
7	Hip-Hop	27	Trip-Hop	47	Instrumental Rock	67	Psychadelic
8	Jazz	28	Vocal	48	Ethnic	68	Rave
9	Metal	29	Jazz+Funk	49	Gothic	69	Showtunes
10	NewAge	30	Fusion	50	Darkwave	70	Trailer
11	Oldies	31	Trance	51	Techno-Industrial	71	Lo-Fi
12	Other	32	Classical	52	Electronic	72	Tribal
13	Pop	33	Instrumental	53	Pop-Folk	73	Acid Punk

取值	含義	取值	含義	取值	含義	取值	含義
14	R&B	34	Acid	54	Eurodance	74	Acid Jazz
15	Rap	35	House	55	Dream	75	Polka
16	Reggae	36	Game	56	Southern Rock	76	Retro
17	Rock	37	SoundClip	57	Comedy	77	Musical
18	Techno	38	Gospel	58	Cult	78	Rock&Roll
19	Industrial	39	Noise	59	Gangsta	79	HardRock

4.4.2 MP3 編碼標準

如前文所述，MP3 不僅是一種音訊檔案的封裝格式，而且是音訊編碼標準。在 1993 年制定完成並發佈的 MPEG-1 標準中主要包括以下幾部分內容。

- 系統（System）。
- 視訊（Video）。
- 音訊（Audio）。
- 一致性測試（Conformance Testing）。
- 參考軟體（Reference Software）。

其中，「音訊」部分就定義了對 MP3 音訊格式的解碼標準。隨著技術的發展，在隨後發佈的 MPEG-2 標準中，MP3 編碼標準得到進一步擴充，支援更多的串流速率和更多的聲道數。此外，在另一個並未作為正式標準發佈的 MPEG-2.5 中對 MP3 編碼標準做了進一步擴充，提供對更低串流速率的支援。

在 MPEG-1 的音訊部分，根據壓縮效率和演算法複雜度，共定義了 Layer1、Layer2 和 Layer3 三個層級。層級越高，壓縮效率越高，同時演算法越複雜。不同層級的壓縮率和串流速率如表 4-8 所示。

表 4-8

編碼方法	壓縮率	碼　率
PCM	1:1	1.4Mbps
Layer1	4:1	384Kbps
Layer2	8:1	192Kbps
Layer3（MP3）	12:1	128Kbps

從表 4-8 中可知，身為失真壓縮演算法，MP3 可取得 12 倍的壓縮比，並
且可避免造成聽覺上的顯著失真。同時，為了得到更高的壓縮比，MP3
編碼標準使用了多種複雜的演算法，本節僅討論其中的許多主要模組。

1. 多相次頻帶濾波器組

根據奈奎斯特取樣定理，取樣頻率至少應當達到訊號最高頻率分量
的兩倍以上，否則將導致頻域混疊、取樣失真。若 MP3 的採用率為
44.1kHz，則可支援訊號的頻率範圍為 0~22.05kHz。MP3 在對一個幀內
的 1152 個 PCM 音訊取樣資料進行編碼時，透過一個多相次頻帶濾波器
組將 0~22.05kHz 的頻率範圍分割為 32 個頻率次頻帶，每個頻率次頻帶
的頻率寬度約為 22050Hz/32 即 689Hz，每個頻率次頻帶的頻率範圍如
下。

- 次頻帶 0：0~689Hz。
- 次頻帶 1：690 Hz ~1378Hz。
- 次頻帶 2：1379Hz~2067Hz。

……

每個次頻帶中都保存了指定頻率範圍的 PCM 音訊取樣資料的分量，包含
1152 個時域取樣點。相比於原始輸入的 PCM 音訊取樣資料，整體的取
樣點數量增長了 32 倍。為了與原始輸入的 PCM 音訊取樣資料的資料量
一致，每個次頻帶僅保留 1/32 的取樣點值，即 36 個。

2. 訊號加窗與 MDCT

多相次頻帶濾波器所劃分的頻率次頻帶是等頻寬的，此特性與心理聲學模型的要求並不完全符合。為了解決這個問題，MP3 在編碼時對多相次頻帶濾波器的輸出進行了處理，即使用改進離散餘弦變換（Modified Discrete Cosine Transform，MDCT）。透過改進離散餘弦變換，多相次頻帶濾波器的 32 個頻率次頻帶中的每一個次頻帶都將被進一步分割為 18 個頻率線，即總共 576 個頻率線，對應一幀中的編碼粒度。

由於在取樣訊號的處理中使用了時域截取訊號，因此其截取邊緣的訊號突變可能引入附加的人造干擾資訊。為了抑制此類干擾資訊，多相次頻帶濾波器的輸出在改進離散餘弦變換之前，需要進行加窗處理。MP3 定義了 4 種不同的窗類型，分別為長窗、開始窗、短窗和結束窗。4 種窗的波形特點如圖 4-15 所示。

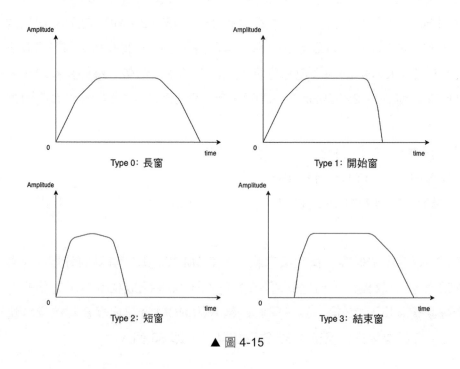

▲ 圖 4-15

心理聲學模型根據頻率子頻內的訊號特性決定實際選擇的窗類型。

- 如果當前幀的某頻率子頻內的訊號與前一幀大致一致,則使用長窗,以提升 MDCT 的頻域解析度,使變換結果更精細。
- 如果當前幀的某頻率子頻內的訊號與前一幀相比發生了較大變化,則使用短窗。相比於長窗,短窗可以提升 MDCT 的時域解析度,有助防止預回聲等干擾資訊。當使用短窗模式時,通常使用 3 個疊加的短窗來代替一個長窗。
- 開始窗和結束窗用在長窗和短窗之間。當一個長窗後面緊接一個短窗時,長窗變為開始窗;反之,當一個短窗後面緊接一個長窗時,長窗變為結束窗。

3. 心理聲學模型

人對聲音的感知原理十分複雜,舉例來說,在安靜的環境中我們可以清楚地聽到夏日的午後蟬鳴,然而在機器轟鳴的工廠廠房內則幾乎聽不到其他聲音。由此可見,人對聲音的感知並非完全取決於聲音的頻率和強度等特性,而是可以根據音源和環境動態適應,此現象即人的聽覺掩蔽效應。

為了在儘量不影響主觀聽覺效果的前提下提升壓縮編碼的性能,MP3 引入了心理聲學模型作為編碼的核心模組之一。MPEG-1 Audio 提供了兩種心理聲學模型。

- 模型 1:運算簡單,適用於高串流速率場景。
- 模型 2:運算複雜,適用於低串流速率場景,是 MP3 編碼的推薦選項。

在使用心理聲學模型處理之前,音訊取樣值透過多相次頻帶濾波器輸出之後,透過 1024 點和 256 點快速傅立葉變換(FFT)即可轉為頻域。透過分析頻域訊號,心理聲學模型產生以下資訊供後續編碼時使用。

- 感知熵（PerceptualEntropy，PE）：用於判定訊號窗的切換。
- 信掩比（Signal-to-MaskRatio，SMR）：決定量化編碼時的位元數分配。

4. 非均勻量化

音訊訊號取樣在經過加窗處理和改進離散餘弦變換後，需要在編碼前對獲取的頻率線資訊進行量化處理。MP3 編碼所使用的量化方法為非均勻量化。非均勻量化需要兩類輸入資訊，即改進離散餘弦變換輸出的頻率線資訊和心理聲學模型輸出的掩蔽資訊。在編碼時，量化與編碼一次處理一個編碼粒度中的 576 個取樣的頻域取樣值，處理過程大致可以用兩層巢狀結構的迴圈處理表示。

- 串流速率控制迴圈，即內層迴圈。
- 混疊控制迴圈，即外層迴圈。

內層迴圈執行頻域資料的實際量化過程。量化過程輸出的量化值的設定值範圍與量化步進值呈負相關關係，即對相同的頻域資料，量化步進值越大，輸出的量化資料越小；反之，量化步進值越小，輸出的量化資料越大。

由於 MP3 所使用的霍夫曼編碼對量化資料的設定值範圍有限制，即超過該限制的量化資料無法透過預先定義的霍夫曼編碼表，因此內層迴圈在執行過程中，使用量化步進值遞增的方式迴圈執行，直到獲得長度為霍夫曼編碼表所支持的量化步進值。隨後在對頻率量化資料進行霍夫曼編碼的過程中，如果輸出的編碼串流長度超出了當前幀允許的最大位元數，則迴圈終止，只有在提升量化步進值後才能繼續量化、編碼。

外層迴圈的主要作用是控制內層迴圈在量化過程中產生的量化失真。由於量化失真在理論上無法徹底消除，因此外層迴圈希望透過檢測內層迴圈的輸出來控制每個頻段的量化雜訊。量化和編碼中允許的雜訊設定值由心理聲學模型決定。每次在執行內層迴圈之前，編碼器都記錄針對該頻段當次迴圈的比例因數。在該次內層迴圈結束後，如果輸出的雜訊超出了允許的設定值，則增加該頻段的比例因數並重新執行內層迴圈。經多次迴圈後，使得所有頻段的量化雜訊均低於允許的設定值，即量化造成的整體失真已幾乎無法被人的聽覺所感知，此時外層迴圈結束並退出。

5. 熵編碼

MP3 編碼器對量化的輸出資料使用霍夫曼編碼進行熵編碼。作為基於機率統計特性的變長編碼，霍夫曼編碼的關鍵因素在於對應了輸入元素與輸出編碼串流的霍夫曼編碼表。為了進一步提升編碼效率，MP3 編碼標準對傳統的霍夫曼編碼進行了大量的最佳化和改善。在 MP3 編碼標準中共定義了 32 張霍夫曼編碼表，包括 30 張大數值碼表和 2 張小數值碼表，不同的碼表適用於不同資料頻段的編碼。

由於是對頻域的量化取樣資料進行編碼，所以待編碼的資料呈現典型的頻域分佈特徵，即低頻部分的資料絕對值較大，而高頻部分的資料絕對值較小，甚至多數為零。為了更加有效利用該特點，MP3 編碼標準將整個頻率區間（即直流部分到奈奎斯特頻率的區間）分為以下 3 部分。

- 大值區：量化資料絕對值大於 1 的區域。
- 小值區：量化資料絕對值小於或等於 1 的區域。
- 零值區：量化資料為 0 的區域。

對於大值區的量化資料，將每兩個量化絕對值為一組進行霍夫曼編碼。由於大值區的量化絕對值相對佔據的長度更大，因此每兩個量化絕對值組成的鮑率將被進一步細分為三個長度不定的區域，即 Region0、Region1 和 Region2，每個區域都可以使用不同的碼表進行編碼。對於小值區的量化資料，將每四個量化絕對值為一組進行霍夫曼編碼。在霍夫曼編碼後，整個輸出的編碼串流區域結構如圖 4-16 所示。

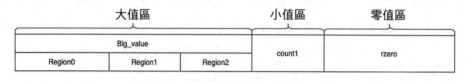

▲ 圖 4-16

4.5 AAC 格式與 AAC 編碼標準

4.5.1 AAC 格式

與 MP3 格式類似，AAC 標準也提供了對應的音訊訊號的檔案封裝格式，即 AAC 格式。在 AAC 的標準協定中，共定義了兩種 AAC 格式。

- ADIF 格式：Audio Data Interchange Format，即音訊資料交換格式。
- ADTS 格式：Audio Data Transport Stream，即音訊資料傳輸串流。

1. ADIF 格式

在一個 ADIF 格式的音訊檔案中通常包含一個單獨的 ADIF Header()（檔案表頭）和一個完整的 Raw Data Stream()（音訊串流資料）。當解碼和播放 ADIF 格式的音訊檔案時，需要從檔案的開始位置讀取完整的檔案標頭資訊，並按順序解析檔案的音訊串流資料。一個 ADIF 格式的音訊檔案的結構如圖 4-17 所示。

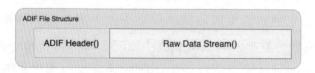

▲ 圖 4-17

▶ ADIF Header()

ADIF Header() 通常位於一個 ADIF 格式的音訊檔案的頭部,用來保存音訊檔案的版權、解碼和播放參數等資訊,如圖 4-18 所示。

```
Syntax                                           No. of bits    Mnemonic
adif_header()
{
    adif_id                                      32             bslbf
    copyright_id_present                          1             bslbf
    if( copyright_id_present )
        copyright_id                             72             bslbf
    original_copy                                 1             bslbf
    home                                          1             bslbf
    bitstream_type                                1             bslbf
    bitrate                                      23             uimsbf
    num_program_config_elements                   4             bslbf
    for ( i = 0; i < num_program_config_elements + 1; i++ ) {
        if( bitstream_type == '0' )
            adif_buffer_fullness                 20             uimsbf
        program_config_element()
    }
}
```

▲ 圖 4-18

其中,部分常用欄位的含義如表 4-9 所示。

表 4-9

欄位	數量 (bit)	含　義
adif_id	32	ADIF 格式的標識欄位,固定值為 0x41444946
copyright_id_present	1	版權設定標識
copyright_id	72	版權標識
original_copy	1	原版或複製版標識
home	1	內容原創標識
bitstream_type	1	媒體串流類型:0 表示 CBR,1 表示 VBR
bitrate	23	CBR 模式表示指定串流速率,VBR 模式表示最高串流速率
num_program_config_elements	4	program config elements 結構的數量
adif_buffer_fullness	20	program config elements 前的編碼串流填充位
program_config_element()	-	program config elements 結構

在表 4-9 中,program_config_element() 欄位用於保存音訊檔案中某一路節目的設定資訊,其數量與檔案中保存的節目數量一致,由參數 num_program_config_elements 指定。program_config-element() 如圖 4-19 所示。

Syntax	No. of bits	Mnemonic
program_config_element()		
{		
element_instance_tag	4	uimsbf
object_type	2	uimsbf
sampling_frequency_index	4	uimsbf
num_front_channel_elements	4	uimsbf
num_side_channel_elements	4	uimsbf
num_back_channel_elements	4	uimsbf
num_lfe_channel_elements	2	uimsbf
num_assoc_data_elements	3	uimsbf
num_valid_cc_elements	4	uimsbf
mono_mixdown_present	1	uimsbf
if (mono_mixdown_present == 1)		
mono_mixdown_element_number	4	uimsbf
stereo_mixdown_present	1	uimsbf
if (stereo_mixdown_present == 1)		
stereo_mixdown_element_number	4	uimsbf
matrix_mixdown_idx_present	1	uimsbf
if (matrix_mixdown_idx_present == 1) {		
matrix_mixdown_idx	2	uimsbf
pseudo_surround_enable	1	uimsbf
}		
for (i = 0; i < num_front_channel_elements; i++) {		
front_element_is_cpe[i];	1	bslbf
front_element_tag_select[i];	4	uimsbf
}		
for (i = 0; i < num_side_channel_elements; i++) {		
side_element_is_cpe[i];	1	bslbf
side_element_tag_select[i];	4	uimsbf
}		
for (i = 0; i < num_back_channel_elements; i++) {		
back_element_is_cpe[i];	1	bslbf
back_element_tag_select[i];	4	uimsbf
}		
for (i = 0; i < num_lfe_channel_elements; i++)		
lfe_element_tag_select[i];	4	uimsbf
for (i = 0; i < num_assoc_data_elements; i++)		
assoc_data_element_tag_select[i];	4	uimsbf
for (i = 0; i < num_valid_cc_elements; i++) {		
cc_element_is_ind_sw[i];	1	uimsbf
valid_cc_element_tag_select[i];	4	uimsbf
}		
byte_alignment()		
comment_field_bytes	8	uimsbf
for (i = 0; i < comment_field_bytes; i++)		
comment_field_data[i];	8	uimsbf
}		

▲ 圖 4-19

▶ Raw Data Stream()

在 ADIF 格式的音訊檔案中,Raw Data Stream() 用於保存主要的音訊壓縮資料流程資訊,如圖 4-20 所示。

```
Syntax                                              No. of bits    Mnemonic
raw_data_stream()
{
    while  (data_available()) {
        raw_data_block()
        byte_alignment()
    }
}
```

▲ 圖 4-20

Raw Data Stream() 以迴圈的方式保存許多 raw_data_block()，並在每個 raw_data_block() 的尾端都增加填充位元，使其按照位元組位置對齊。raw_data_block() 如圖 4-21 所示。

```
Syntax                                              No. of bits    Mnemonic
raw_data_block()
{
    while( (id = id_syn_ele) != ID_END ){              3            uimsbf
        switch (id) {
            case ID_SCE:   single_channel_element()
                break;
            case ID_CPE:   channel_pair_element()
                break;
            case ID_CCE:   coupling_channel_element()
                break;
            case ID_LFE:   lfe_channel_element()
                break;
            case ID_DSE:   data_stream_element()
                break;
            case ID_PCE:   program_config_element()
                break;
            case ID_FIL:   fill_element()
                break;
        }
    }
}
```

▲ 圖 4-21

2. ADTS 格式

ADTS 格式是在 AAC 編碼標準中定義的另一種音訊檔案格式。與 ADIF 格式不同的是，ADTS 格式沒有一個獨立且完整的檔案表頭和音訊串流資料，而是將檔案表頭和音訊串流資料與同步位元組和差錯驗證資訊組合為一個資料幀，如圖 4-22 所示。

Syntax	No. of bits	Mnemonic
adts_frame()		
{		
byte_alignment()		
adts_fixed_header()		
adts_variable_header()		
adts_error_check()		
for(i=0; i<no_raw_data_blocks_in_frame+1; i++) {		
raw_data_block()		
}		
}		

▲ 圖 4-22

其結構如圖 4-23 所示。

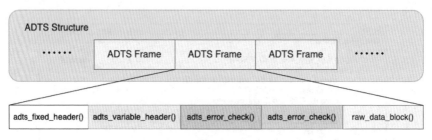

▲ 圖 4-23

在這個結構中,一個資料幀的表頭可分為固定表頭結構(adts_fixed_header())和可變表頭結構(adts_variable_header())兩部分。其中,固定表頭結構如圖 4-24 所示。

Syntax	No. of bits	Mnemonic
adts_fixed_header()		
{		
Syncword	12	bslbf
ID	1	bslbf
Layer	2	uimsbf
protection_absent	1	bslbf
Profile_ObjectType	2	uimsbf
sampling_frequency_index	4	uimsbf
private_bit	1	bslbf
channel_configuration	3	uimsbf
original/copy	1	bslbf
home	1	bslbf
Emphasis	2	bslbf
}		

▲ 圖 4-24

在 ADTS 格式中，固定表頭結構的每一幀的資料都固定不變，其作用為在音訊串流媒體等資訊連續傳輸場景下確認隨機存取點。在固定表頭結構中，前端的 12 bit 為同步位元組 Syncword，其固定設定值為 0xFFF，解碼器在編碼串流中尋找該欄位作為解碼的起始位置。

在 ADTS 格式中，可變表頭結構的每一幀的資料都可以變化，可變表頭結構如圖 4-25 所示。

Syntax	No. of bits	Mnemonic
adts_variable_header()		
{		
copyright_identification_bit	1	bslbf
copyright_identification_start	1	bslbf
aac_frame_length	13	bslbf
adts_buffer_fullness	11	bslbf
no_raw_data_blocks_in_frame	2	uimsbf
}		

▲ 圖 4-25

在可變表頭結構之後，ADTS 格式設定了循環容錯驗證（adts_error_check()），用於在網路傳輸中進行差錯控制，如圖 4-26 所示。

Syntax	No. of bits	Mnemonic
adts_error_check()		
{		
if (protection_absent == '0')		
crc_check	16	Rpchof
}		

▲ 圖 4-26

如圖 4-25 所示，在一個 ADTS Frame 的尾端通常包含一個函數 raw_data_block。在 ADIF 格式中，函數 raw_data_block 是集中保存在 raw_data_stream 中的。而在 ADTS Frame 中，函數 raw_data_block 是按順序依次保存在函數 adts_error_check 之後的，函數 raw_data_block 的個數由可變表頭結構中的參數 no_raw_data_blocks_in_frame 指定。

4.5.2 AAC 編碼標準

隨著技術的發展，先進音訊編碼（Advanced Audio Coding，AAC）已逐漸取代 MP3 編碼成為主流。在相同的串流速率下，AAC 的音訊資訊品質更高。

作為音訊壓縮編碼的國際標準之一，AAC 最早是作為 MPEG-2 標準集合的一部分發佈的，即 MPEG-2 Part7 或 ISO/IEC 13818-7。隨後在 MPEG-4 標準集合中，AAC 作為指定的音訊壓縮編碼方式在 MPEG-4 Part3（即 ISO/IEC 14496-3）中發佈。相比於 MPEG-2 Part7，在 MPEG-4 Part3 中定義的 AAC 進行了擴充，並引用了多種新技術，以提升編碼的性能。

在 MPEG-2 Part7 中，AAC 定義的等級如下。

- AAC-LC：低複雜度等級，LC 是 Low-Complexity 的縮寫。
- AAC-Main：主等級。
- AAC-SSR：可分級取樣速率等級，SSR 是 Scalable Sampling Rate 的縮寫。

在 MPEG-4 Part3 中，AAC 定義的等級如下。

- AAC-Main：主等級。
- AAC-Scalable：可分級取樣速率等級。
- AAC-Speech：主要適用於語音編碼。
- AAC-SyntheticAudio：以較低串流速率合成聲音及語音訊號。
- AAC-HighQuality：高品質等級。
- AAC-LD：低延遲等級，LD 是 Low Delay 的縮寫。
- AAC-NaturalAudio：適用於自然聲音資訊的編碼。

- AAC-MobileAudioInternetworking：適用於網路音訊的擴充等級。

在隨後更新的 AAC 編碼標準中，增加了 HE-AAC 和 AAC-LC 等級。其中，HE 表示 High Efficiency，即高效率。在音訊串流媒體等傳輸串流速率受限制的場景中，HE-AAC 得到廣泛應用。在 AAC-LC 的基礎上，HE-AAC 在頻率域使用了「頻域次頻帶複製」技術，即 SBR 技術，使得 MDCT 的效率得到提升，因此可以取得更高的壓縮效率。SBR 技術的原理是，人的聽覺通常對聲音的低頻分量具有較高的辨識精度，而對聲音的高頻分量的辨識精度較弱。在音訊訊號的整個頻段中，對於低頻分量和中頻分量，由編碼器直接進行編碼；對於高頻分量則不直接進行編碼，而是在解碼端從中、低頻訊號中複製對應的資訊進行重建，把重建過程的依賴資訊作為編碼的附加資訊進行傳遞。透過這種方式，高頻分量的音訊訊號無須達到數學意義上的準確編碼，只需在聽覺感官方面達到低失真即可。

在隨後升級的音訊編碼標準中，HE-AAC 升級為 HE-AAC v2，而原版的 HE-AAC 被稱作 HE-AAC v1。除保留 HE-AAC v1 中使用的 SBR 技術外，HE-AAC v2 還增加了 "Parametric Stereo"，即「參數化身歷聲」技術（簡稱 PS 技術），用於提升身歷聲音訊的編碼效率。身歷聲音訊通常由兩路相關的單聲道音訊訊號組成，由於兩個聲道之間具有一定的相關性，因此完全按照兩路獨立的音訊資訊編碼會造成較大的串流速率浪費。PS 技術透過編碼身歷聲中的其中一路音訊資料，將另一路音訊資料的參數作為附加資訊以 2~3Kbit/s 的速率進行傳輸。在解碼端，HE-AAC v2 解碼器透過完整編碼的音訊串流和附加資訊重建出身歷聲音訊的另一路音訊串流進行播放。若使用 HE-AAC v1 解碼器進行解碼，則僅能解碼出完整編碼的音訊串流，並作為單聲道訊號輸出。

HE-AAC 的各個等級之間的關係如圖 4-27 所示。

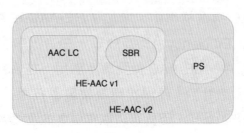

▲ 圖 4-27

影音檔案容器和封裝格式

5.1 概述

視訊訊號和音訊訊號都有各自的壓縮編碼標準,如視訊訊號的 MPEG-
2、H.264 和 H.265,音訊訊號的 MP3 和 AAC。一路音訊訊號或視訊訊號
在編碼之後會生成各自的編碼資料流程,又稱為基本串流(Elementary
Stream,ES)。一方面,一路基本串流中只包含一路媒體資料,即通常
不可能將兩路不同的媒體資訊流編碼到一路基本串流中。另一方面,在
多數場合下,媒體資訊在播放過程中會同時播放多路媒體串流(部分場
景除外,如音樂播放機可能只播放音訊串流,無視訊資訊;而在保全監
控等場景中可能只有視訊訊號,無音訊資訊)。多路媒體串流的參數事實
上是相互獨立的,因此可能造成在播放或處理時進度不同步等問題,影
響使用體驗。

為了解決多路影音流的同步問題，基本串流在經過處理後會重複使用到一個檔案或資料流程中。該檔案嚴格按照規定的某一種資料格式包含了視訊編碼串流資料、音訊編碼串流資料和影音同步資訊，以及可能包含的字幕串流資料、分集資訊和中繼資料（如發行商、語言、演員資訊）等。在重複使用後的檔案中，資訊的組織形式即為檔案容器格式（File Container Format），又稱作檔案封裝格式。檔案封裝格式除用少量的資料說明媒體資訊的編碼標準和基本參數外，不包含影音資料在開發過程中的細節資訊，其主要作用是組織容器中不同的基本串流的保存和播放，以保證播放過程的同步。

不同的檔案封裝格式通常以媒體檔案的副檔名進行區分，目前常見的影音檔案格式如下。

- FLV 格式：Adobe 公司制定的媒體封裝格式，其資料結構十分簡單，時間同步資訊和資料封包大小並不統一保存在某特定單元中，而是隨著影音媒體資料封包進行傳輸，因此特別適用於直播和串流媒體等場景。

- MPEG-TS 格式：來自 MPEG-2 標準中制定的用於數位電視廣播等場景的「傳輸串流（Transporting Stream）」格式。作為基本的封裝格式，在 HLS（Http-Live-Streaming）等傳輸協定中得到廣泛應用。

- MP4 格式：其應用最為廣泛，適用於視訊點播、儲存等場景；支持編碼協定可擴充，還支持 H.264 或 H.265 等編碼標準。

- MKV 格式：開原始檔案封裝格式，擴充性最強，廣泛用於超高畫質視訊檔案等場景。

- AVI 格式：影音交錯格式（Audio-Video-Interleaved）的簡稱，由微軟公司制定，常用於影視光碟。

- 其他格式，如 RealMedia、3GP、Ogg 等。

在上述諸多媒體封裝格式中，FLV 格式、MPEG-TS 格式和 MP4 格式的應用相對較為廣泛，本章重點介紹這三種格式。

5.2 FLV 格式

FLV（Flash Video）格式是由 Adobe 公司開發的，該格式的檔案（後續統稱為 FLV 檔案）通常以 .flv 為副檔名。由於 FLV 檔案簡單，且資料片之間包含前後聯繫，因此特別適合串流媒體傳輸。在早期的視訊直播和點播領域中，如在 RTMP 和 HTTP-FLV 等協定類型中都廣泛使用了 FLV 格式，並組成了視訊直播系統的技術基礎。

在 Flash Video 的官方協定文字中定義了下面兩種格式。

（1）F4V 格式：F4V 格式是繼 FLV 格式後，Adobe 公司推出的支持 H.264 編碼的串流媒體格式。它和 FLV 格式的主要區別在於，FLV 格式使用的是 H.263 編碼，而 F4V 格式使用的是 H.264 編碼。

（2）FLV 格式：以 tag 為單位將音訊和視訊重複使用到一個檔案。

其中，F4V 格式是與 MP4 格式同源的封裝格式，ISO 基本媒體檔案格式在本書的後面會介紹，本節主要介紹 FLV 格式。

5.2.1 FLV 檔案結構

一個典型的 FLV 檔案由 FLV 檔案表頭（FLV Header）和 FLV 檔案本體（FLV Body）組成，主要結構如圖 5-1 所示。

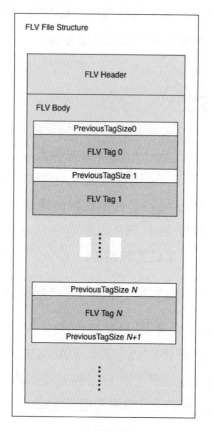

▲ 圖 5-1

FLV 檔案本體由許多串聯的 FLV 標籤（FLV Tag）組成。每個 FLV 標籤都先傳遞一個 PreviousTagSize（32 位元無號整數值）來保存前一個 FLV 標籤的大小。FLV 檔案本體中的第一個 PreviousTagSize 為 0，後續的每一個 PreviousTagSize 都表示前一個 FLV 標籤的大小。一個 FLV 檔案中的所有資料，如視訊標頭資訊、音訊串流資料和視訊串流資料等都封裝在不同類型的 FLV 標籤中，並且在同一個 FLV 檔案中保存或傳輸。

5.2.2 FLV 檔案表頭

FLV 檔案表頭中保存了最明顯的特徵，即使用前 3 Byte，以 8 位元無號整數值的形式保存 0x46、0x4C 和 0x56，即 F、L 和 V 的 ASCII 碼。之後，以另一個 8 位元無號整數值表示 FLV 檔案的版本，如 0x01 表示 FLV Version 1。

在 FLV 檔案表頭的第 5 Byte 中，最低位元（Video Flag）和倒數第三位（Audio Flag）分別為視訊 Tag 標識位元和音訊 Tag 標識位元，其餘位元均為 0。當 Video Flag 為 1 時，表示該 FLV 檔案中存在視訊 Tag；當 Audio Flag 為 1 時，表示該 FLV 檔案中存在音訊 Tag。在 FLV 檔案表頭的最後，用 4 Byte 表示整個 FLV 檔案表頭的長度，例如 FLV Version 1，該值通常為 9。

一個典型的 FLV 檔案表頭結構如圖 5-2 所示。

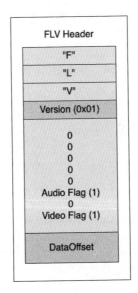

▲ 圖 5-2

5.2.3 FLV 標籤

FLV 檔案中的所有有效資料，包括音訊、視訊和表頭資料都封裝在不同類型的 FLV 標籤中。每個 FLV 標籤都由 FLV 標籤表頭資訊（FLV Tag Header）和 FLV 標籤酬載資料（FLV Tag Playload）組成。其中，FLV 標籤表頭資訊（簡稱為表頭資訊）包含當前標籤的類型、體積、時間戳記等資訊，FLV 標籤酬載資料（簡稱為酬載資料）保存了一個完整的音訊、視訊或參數資料類型的標籤，如指令稿標籤、FLV 視訊標籤和 FLV 音訊標籤。

1. 表頭資訊

在一個 FLV 標籤中，前 11 Byte 固定表示當前的表頭資訊，主要結構如下。

- 保留位元（Reserved）：2 bit，始終為 0。
- 前置處理標識（Filter）：1 bit，0 表示無前置處理，1 表示需要加密等前置處理。
- 標籤類型（TagType）：5 bit，8 表示音訊，9 表示視訊，18 表示參數資料。

以上三項組成了表頭資訊的第 1 Byte。

- 資料體積（DataSize）：3 Byte，當前標籤內酬載資料的體積。
- 時間戳記（Timestamp）：3 Byte，當前標籤的時間戳記。
- 時間戳記擴充（TimestampExtended）：1 Byte，時間戳記擴充，可作為高位位元組與 Timestamp 組成一個 32 位元有號整數值。
- SteamID：3 Byte，始終為 0。

2. 指令稿標籤

當表頭資訊中的標籤類型為 18 時，該標籤的酬載資料就保存了一個指令
稿標籤。指令稿標籤以不同類型的鍵值對形式保存了許多媒體檔案的參
數資料。指令稿標籤中的指令稿標籤本體（ScriptTagBody）實際上是一
個十分複雜的鍵值對結構，其 Name（鍵）和 Value（值）都用一個通用
資料類型 ScriptDataValue 來表示，如表 5-1 所示。

表 5-1

欄位	類　型	含　義
Name	ScriptDataValue（String）	參數名稱
Value	ScriptDataValue（ECMA Array）	參數值

ScriptDataValue 是一種特殊的結構，它可以包含多種不同的資料類型。
一個 ScriptDataValue 由 Type 和 Data 兩部分組成，其中，Type 決定了
ScriptDataValue 中保存的資料的類型，Data 保存了 ScriptDataValue 的
實際資料。

ScriptDataValue 的 Type 中共定義了 13 種合法設定值，其中，9 種有實
際意義的如表 5-2 所示。

表 5-2

類型索引	類　型
0	雙精度浮點數
1	布林值
2	字串（ScriptDataString）
3	物件結構（ScriptDataObject）
7	16 位元不帶正負號的整數
8	ECMA 陣列（ScriptDataECMAArray）
10	有序陣列（ScriptDataStrictArray）

類型索引	類　型
11	日期／時間（ScriptDataDate）
12	長陣列（ScriptDataLongString）

在表 5-2 中，除雙精度浮點數、布林值和 16 位元不帶正負號的整數外，其他類型多為複合資料類型。下面詳細介紹部分常用類型。

▶ 字串（ScriptDataString）

字串表示字串資料。一個字串包含兩部分，即 StringLength 和 StringData，如表 5-3 所示。

表 5-3

欄位	類　型	含　義
StringLength	UI16	字串長度
StringData	字串	字串資料

一個字串最多可以保存 65535 Byte 的資料，其中，StringData 中的字串不以 \0 作為結束符號。

▶ 物件結構（ScriptDataObject）

物件結構用於保存許多匿名的屬性。一個物件結構主要包含兩部分，即 ObjectProperties 和 List Terminator，如表 5-4 所示。

表 5-4

欄位	類　型	含　義
ObjectProperties	ScriptDataObjectProperty[ ]	物件的屬性清單
List Terminator	ScriptDataObjectEnd	屬性清單結束字元

ObjectProperties 是一種複合類型，用來保存某種屬性的鍵值對。每個
ObjectProperties 都包含一個 PropertyName 和一個 PropertyData，如
表 5-5 所示。

表 5-5

欄位	類　型	含　義
PropertyName	ScriptDataString	屬性名稱
PropertyData	ScriptDataValue	屬性值

其中，PropertyName 以字串形式表示，PropertyData 以 ScriptDataValue
形式表示，可以以巢狀結構形式保存多層屬性值。

List Terminator 包含固定的 3 Byte，分別為 0、0 和 9。

▶ ECMA 陣列（ScriptDataECMAArray）

ECMA 陣列保存了 ECMA 格式的陣列。每個 ECMA 陣列中都保存了許多
物件的屬性清單。ECMA 陣列與物件結構的主要區別在於，ECMA 陣列
中定義了一個用來保存 ECMA 陣列長度的欄位。

ECMA 陣列的主要結構如表 5-6 所示。

表 5-6

欄位	類　型	含　義
ECMAArrayLength	UI32	ECMA 陣列長度
Variable	ScriptDataObjectProperty[ ]	變數鍵值對
List Terminator	ScriptDataObjectEnd	屬性清單結束字元

▶ onMetaData 結構

在一個典型的 FLV 檔案中,第一個 Tag 結構通常為一個 Script Tag,其中包含一個 onMetaData 結構。onMetaData 結構在整個檔案的封裝層中造成記錄媒體資料基本資訊的作用。onMetaData 結構中包含的資料如表 5-7 所示。

表 5-7

欄位	類 型	含 義
audiocodecid	Number	音訊解碼器索引
audiodatarate	Number	音訊串流取樣率
audioDelay	Number	音訊串流解碼器延遲
audiosamplerate	Number	音訊取樣速率
audiosamplesize	Number	音訊封包大小
canSeekToEnd	Boolean	能否尋找到結尾,即最後一個視訊幀是否為關鍵幀
creationdate	String	創建日期時間
duration	Number	媒體檔案總時長
filesize	Number	媒體檔案大小
framerate	Number	視訊每秒顯示畫面
height	Number	視訊幀高度
stereo	Boolean	音訊串流是否為身歷聲
videocodecid	Number	視訊解碼器索引
videodatarate	Number	視訊串流取樣率
width	Number	視訊幀寬度

3. FLV 視訊標籤(FLV Video Tag)

當表頭資訊中的標籤類型為 9 時,該標籤的酬載資料中保存了一個視訊標籤。在 Video 視訊標籤中,緊隨 StreamID 之後的為視訊標籤表頭和視訊標籤本體。

▶ 視訊標籤表頭（Video Tag Header）

視訊標籤表頭中保存了視訊串流相關的 MetaData 資料，其主要結構如表
5-8 所示。

表 5-8

欄位	類　型	含　義
FrameType	UB[4]	當前標籤中保存的視訊幀的類型
CodecID	UB[4]	視訊串流編碼格式索引
AVCPacketType	UI8	當前視訊封包資料的類型
CompositionTime	SI24	當前視訊封包的顯性時間戳記偏移量

（1）FrameType。表示當前標籤中保存的視訊幀的類型，可能的設定值
為 1 ～ 5，含義如下。

■ 1：H.264/AVC 的關鍵幀，可作為隨機存取點。

■ 2：H.264/AVC 的非關鍵幀。

■ 3：可捨棄的非關鍵幀（僅用於 H.263 中）。

■ 4：後生成的關鍵幀（保留，通常不使用）。

■ 5：視訊資訊或命令幀。

通常來説，對於封裝了 H.264 或 H.265 的 FLV 檔案，視訊幀的類型通常
設定值為 1 或 2，很少使用其他類型。

（2）CodecID。視訊串流編碼格式索引。視訊解碼器根據 CodecID 對
FLV 檔案中的視訊串流進行解碼。CodecID 的設定值範圍為 2 ～ 7，分
別表示不同的編碼標準。

■ 2：Sorenson H.263。

■ 3：Screen video。

■ 4：On2 VP6。

- 5：帶 Alpha 通道的 On2 VP6。
- 6：Screen video version 2。
- 7：H.264/AVC。

需要注意的是，在原版的 FLV 封裝協定中並不支援 H.265。在指定 FLV
封裝格式的協定中（如 HTTP-FLV 等），為了應用 H.265，通常需要
對 CodecID 的定義域進行擴充，如增加 CodecID 的設定值為 10 或 12
等。此時，需要對整個解封裝和解碼功能進行延伸開發，以支援這種擴
充的「私有」FLV 封裝格式。

（3）AVCPacketType。如果 CodecID 為 7，則在視訊標籤表頭中保
存 AVCPacketType 值。AVCPacketType 的設定值範圍為 1 ～ 3，含義
如下。

- 1：AVC 編碼視訊表頭結構，包括 SPS、PPS 和附加資訊。
- 2：AVC NALU 資料封包。
- 3：表示編碼串流結束。

（4）CompositionTime。當 AVCPacketType 為 1 時，CompositionTime
表示顯示時間相對於解碼時間戳記的偏移量。透過視訊標籤表頭中的時間
戳記和 CompositionTime，可以確定當前標籤中視訊幀的顯示時間戳記。

▶ 視訊標籤本體（Video Tag Body）

當表頭資訊中的標籤類型為 9 時，在視訊標籤表頭之後所保存的就
是視訊標籤本體，即視訊編碼串流資料。根據 CodecID 的不同，視
訊標籤本體中保存了不同格式的視訊編碼串流封包。如前文所述，當
CodecID 為 7 時，FLV 標籤中保存的為 H.264 格式的視訊編碼串流封
包，即 AVCVideoPacket。AVCVideoPacket 的內容由 AVCPacketType
決定。

- 當 AVCVideoPacket 為 0 時，AVCVideoPacket 以 一 個 AVCDecodeConfigurationRecord 結構的形式保存標頭資訊和視訊的參數設定資料。

- 當 AVCVideoPacket 為 1 時，AVCVideoPacket 包 含 一 個 或 多 個 H.264 格式的 NALU 單元。

在影音封裝格式中，AVCDecodeConfigurationRecord 結構是一種常用的結構，用於保存視訊串流的 SPS、PPS 等解碼和播放的必要資料。該結構定義於 ISO 標準 14496-15（即 MP4 封裝格式的諸多標準之一）中，與 MP4 格式中的 AVCC 結構類似，詳細介紹見 5.4 節。

4. FLV 音訊標籤（FLV Audio Tag）

當表頭資訊中的標籤類型為 8 時，該標籤為一個音訊標籤。與視訊標籤類似，在一個音訊標籤中，緊隨 StreamID 之後的為音訊標籤表頭和音訊標籤本體。

▶ 音訊標籤表頭（Audio Tag Header）

音訊標籤表頭保存了當前標籤的音訊參數，如表 5-9 所示。

表 5-9

欄位	類 型	含 義
SoundFormat	UB[4]	音訊編碼格式
SoundRate	UB[2]	音訊取樣頻率
SoundSize	UB[1]	每個音訊取樣點的資料大小
SoundType	UB[1]	音訊類型，0 表示單聲道，1 表示身歷聲
AACPacketType	UI8	AAC 資料封包的類型

其中，各個欄位的具體說明如下。

- SoundFormat：表示音訊編碼格式，常用的有 2（表示 MP3 格式）、10（表示 AAC 格式）和 11（表示 speex 格式）等。
- SoundRate：表示音訊取樣頻率，可取的值如下。
  - 0：取樣頻率為 5.5kHz。
  - 1：取樣頻率為 11kHz。
  - 2：取樣頻率為 22kHz。
  - 3：取樣頻率為 44kHz。
- SoundSize：每個音訊取樣點的資料大小，0 表示每個取樣點佔 8 bit，1 表示每個取樣點佔 10 bit。
- SoundType：音訊類型，0 表示單聲道，1 表示身歷聲。
- AACPacketType：如果 SoundFormat 為 10，即音訊串流為 AAC 格式，則 0 表示當前標籤保存 AAC 表頭結構，1 表示當前標籤保存 AAC 資料封包。

▶ 音訊標籤本體（Audio Tag Body）

音訊標籤本體中保存了 FLV 音訊串流的 SoundData 資料。對於 AAC 格式，音訊標籤本體保存的是 AACAudioData，其中，實際資料類型由音訊標籤表頭中的 AACPacketType 決定。若 AACPacketType 為 0，則 AACAudioData 為 AAC 表頭結構，即 AudioSpecificConfig；若 AACPacketType 為 1，則 AACAudioData 為 AAC 資料封包。

5.3 MPEG-TS 格式

MPEG-TS 格式的檔案以 .ts 作為副檔名，表示傳輸串流（Transport Stream）。MPEG-TS 格式最初來自 MPEG-2 標準，它與節目串流（Program Stream）一樣，都是影音資料流程的重複使用形式。傳輸串流和節目串流的設計目的一致，即將對應的音訊資訊和視訊資訊重複使用到同一路資料流程中,而其應用場景有所區別。節目串流主要應用於可靠傳輸和儲存場景(如 DVD 等),傳輸串流主要應用於非可靠傳輸與儲存場景(如衛星電視廣播等)。傳輸串流和節目串流可以相互轉換。

一個 MPEG-TS 檔案由許多傳輸資訊封包(Transport Packet,TS)組成,每個傳輸資訊封包的長度均為 188 Byte。每個傳輸資訊封包都包括兩部分:資訊封包表頭和酬載資料。其中,資訊封包表頭固定為 4 Byte,其餘 184 Byte 為酬載資料。一個完整的 MPEG-TS 檔案的結構如圖 5-3 所示。

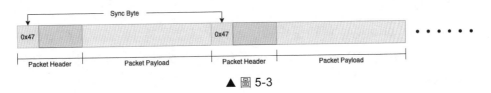

▲ 圖 5-3

5.3.1 資訊封包表頭

一個傳輸資訊封包的資訊封包表頭固定為 4 Byte,共表示 8 個參數,如圖 5-4 所示。

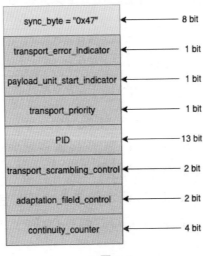

▲ 圖 5-4

其中，部分參數的含義如下。

- sync_byte：同步位元組，其值固定為十六進位值 0x47（二進位值為 0100 0111），用於在一串編碼串流中進行二進位同步，即確定一個傳輸資訊封包的起始位置。

- transport_error_indicator：誤碼標識位元，當該位元為 1 時，表示當前傳輸資訊封包中存在誤碼。

- payload_unit_start_indicator：酬載資料的起始標識位元，當該位元為 1 時，表示當前傳輸資訊封包的酬載資料以一個 PES 封包或 PSI 的資料為開始。

- transport_priority：傳輸優先順序，如果該位元為 1，當前傳輸資訊封包在傳輸中與 PID 相同。當該位元為 0 時，傳輸資訊封包具有更高的優先順序。

- PID：當前傳輸資訊封包所包含的酬載資料的類別，長度為 13 bit。PID 設定值與資料類型的關係如表 5-10 所示。

表 5-10

PID 設定值	資料類型
0x0000	節目連結表（PAT）
0x0001	條件接收表（CAT）
0x0002~0x000F	保留值
0x0010~0x1FFE	其他有效資料
0x1FFF	空白封包

- transport_scrambling_control：表明酬載資料的混淆方式，長度為 2 bit；當該值為 0 時，表示不加混淆。

- adaptation_field_control：表明當前傳輸資訊封包所承載的資料中是否有調整欄位，長度為 2 bit。當該值為 00 時，為保留欄位，當該值為 01、10 和 11 時，分別表示「無調整欄位，僅包含酬載資料」、「僅有調整欄位，無酬載資料」和「既有調整欄位，又有酬載資料」。

■ continuity_counter：連續計數器，當該傳輸資訊封包中存在酬載資料（即 adaptation_field_control 為 01 或 11）時連續按 1 自動增加，直到達到最大值後重新歸零。

5.3.2 PES 封包結構

MPEG-TS 檔案中的音訊資料和視訊資料均以 PES 封包的方式保存。一個典型的 PES 封包主要由 packet_start_code_prefix、stream_id、PES_packet_length、PES Packet 表頭結構、PES Packet 有效資料和 padding_bytes 組成，如圖 5-5 所示。

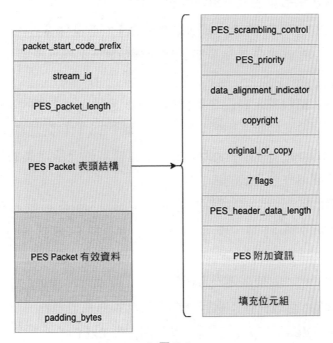

▲ 圖 5-5

各個欄位的含義如下。

- packet_start_code_prefix：字首起始碼，以 3 Byte 表示 PES 封包的起始碼，其值固定為 0x000001。
- stream_id：串流 ID，表示資訊流的識別符號，長度為 1Byte。
- PES_packet_length：PES 封包長度，用 2 Byte 表示當前 PES 封包自該欄位起至後面資料的長度。
- PES Packet 表頭結構，包含的內容如下：
  - PES_scrambling_control：PES 混淆控制符，用 2 bit 表示是否混淆，以及混淆方式。
  - PES_priority：用 1 bit 表示當前 PES 封包是否為高優先順序。
  - data_alignment_indicator：用 1 bit 表示當前 PES 封包的後方是否緊隨著音訊串流或視訊串流的起始碼。
  - copyright：用 1 bit 表示當前節目是否受到版權保護。
  - orignal_or_copy：原版或複製版標識位元，1 表示原版，0 表示複製版。
  - 7 flags：這裡共定義了 7 個標識位元，分別表示不同的資訊。當給不同的標識位元設定不同的值時，將影響 PES 封包附加資訊的內容。
  - PES_header_data_length：表示前述標識位元所定義的附加資訊，以及後續填充位元組的總長度。
  - PES 附加資訊：由前述標識位元指定的附加資訊，如當 PTS_DTS_flags 為 10 或 11 時，表示該欄位保存了當前 PES 封包的時間戳記資訊。
  - 填充位元組：其值固定為 0xFF。
- PES Packet 有效資料：保存音訊串流和視訊串流資料。
- padding_bytes：填充位元組，其值固定為 0xFF。

5.3.3 PSI 結構

除 PES 封包外，傳輸資訊封包中包含的另一類重要資料為節目專用資訊
（Program Special Information，PSI）。傳輸資訊封包中的節目專用資訊
通常保存為許多不同的表，常見的有 4 種：節目連結表、節目映射表、
網路資訊表和條件接收表。這裡簡要討論節目連結表和節目映射表。

1. 節目連結表

節目連結表（Program Association Table，PAT）的主要作用是提供傳
輸資訊封包的 PID 與節目序號（program_number）之間的對應關係。
MPEG-TS 檔案中的每一路節目都對應唯一的節目序號。節目連結表的主
要結構如圖 5-6 所示。

Syntax	No. of bits	Mnemonic
program_association_section() {		
table_id	8	uimsbf
section_syntax_indicator	1	bslbf
'0'	1	bslbf
reserved	2	bslbf
section_length	12	uimsbf
transport_stream_id	16	uimsbf
reserved	2	bslbf
version_number	5	uimsbf
current_next_indicator	1	bslbf
section_number	8	uimsbf
last_section_number	8	uimsbf
for (i=0; i<N;i++) {		
program_number	16	uimsbf
reserved	3	bslbf
if(program_number == '0') {		
network_PID	13	uimsbf
}		
else {		
program_map_PID	13	uimsbf
}		
}		
CRC_32	32	rpchof
}		

▲ 圖 5-6

2. 節目映射表

節目映射表（Program Map Table，PMT）的主要作用是提供某個節目
序號對應的節目與組成該節目的傳輸資訊封包的 PID 的對應關係。其主
要結構如圖 5-7 所示。

Syntax	No. of bits	Mnemonic
TS_program_map_section() {		
table_id	8	uimsbf
section_syntax_indicator	1	bslbf
'0'	1	bslbf
reserved	2	bslbf
section_length	12	uimsbf
program_number	16	uimsbf
reserved	2	bslbf
version_number	5	uimsbf
current_next_indicator	1	bslbf
section_number	8	uimsbf
last_section_number	8	uimsbf
reserved	3	bslbf
PCR_PID	13	uimsbf
reserved	4	bslbf
program_info_length	12	uimsbf
for (i=0; i<N; i++) {		
descriptor()		
}		
for (i=0;i<N1;i++) {		
stream_type	8	uimsbf
reserved	3	bslbf
elementary_PID	13	uimsnf
reserved	4	bslbf
ES_info_length	12	uimsbf
for (i=0; i<N2; i++) {		
descriptor()		
}		
}		
CRC_32	32	rpchof
}		

▲ 圖 5-7

5.4 MP4 格式

5.4.1 MP4 格式簡介

MP4 是國際標準組織 ISO 公佈的視訊封裝的標準格式之一,廣泛用於視訊點播、媒體通訊和保全監控等多種場景。MP4 格式使用完整的資料組織形式,將編碼音訊串流和編碼視訊串流有效地組織在同一個檔案中,並以不同形式的時間戳記進行影音同步管理。MP4 格式的媒體檔案具有較強的可編輯性,支援以較小的代價進行(如時移等)原本較為複雜的操作。此外,MP4 格式具有較強的相容性,支援多種不同的影音編碼格式組合,如 H.264+MP3、H.264+AAC 和 H.265+AAC 等。

5.4.2 ISO 協定族

在歷史上曾獲得規模化產業應用的影音壓縮標準大多是由國際標準組織(International Organization for Standardization,ISO)主導或參與設計的,例如:

- ISO/IEC-13818:MPEG-2 協定族,包括 MPEG-2(H.262)視訊壓縮標準等。
- ISO/IEC-14496:MPEG-4 協定族,包括 ISO 容器格式、MPEG-4(H.264)視訊壓縮標準等。
- ISO/IEC-23008:MPEG-H 協定族,包括 H.265(HEVC)視訊壓縮標準等。
- ISO/IEC-23009: 包括 DASH(Dynamic Adaptive Streaming over HTTP)協定等。

MP4 格式是國際標準組織與國際電子電機委員會（International Electrotechnical Commission，IEC）公佈的標準媒體檔案格式，屬於 MPEG-4 標準的一部分。

MPEG-4 不是一項單獨的協定標準，而是一組作用、目標不同的協定族，其編號為 ISO/IEC 14496，共包含了 30 餘項協定檔案，常用的如表 5-11 所示。

表 5-11

欄位	類 型	含 義
ISO/IEC 14496-1	System	MPEG-4 的重複使用、同步等系統級特性
ISO/IEC 14496-2	Video	視訊壓縮標準
ISO/IEC 14496-3	Audio	音訊壓縮標準
ISO/IEC 14496-10	Advanced Video Coding（AVC）	先進視訊編碼標準，即 H.264/AVC 標準
ISO/IEC 14496-12	ISO based media format	ISO 規定的基本檔案封裝容器的格式標準
ISO/IEC 14496-14	MP4 file format	第 12 部分的擴充，定義 MP4 的封裝格式
ISO/IEC 14496-15	Advanced Video Coding（AVC）file format	第 14 部分的擴充，規定保存 H.264/AVC 標準的視訊容器格式

5.4.3 MP4 封裝格式

一般來説一個 MP4 格式的檔案是由一個個巢狀結構形式的「Box 結構」組成的。Box 結構為一種由表頭結構（Box Header）和負載資料（Box Data）組成的能容納特定資訊的資料結構。某種類型的 Box 結構可以在其內部包含許多其他類型的 Box 結構，形成巢狀結構的多層 Box 結構，以此儲存 MP4 檔案中複雜的資料結構。

MP4 檔案中定義的 Box 結構可被分為兩種，即 Box 和 FullBox。其中，FullBox 是 Box 的擴充，可以保存更全面的資訊。二者的結構如圖 5-8 所示。

▲ 圖 5-8

Box 和 FullBox 的虛擬程式碼如下。

```
aligned (8) class Box (unsigned int(32) boxtype, optional unsigned
int(8)[16] extended_type) {
    unsigned int(32) size;
    unsigned int(32) type = boxtype;
    if (size==1) {
        unsigned int(64) largesize;
    } else if (size==0) {
    }
    if (boxtype== 'uuid') {
        unsigned int(8)[16] usertype = extended_type;
    }
}

aligned(8) class FullBox(unsigned int(32) boxtype, unsigned int(8) v,
bit(24) f) extends Box(boxtype) {
    unsigned int(8) version = v;
    bit(24) flags = f;
}
```

5.4.4 Box 類型

MP4 協定中定義的 Box 類型超過 70 種，它們都定義在標準檔案 ISO/IEC 14496-12 中，如圖 5-9 所示。

L1	L2	L3	L4	L5	L6	*		
ftyp						*	4.3	file type and compatibility
pdin							8.43	progressive download information
moov						*	8.1	container for all the metadata
	mvhd					*	8.3	movie header, overall declarations
	trak					*	8.4	container for an individual track or stream
		tkhd				*	8.5	track header, overall information about the track
		tref					8.6	track reference container
		edts					8.25	edit list container
			elst				8.26	an edit list
		mdia				*	8.7	container for the media information in a track
			mdhd			*	8.8	media header, overall information about the media
			hdlr			*	8.9	handler, declares the media (handler) type
			minf			*	8.10	media information container
				vmhd			8.11.2	video media header, overall information (video track only)
				smhd			8.11.3	sound media header, overall information (sound track only)
				hmhd			8.11.4	hint media header, overall information (hint track only)
				nmhd			8.11.5	Null media header, overall information (some tracks only)
				dinf		*	8.12	data information box, container
					dref	*	8.13	data reference box, declares source(s) of media data in track
				stbl		*	8.14	sample table box, container for the time/space map
					stsd	*	8.16	sample descriptions (codec types, initialization etc.)
					stts	*	8.15.2	(decoding) time-to-sample
					ctts		8.15.3	(composition) time to sample
					stsc	*	8.18	sample-to-chunk, partial data-offset information
					stsz		8.17.2	sample sizes (framing)
					stz2		8.17.3	compact sample sizes (framing)
					stco	*	8.19	chunk offset, partial data-offset information
					co64		8.19	64-bit chunk offset
					stss		8.20	sync sample table (random access points)
					stsh		8.21	shadow sync sample table
					padb		8.23	sample padding bits
					stdp		8.22	sample degradation priority
					sdtp		8.40.2	independent and disposable samples
					sbgp		8.40.3.2	sample-to-group
					sgpd		8.40.3.3	sample group description
					subs		8.42	sub-sample information
	mvex						8.29	movie extends box
		mehd					8.30	movie extends header box
		trex				*	8.31	track extends defaults
	ipmc						8.45.4	IPMP Control Box
moof							8.32	movie fragment
	mfhd					*	8.33	movie fragment header
	traf						8.34	track fragment
		tfhd				*	8.35	track fragment header
		trun					8.36	track fragment run
		sdtp					8.40.2	independent and disposable samples
		sbgp					8.40.3.2	sample-to-group
		subs					8.42	sub-sample information
mfra							8.37	movie fragment random access
	tfra						8.38	track fragment random access
		mfro				*	8.39	movie fragment random access offset
mdat							8.2	media data container
free							8.24	free space
skip							8.24	free space
	udta						8.27	user-data

▲ 圖 5-9

其中，常用的 Box 類型如表 5-12 所示。

表 5-12

欄位名稱	上級容器	全　稱	含　義
ftyp	檔案	file type	檔案類型
moov	檔案	movie box	影音檔案的媒體資訊表頭結構
mdat	檔案	media data	媒體資料結構，保存實際的影音資料
mvhd	moov	movie header	視訊表頭結構，保存檔案的全域資訊
trak	moov	media track	音訊軌或視訊軌，表示影音檔案中的某一路媒體串流結構
tkhd	trak	track header	音訊軌、視訊軌表頭結構，表示當前串流的整體資訊，如圖型寬、高等
edts	trak	edit list container	編輯清單容器，用於保存 elst 結構
elst	edts	edit list	編輯列表，用於編輯串流的播放時間軸
mdia	trak	media info	媒體串流中的詳細參數資訊

MP4 檔案中保存的每一路媒體串流的底層參數資訊都保存在 mdia 中，因此 mdia 的結構非常複雜。一般來說一個 mdia 中可能包含的 Box 類型如表 5-13 所示。

表 5-13

欄位名稱	上級容器	全　稱	含　義
mdhd	mdia	media header	保存該段媒體資料的參數資訊，如時長、語言等
hdlr	mdia	handler	表示處理該媒體串流的控制碼
minf	mdia	media information	保存該段媒體串流的參數資訊
vmhd	minf	video media header	僅存在視訊串流中，表示視訊資料相關的參數資訊
smhd	minf	sound media header	僅存在音訊串流中，表示音訊資料相關的參數資訊
stbl	minf	sample table	保存了影音幀的建構播放清單的參數資訊，是進行影音播放和同步的重要資料

stbl 中包含了大量的影音同步相關資訊,在建構播放清單時,解重複使用器需要解析其中的資訊並按照相關規則進行計算,如獲取每一幀正確的時間戳記。一般來說 stbl 中包含的 Box 類型如表 5-14 所示。

表 5-14

欄位名稱	上級容器	全　稱	含　義
stsd	stbl	sample description	影音的描述資訊,如編碼類型等
stts	stbl	time stamp	保存每個 sample 的解碼時間戳記
ctts	stbl	composition time	保存每個 sample 的顯示時間偏移
stsc	stbl	sample-chunk	表示每個 chunk 對應的 sample 數目
stsz	stbl	sample size	表示每個 sample 的大小
stco	stbl	chunk offset	表示每個 chunk 在檔案中的位置

透過 stsc、stco 和 stsz,可以確定每個 sample 在二進位檔案中的位置和大小。透過 stts 可以確定每個 sample 的解碼時間戳記。ctts 提供了每個 sample 的顯示時間偏移。也就是說,透過上述內容可以提供足夠的資訊來建立完整的播放時間軸,以播放影音資料。

5.4.5 MP4 檔案結構

一個典型的 MP4 檔案結構如圖 5-10 所示。

1. ftyp(檔案類型)

檔案類型是一個 ISO 媒體檔案所必備的,用於說明當前媒體檔案的類型、版本編號及相容的協定類型,其定義如下。

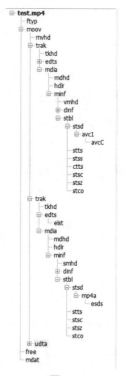

▲ 圖 5-10

```
aligned(8) class FileTypeBox extends Box('ftyp') {
    unsigned int(32) major_brand;
    unsigned int(32) minor_version;
    unsigned int(32) compatible_brands[];
}
```

檔案類型的二進位結構如圖 **5-11** 所示。

```
00000000h: 00 00 00 20 66 74 79 70 69 73 6F 6D 00 00 02 00 ; ... ftypisom....
00000010h: 69 73 6F 6D 69 73 6F 32 61 76 63 31 6D 70 34 31 ; isomiso2avc1mp41
```

▲ 圖 5-11

該結構的前 4 Byte（00 00 00 20）表示當前結構的大小為 0x20，即 32 Byte。隨後的 4 Byte（66 74 79 70）以 ASCII 碼形式表示當前結構的類型為 ftyp。之後的資料為該結構的內容。major_brand 為 isom，minor_version 為 0x200，即 512 Byte，compatible_brands 表示除 major_brand 外，當前使用的封裝協定所相容的其他格式，該檔案中指定為 isom、iso2、avc1 和 mp41。

2. moov（影音檔案的媒體資訊表頭結構）

影音檔案的媒體資訊表頭結構包含了音訊檔案和視訊檔案的整體描述資訊，以及影音流的播放控制資訊等。moov 是一個複合結構，其本身不包含實際的有效資料，而是作為其他結構的容器存在。由於其內部的多個子 Box 中包含多種重要結構，因此 moov 非常重要。

moov 可能位於檔案的頭部或尾部。位於檔案結尾部的 moov 更適用於視訊檔案編碼與壓制系統，它可以在壓制完成後直接將參數寫入媒體資訊表頭結構中，並寫入輸出檔案，實現簡單且效率更高。而在線上視訊點播等串流媒體應用場景中，當 moov 位於檔案頭部時，媒體的解碼和播放會更加高效。

3. mdat（媒體資料結構）

媒體資料結構保存了二進位的音訊串流或視訊串流資料。一個媒體檔案可能包含 0 個或多個媒體資料結構，分別對應多路音訊串流或視訊串流。每路音訊串流或視訊串流的影音編碼串流封包在媒體資料結構中的位置都由媒體資訊表頭結構中的資訊指定。

媒體資料結構的定義如下。

```
aligned(8) class MediaDataBox extends Box('mdat') {
    bit(8) data[];
}
```

4. MP4 檔案的媒體資訊表頭結構

下面介紹如何從一個 MP4 檔案中解析視訊的整體資訊，定位每一幀的圖像資料在檔案中的位置，以及如何從媒體資訊表頭結構中創建圖型幀播放的時間軸。一個 MP4 檔案的媒體資訊表頭結構包含一個 mvhd 和許多 trak，其含義如下。

- mvhd：即 movie header，保存檔案的全域資訊，如創建時間、修改時間或整體播放時長等。
- trak：即 track header，表示影音檔案中的某一路媒體串流資訊，如音訊串流、視訊串流或字幕串流等。

▶ mvhd

每個媒體資訊表頭結構中都有且僅有一個 mvhd，mvhd 的結構如下所示。

```
aligned(8) class MovieHeaderBox extends FullBox( 'mvhd', version, 0) {
    if (version==1) {
        unsigned int(64)  creation_time;
```

```
        unsigned int(64)  modification_time;
        unsigned int(32)  timescale;
        unsigned int(64)  duration;
    } else { // 版本 0
        unsigned int(32)  creation_time;
        unsigned int(32)  modification_time;
        unsigned int(32)  timescale;
        unsigned int(32)  duration;
    }
    template int(32) rate = 0x00010000;    // 通常為 1.0
    template int(16) volume = 0x0100;       // 通常為 100% 音量
    const bit(16) reserved = 0;
    const unsigned int(32)[2] reserved = 0;
    template int(32)[9] matrix = { 0x00010000,0,0,0,0x00010000,0,0,0,
0x40000000 };
    bit(32)[6]  pre_defined = 0;
    unsigned int(32)  next_track_ID;
}
```

mvhd 中部分欄位的含義如表 **5-15** 所示。

表 5-15

欄位名稱	類型	含　義
version	uint64	當前 Box 的版本編號
creation_time	uint64/uint32	當前媒體檔案的創建時間
modification_time	uint64/uint32	當前媒體檔案的修改時間
timescale	uint32	當前媒體檔案的時間刻度
duration	uint64/uint32	當前媒體檔案的整體時長，以 timescale 為單位
rate	uint32	播放速度，以前後兩個 uint16 表示整數和小數部分；通常設定值為 1.0
volume	uint32	播放音量，以前後兩個 uint8 表示整數和小數部分；當設定值為 1.0 時，表示完全音量
matrix	int32[]	視訊變換矩陣
next_track_ID	uint32	為當前媒體檔案增加新資料流程時所使用的 track ID

▶ trak

一個典型的 MP4 檔案中應至少包含一路視訊串流和一路音訊串流（統稱
媒體串流）。每路媒體串流以一個 trak 表示，並在 trak 中保存該媒體串流
所有的設定和播放控制等資訊。每個 trak 中均包含一個 tkhd。該 tkhd 主
要用來保存當前音訊串流或視訊串流的整體資訊，其結構如下所示。

```
aligned(8) class TrackHeaderBox extends FullBox( 'tkhd', version, flags){
    if (version==1) {
        // 版本 1
        unsigned int(64) creation_time;
        unsigned int(64) modification_time;
        unsigned int(32) track_ID;
        const unsigned int(32) reserved = 0;
        unsigned int(64) duration;
    } else {    // 版本 0
        unsigned int(32) creation_time;
        unsigned int(32) modification_time;
        unsigned int(32) track_ID;
        const unsigned int(32) reserved = 0;
        unsigned int(32) duration;
    }
    const unsigned int(32)[2] reserved = 0;
    template int(16) layer = 0;
    template int(16) alternate_group = 0;
    template int(16) volume = {if track_is_audio 0x0100 else 0};
    const unsigned int(16) reserved = 0;
    template int(32)[9] matrix=
        { 0x00010000,0,0,0,0x00010000,0,0,0,0x40000000 };
    unsigned int(32) width;
    unsigned int(32) height;
}
```

tkhd 中定義的 width 和 height 表示該路媒體串流在播放過程中的顯示尺
寸（主要針對視訊。對於音訊串流，這兩個值通常為 0），其設定值既可

以與圖型的寬、高相等，也可以與圖型的寬、高不等。當與圖型的寬、高不等時，畫面將進行縮放顯示。

▶ mdia

在代表一路音訊串流或視訊串流的 trak 中，除 tkhd 外，主要的媒體設定資訊以一個 mdia 結構的形式保存。mdia 為一個容器 Box，它包含一個 mdhd 和一個 minf。其中，mdhd 的結構如下所示。

```
aligned(8) class MediaHeaderBox extends FullBox('mdhd', version, 0)
{
    if (version==1) {
        unsigned int(64)  creation_time;
        unsigned int(64)  modification_time;
        unsigned int(32)  timescale;
        unsigned int(64)  duration;
    } else { // 版本 0
        unsigned int(32)  creation_time;
        unsigned int(32)  modification_time;
        unsigned int(32)  timescale;
        unsigned int(32)  duration;
    }
    bit(1) pad=0;
    unsigned int(5)[3] language; // ISO-639-2/T
    unsigned int(16) pre_defined = 0;
}
```

其中的 language 欄位定義了該 mdia 結構所使用的語言。

▶ minf

minf 保存了當前 mdia 結構的主要特徵資訊。minf 為一個容器類別，其內容根據媒體資料類型的不同而有所差異：

■ 在 Video Track 中，minf 包含 vmhd，即 Video Media Header 結構。
■ 在 Audio Track 中，minf 包含 smhd，即 Sound Media Header 結構。

Video Media Header 結構和 Sound Media Header 結構如下所示。

```
// vmhd
aligned(8) class VideoMediaHeaderBox extends FullBox( 'vmhd', version =
0, 1)
{
    template unsigned int(16) graphicsmode = 0;
    unsigned int(16)[3] opcolor = {0, 0, 0};
}
// smhd
aligned(8) class SoundMediaHeaderBox extends FullBox( 'smhd', version =
0, 0)
{
    template int(16) balance = 0;
    const unsigned int(16)  reserved = 0;
}
```

部分欄位的含義如表 5-16 所示。

表 5-16

欄 位 名 稱	類 型	含 義
graphicsmode	uint16	該視訊串流使用的顏色模式，0 表示沿用實際圖型現有的模式
opcolor	uint16[]	表示可用的 RGB 顏色分量
balance	uint16	表示身歷聲左右聲道的均衡設定

▶ stbl

stbl 為媒體資訊表頭結構中最重要的結構之一，它保存了影音編碼串流的標頭資訊、時間戳記和編碼串流分片在 MP4 檔案中的位置等。播放一個視訊檔案的過程主要包括兩個步驟。

- 從封裝的檔案中讀取視訊串流或音訊串流每一幀對應的二進位編碼串流，並將其解碼為圖型訊號或聲音訊號。
- 將解碼完成的圖型訊號或聲音訊號按照指定的時間戳記進行繪製或播放。

為了實現以上兩個步驟，以下資訊是必須提前獲取的。

- 媒體串流的整體設定資訊和表頭結構。
- 視訊串流中每一個關鍵幀的位置。
- 每一幀的二進位編碼串流封包在檔案中的位置。
- 每一幀的二進位編碼串流封包的大小。
- 每一幀的顯示時間戳記。

上述的每一類資訊在 stbl 中都有專門的結構來保存，因而 stbl 對於 MP4 檔案的解碼和播放非常重要。stbl 為一個容器 Box，其內部包含有 stsd、stts、stss、ctts、stsc、stsz 和 stco 等子 Box。

5.4.6　建構視訊串流的播放時間軸

本節以 MP4 檔案中的視訊串流為例，說明如何從 stbl 中解析每一幀的二進位編碼串流的位置、大小和時間戳記等資訊，以及如何建構播放時間軸。

（1）stsd 中保存了 MP4 檔案中影音流資料的編碼類型等解碼所需的全部初始化資訊，在 stbl 中有且僅有一個。若 MP4 檔案中的視訊資訊使用 H.264 格式編碼，則 stsd 中包含一個名為 avc1 的子 Box，在該子 Box 中以 avcC 結構的形式保存視訊串流的表頭資訊。

在 avcC 結構中，視訊串流的表頭資訊以 AVCDecodeConfiguration Record 格式保存。

（2）SyncSampleBox（即同步幀結構）以 stss 的形式進行保存。stss 是 stbl 中的可選結構，其結構如下。

```
aligned(8) class SyncSampleBox extends FullBox('stss', version = 0, 0) {
   unsigned int(32)  entry_count;
   int i;
   for (i=0; i < entry_count; i++) {
      unsigned int(32)  sample_number;
   }
}
```

部分欄位的含義如表 5-17 所示。

表 5-17

欄位名稱	類型	含 義
entry_count	uint32	SyncSampleBox 中的資料個數，通常為視訊串流中的關鍵幀個數
sample_number	uint32	每個關鍵幀所在樣本的序號

（3）TimeToSampleBox 保存了媒體串流中每個畫面資料的時間戳記資訊。對於視訊串流，每個畫面的時間戳記可分為解碼時間戳記（Decoding Timestamp，dts）和顯示時間戳記（Presentation Timestamp，pts）兩種，在 MP4 檔案中使用兩種不同的結構保存，即 stts 和 ctts。其中，stts 在 MP4 檔案的每個 stbl 中有且僅有一個，ctts 為 stbl 的可選結構。

stts 的結構如下。

```
aligned(8) class TimeToSampleBox extends FullBox('stts', version = 0, 0)
{
    unsigned int(32)  entry_count;
    int i;
    for (i=0; i < entry_count; i++) {
      unsigned int(32)  sample_count;
      unsigned int(32)  sample_delta;
    }
}
```

部分欄位的含義如表 **5-18** 所示。

表 5-18

欄 位 名 稱	類 型	含 義
entry_count	uint32	TimeToSampleBox 中的資料組數
sample_count	uint32	當前組所包含的共用 dts 差值的樣本個數
sample_delta	uint32	相鄰兩樣本之間 dts 的差值

ctts 的結構如下。

```
aligned(8) class CompositionOffsetBox extends FullBox( 'ctts', version =
0, 0) {
    unsigned int(32) entry_count;
    int i;
    for (i=0; i < entry_count; i++) {
        unsigned int(32)  sample_count;
        unsigned int(32)  sample_offset;
    }
}
```

部分欄位的含義如表 **5-19** 所示。

表 5-19

欄 位 名 稱	類 型	含 義
entry_count	uint32	CompositionOffsetBox 中的資料組數
sample_count	uint32	當前組所包含的共用 sample_offset 的樣本個數
sample_offset	uint32	該樣本中 dts 與 pts 差值

（4）SampleSizeBox 保存了每個視訊幀對應的編碼串流樣本的二進位大小，在 MP4 檔案中保存為 stsz 形式，其結構如下。

```
aligned(8) class SampleSizeBox extends FullBox( 'stsz', version = 0, 0) {
    unsigned int(32) sample_size;
    unsigned int(32) sample_count;
```

```
    if (sample_size==0) {
        for (i=1; i u sample_count; i++) {
            unsigned int(32)  entry_size;
        }
    }
}
```

部分欄位的含義如表 5-20 所示。

表 5-20

欄位名稱	類　型	含　義
sample_size	uint32	當前影音編碼串流樣本的預設封包大小
sample_count	uint32	當前影音編碼串流樣本的總個數
entry_size	uint32	每個編碼串流樣本的大小

（5）SampleToChunkBox。在 MP4 檔案中，視訊編碼串流樣本的資訊並非直接保存在 stbl 中，而是按照分塊的形式保存。如果要獲取某個樣本的資訊，則首先應獲取其所在的 chunk。SampleToChunkBox 以 stsc 的形式進行保存，其結構如下。

```
aligned(8) class SampleToChunkBox extends FullBox('stsc', version = 0,
0)
{
    unsigned int(32) entry_count;
    for (i=1; i u entry_count; i++) {
        unsigned int(32) first_chunk;
        unsigned int(32) samples_per_chunk;
        unsigned int(32) sample_description_index;
    }
}
```

部分欄位的含義如表 5-21 所示。

表 5-21

欄 位 名 稱	類型	含　義
entry_count	uint32	stsc 中元素的個數，即當前影音流中 chunk 的組數
first_chunk	uint32	當前 chunk 組的起始 chunk 序號
samples_per_chunk	uint32	當前 chunk 組中每個 chunk 包含的編碼串流樣本個數
sample_description_index	uint32	當前 chunk 組中每個樣本的描述資訊索引

（6）ChunkOffsetBox 描述了當前影音流中每個 chunk 在相對於媒體檔案起始位置的二進位偏移量。該結構有 32 位元和 64 位元兩種，分別以 stco 和 co64 的形式進行保存。

```
aligned(8) class ChunkOffsetBox extends FullBox('stco', version = 0, 0)
{    unsigned int(32) entry_count;
    for (i=1; i u entry_count; i++) {
      unsigned int(32)  chunk_offset;
    }
}
aligned(8) class ChunkLargeOffsetBox extends FullBox('co64', version =
0, 0)
{
    unsigned int(32) entry_count;
    for (i=1; i u entry_count; i++) {
      unsigned int(64)  chunk_offset;
    }
}
```

部分欄位的含義如表 **5-22** 所示。

表 5-22

欄 位 名 稱	類　型	含　義
entry_count	uint32	stco/co64 中元素的個數，即當前影音流中 chunk 的總個數
chunk_offset	uint32/uint64	每個 chunk 相對於媒體檔案起始位置的二進位偏移量

（7）SampleSizeBox 是 MP4 檔案中資料量最大的結構之一，因為其保存了每一個媒體取樣的大小。SampleSizeBox 以 stsz 或 stz2 的形式進行保存。

```
aligned(8) class SampleSizeBox extends FullBox('stsz', version = 0, 0)
{
    unsigned int(32) sample_size;
    unsigned int(32) sample_count;
    if (sample_size==0) {
        for (i=1; i u sample_count; i++) {
            unsigned int(32)  entry_size;
        }
    }
}
aligned(8) class CompactSampleSizeBox extends FullBox('stz2', version =
0, 0)
{
    unsigned int(24) reserved = 0;
    unisgned int(8) field_size;
    unsigned int(32) sample_count;
    for (i=1; i u sample_count; i++) {
        unsigned int(field_size) entry_size;
    }
}
```

stsz 中部分欄位的含義如表 5-23 所示。

表 5-23

欄位名稱	類　型	含　義
sample_size	uint32	當前影音流中樣本的預設大小
sample_count	uint32	當前影音流的總樣本個數
entry_size	uint32	每個樣本的大小

在 stsz 中，如果 sample_size 的值為 0，則所有的樣本大小均由陣列形

式的 entry_size 保存；如果 sample_size 的值不為 0，則所有的樣本大小均為 sample_size，在 stsz 中不再保存 entry_size。

stz2 中部分欄位的含義如表 5-24 所示。

表 5-24

欄 位 名 稱	類 型	含 義
field_size	uint32	當前影音流中樣本的預設大小
sample_count	uint32	當前影音流的總樣本個數
entry_size	由 field_size 確定	每個樣本的大小

在 stz2 中，sample_count 欄位和 entry_size 欄位的含義與 stsz 中的相同。另外，還定義了 field_size 結構，表示以多少位元的整數表示每一個樣本的大小。field_size 參數為 4、8 或 16，表示以 4 位元、8 位元或 16 位元整數表示一個樣本的大小。

複習：創建播放時間軸的步驟如下。

（1）透過 stss 確定關鍵幀的數目和每個關鍵幀的序號。

（2）透過 stts 獲取視訊串流的總幀數、每一幀的 dts 和整體時長。

（3）透過 ctts 獲取每一幀中 dts 與 pts 的差值。

（4）透過 stsz 獲取每個視訊編碼串流樣本的大小及整個視訊串流的總大小。

（5）透過 stco 獲取視訊編碼串流中 chunk 的數目和在檔案中的位置。

（6）透過 stsc 計算出每個視訊編碼串流樣本與 chunk 的對應關係，並透過 chunk 在檔案中的位置及 chunk 中每個樣本的大小，確定每個編碼串流樣本在檔案中的位置和大小。

（7）整理每個樣本的編碼串流資訊和時間戳記資訊，組成整體播放的時間軸，之後進行解碼和繪製播放。

影音串流媒體協定

前面我們分別討論了視訊壓縮編碼、音訊壓縮編碼和影音檔案容器封裝格式等內容。至此,我們已經基本了解圖像資料和音訊波形是如何分別壓縮為視訊編碼串流和音訊編碼串流的,以及又是如何組合為一個獨立且完整的媒體檔案的。在大多數應用場景下,影音資訊以影音流的形式在網路中傳播。舉例來說,在網路直播中,首先在裝置擷取端獲取圖型和聲音訊號,然後進行壓縮編碼,接著透過網路將壓縮編碼後的影音流發送到服務端,最後觀眾透過播放使用者端從服務端獲取對應的影音流進行解碼和播放。又如在保全監控系統中,監控攝影裝置擷取到的視訊串流以某種指定的協定傳輸至管理和錄影伺服器,透過轉發後在指定的使用者端播放。

與本地檔案的解碼和播放相比,影音流在網路傳輸中會遇到許多問題。舉例來說,網路狀況波動、斷流和資料封包延遲等。除此之外,部分媒體檔案的格式對網路傳輸並不友善，在使用前不得不下載完整的檔案資料，因此將佔用較大的網路流量和處理時間。為了更進一步地解決這些問題，更加可行且有效的方式是在將影音資訊透過網路發送之前，按照指定的規則將影音流封裝到網路傳輸資料封包中，並透過網路向使用者連續、即時地發送。使用者在收到足夠的必要資訊後即可開始播放，並且可以在播放過程中快取接收的後續影音資料，實現影音的流式傳輸和播放。

為了更加高效率地在網路中傳輸影音流，不同組織針對各種場景制定了多種串流媒體協定，規定了影音資料封包的封裝格式與傳輸規則等。幾乎所有的串流媒體協定都是在通用的網路通訊協定層的基礎上制定的，因此本章我們首先介紹網際網路協定的基本概念，再分別討論各主流串流媒體協定的類型。

6.1 網路通訊協定模型

由於網路環境、資料終端和資料傳輸類型極為複雜，因此使用單一協定傳輸所有的資料類型是完全不可能的。實際上，根據資料封裝與傳輸媒體的抽象程度的不同，整體網路結構被分為了許多層，在每一層中根據需求的不同又分別定義了多種不同的協定。網路結構的某一層可以使用下一層提供的服務，執行本層中所要求的任務，並向上一層提供服務。

我們可以使用不同的方法給網路結構分層，其中影響較大的有 ISO/OSI 模型（7 層）和 TCP/IP 模型（4 層），下面簡要討論這兩種模型的劃分方法。

6.1.1 ISO/OSI 模型結構

開放系統互聯模型（Open System Interconnection Model，OSI 模型）是由國際標準組織（International Organization for Standardization，ISO）發佈的，因此又稱為 ISO/OSI 模型。1984 年，ISO 發佈了著名的 ISO/IEC 7498-1 標準，將 ISO/OSI 模型劃分為 7 層，每層實現不同的功能。ISO/OSI 模型結構如圖 6-1 所示。

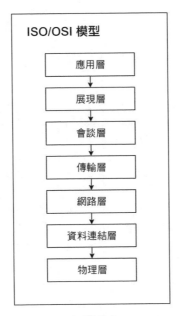

▲ 圖 6-1

ISO/OSI 模型的劃分非常細緻，因此它的實現極為複雜，以致在業界中，多數網路裝置廠商無法高效且低成本地在它們的產品中完整地實現 ISO/OSI 模型的所有功能。此外，ISO/OSI 模型的劃分也並非完全科學合理，舉例來說，部分層中的內容過多，而另一些層中幾乎是空的。因此，ISO/OSI 模型在實踐中應用並不廣泛，更多的時候身為理論分析的概念性定義而存在。

6.1.2 TCP/IP 模型結構

由於 ISO/OSI 模型設計得過於複雜且缺乏實用性，因此各組織在其基礎上制定了多種新的模型，其中影響最大、應用範圍最廣的是 TCP/IP 模型，它的結構如圖 6-2 所示。

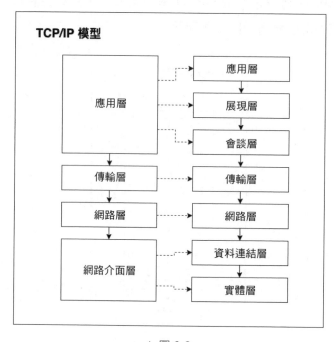

▲ 圖 6-2

從圖 6-2 中可以看出，TCP/IP 模型大大簡化了 ISO/OSI 模型的結構，將後者的 7 層結構簡化為 4 層。具體來說，TCP/IP 模型將 ISO/OSI 模型的應用層、展現層和會談層整合到應用層中，又將物理層和資料連結層合併為網路介面層。簡化後的模型對網路裝置廠商和開發者都更加友善，因此得到極為廣泛的應用，並成為網路技術的指導性模型之一。下面我們自頂向下簡述每一層的主要功能和主要協定。

1. 應用層

應用層位於網路結構的頂層。顧名思義，應用層直接服務於各類網路應用，負責在安裝了不同使用者端的應用之間傳遞資訊。舉例來説，使用者透過瀏覽器向網路服務器發送請求，或使用者透過微信發送文字、圖片或視訊給朋友。在此類場景中，無論瀏覽器還是微信，都作為發送端應用直接服務於使用者。資料透過應用層協定由發送端應用傳遞到接收端應用，並最終顯示給使用者。在使用者和應用的視界中，傳輸層及其他底層提供的是黑盒功能，應用層無須關心其內部實現，如圖 6-3 所示。

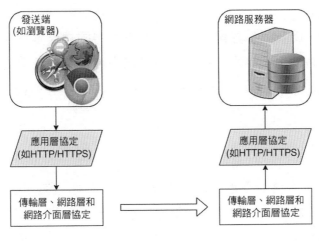

▲ 圖 6-3

應用層常用的協定如表 6-1 所示。

表 6-1

協　定	名　　稱	作　　用	預設通訊埠編號
HTTP	超文字傳輸協定	WWW 的資料傳輸	80
HTTPS	加密超文字傳輸協定	HTTP 的加密版本	443
FTP	檔案傳輸通訊協定	在網路上進行檔案傳輸	21
SSH	安全外殼協定	為網路服務提供安全	22

協 定	名 稱	作 用	預設通訊埠編號
Telnet	遠端登入協定	在終端操作遠端主機	23
SMPT	簡單郵件傳輸協定	在系統之間傳遞郵件資訊	25
POP3	郵局協定 3	使用者端遠端郵件管理	110
DNS	域名解析服務	將域名解析到指定主機	53

其中，串流媒體領域最常用的協定是 HTTP。目前業界應用較為廣泛的 HTTP-FLV、HLS 和 DASH 等協定均以 HTTP 為基礎。除此之外，其他常用的串流媒體協定如 RTMP、RTSP 等也屬於應用層協定的重要組成部分。

除 HTTP 外，DNS（域名解析服務）在網路中同樣無處不在。域名解析的作用是，當使用者端透過某個域名存取網路中某個資源或服務時，透過 DNS 可以將請求的域名轉為指定的伺服器位址，透過該位址即可存取指定的伺服器。

2. 傳輸層

傳輸層位於應用層的下層、網路層的上層，透過封裝網路層提供的連接，可以為不同主機上的應用提供處理程式通訊服務。傳輸層的工作原理如圖 6-4 所示。

在傳輸層中，最常用的協定是 TCP 和 UDP。下面簡述這兩種協定的特點和區別。

▶ TCP

TCP 即傳輸控制協定，是一種連線導向的、可靠的協定。透過 TCP，網路中兩台裝置之間可以實現可靠的資料通訊。TCP 有兩個特徵，一是「連線導向」，二是「可靠」。

在使用 TCP 進行通訊之前，通訊雙
方必須建立連接。在通訊結束之後，
通訊雙方應透過規定的流程斷開連
接。這種建立連接和斷開連接的操
作，分別是透過「三次交握」和「四
次揮手」的方式實現的。

以使用者端透過 TCP 向服務端請求
資料為例，在建立 TCP 連接時必須
完成以下 3 個步驟。

（1）使用者端向服務端請求連接，發
    送 SYN 資訊，假設序號為 M。

（2）服務端在收到使用者端的連接請
    求後，將發送回應資訊 ACK，
    序號為 M+1，表示對使用者端
    SYN 資訊的回應；另外，在該資
    訊中發送序號為 N 的 SYN 標識。

（3）使用者端在收到服務端的 SYN N
    和 ACK M+1 資訊後，再次向服
    務端發送 ACK N+1 資訊，表示
    確認可以收到資訊。

因此，「三次交握」實際上指的是使
用者端與服務端之間在建立連接前的
資訊發送、接收和確認的過程。在
「三次交握」完成後，使用者端和服
務端均可確認自己發送的資訊對方可

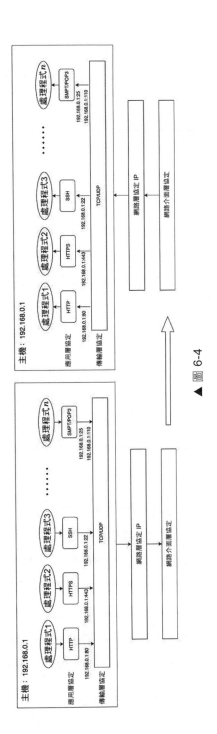

▲ 圖 6-4

以接收，並且確認自己可以正常接收對方發送的資訊，因此接下來雙方便可以正常地進行資訊收發操作了。「三次交握」的過程如圖 6-5 所示。

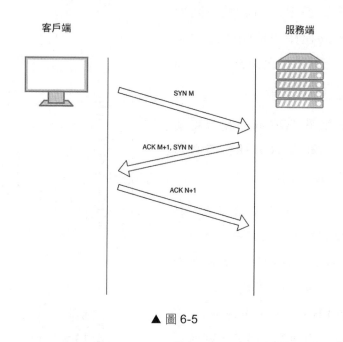

▲ 圖 6-5

在通訊結束後，使用者端和服務端之間需要透過「四次揮手」來斷開連接。「四次揮手」的步驟如下。

（1）使用者端向服務端發送 FIN 資訊，通知連接即將斷開，假設 FIN 資訊的序號為 l。

（2）服務端在收到使用者端發送的 FIN 資訊後，作為響應，將向使用者端發送序號為 l+1 的 ACK 資訊。

（3）服務端向使用者端發送 FIN 資訊，假設序號為 m。

（4）使用者端在收到服務端發送的 FIN 資訊後，作為響應，將向服務端發送序號為 m+1 的 ACK 資訊。

其過程如圖 6-6 所示。

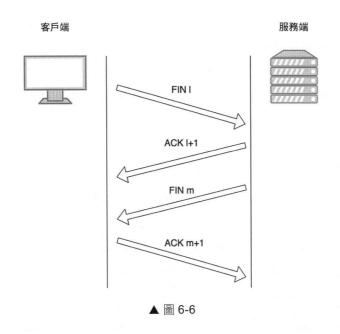

▲ 圖 6-6

為什麼在建立連接時執行的是「三次交握」，而在結束連接時執行的是「四次揮手」呢？可以簡單了解為這是結束連接時雙方資訊發送進度不同導致的。服務端在收到使用者端發送的結束連接請求後，ACK 會作為回應資訊立即發送。但此時的狀態僅表示使用者端已無繼續向服務端發送資訊的需要，而服務端可能尚未完成向使用者端發送資訊。只有在向使用者端發送資訊結束後，服務端才會向使用者端發送 FIN 資訊結束連接，因此服務端發送的 ACK 資訊和 FIN 資訊需要分開發送，需要發送共計四次。

除連線導向外，TCP 的另一個特徵是提供可靠服務。可靠服務指的是發送端透過 TCP 傳輸的資料可以保證無損壞、無遺失、無容錯，且依照發送次序到達接收端。由於網路層協定無法保證傳輸的可靠性，而 TCP 又以網路層協定為基礎，因此保證傳輸品質的任務須由 TCP 實現。在 TCP 中，保證傳輸可靠性的機制如下。

- 求和驗證：驗證接收的資料是否發生錯誤。如果發生錯誤則直接捨棄，並由發送端重新發送。
- 序號：TCP 傳輸的每一個資料封包都包含序號，透過檢查序號可以保證順序傳輸。
- 確認回應：接收端每收到一個資料封包，都會向發送端發送 ACK 資訊進行確認。
- 逾時重傳：發送端在向接收端發送資料封包後，如果在指定時間內未收到發送端返回的 ACK 資訊，則認為發生封包遺失，會重新發送該資料封包。
- 流量控制：接收端在返回給發送端的 ACK 資訊中包含接收快取的剩餘大小，發送端可據此調整資料封包的發送速度，防止接收端因快取區溢位而導致封包遺失。
- 壅塞控制：發送端以由慢到快的速度向接收端發送資料封包。當資料發送量過大導致網路壅塞時，壅塞視窗將重新設為 1，以降低發送速率。

一個 TCP 資料封包的結構如圖 6-7 所示。

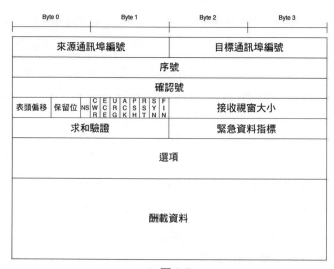

▲ 圖 6-7

▶ UDP

UDP 即使用者資料封包協定,是一種針對不需連線的、不可靠的協定。相比於 TCP,UDP 的「針對無連接」表示資訊的發送端和接收端不需要事先透過「三次交握」建立固定的連通線路,同時,UDP 中不包含如確認回應和逾時重傳等保證可靠性的機制,無法像 TCP 那樣保證傳輸的資料無遺失、無順序錯亂,因此稱之為「不可靠」的傳輸協定。實際上,UDP 只是把應用層提供的酬載資料進行了簡單的封裝,在表頭增加了來源通訊埠編號、目標通訊埠編號、封包長度及求和驗證欄位後,就發表給網路層進行傳輸。由於網路層協定通常是不可靠的,而 UDP 又幾乎是簡單套用了網路層協定,僅增加了通訊埠等資訊,因此 UDP 也是不可靠的。

一個 UDP 資料封包的結構如圖 6-8 所示。

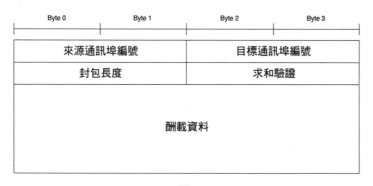

▲ 圖 6-8

▶ TCP 和 UDP 的比較

既然 TCP 可以提供更可靠的傳輸而 UDP 不能,那麼 TCP 是否始終優於UDP 呢?實際上,雖然 UDP 無法提供可靠的傳輸,但是在網路通訊中依然有廣泛的用武之地,甚至在相當多的場景下,UDP 承擔了比 TCP 更多的流量，發揮了更大的作用。最核心的原因是 UDP 規定的封包結構簡單，成本更低，具體如下。

- UDP 是針對不需連線的，不存在雙方交握導致的延遲，因此資訊收發的回應更快，延遲更低。
- UDP 不維護連接狀態，不會追蹤流量或壅塞控制的參數，可支援比 TCP 更高的併發量。
- UDP 結構更簡單，其封包表頭僅有 8 Byte；而 TCP 封包表頭至少有 20 Byte，與之相比，UDP 封包表頭資料量更少。
- 在部分場景下（如當低延遲需求較高時）是可以忍受少量的資料封包遺失的，由於 UDP 可以將未實現的差錯控制等功能交由應用層實現，因此更加靈活。

整體來説，TCP 和 UDP 在各自適合的領域均有廣泛的應用場景。舉例來説，在串流媒體領域，通常用 UDP 傳輸影音媒體串流，用 TCP 傳輸控制和附加資訊等。

3. 網路層

前面我們介紹了應用層和傳輸層的概念和部分常用協定。大部分的情況下，應用層和傳輸層分別專注於應用資料的內容與格式，以及同一主機內的各個應用對傳輸線路的重複使用方式，二者都不涉及網路內不同主機之間的資料傳輸。主機和主機之間的資料通訊是由 TCP/IP 模型中的網路層實現的。

網路層承擔了網路中各個主機和路由器之間的通訊工作，即將來源裝置發出的資料根據指定的網路位址發送到目標裝置。在一個簡單的網際網路模型中，不同的主機之間用許多路由器連接，如圖 6-9 所示。

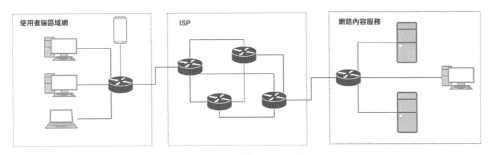

使用者端區域網　　ISP　　網路內容服務

▲ 圖 6-9

如前文所述，網路層的作用是使發送端發出的網路封包經過許多路由器後最終能夠到達接收端。因此，每個路由器都作為網路中的節點承擔封包的接收和發送功能，即路由器需要實現網路層和介面層的功能。但是路由器不需要實現傳輸層和應用層協定，因為路由器只承擔網路封包的收發，不進行處理程式的解重複使用或處理應用層的業務。

為保證封包可以正確、低成本地從發送端傳遞到接收端，網路層協定須確保實現以下兩個核心功能。

■ 轉發：將接收的輸入封包轉發到正確的輸出鏈路。
■ 路由選擇：選擇封包從發送端到接收端的最佳路徑。

為了實現上述功能，每個路由器中都需要保存一張轉發表（Forwarding Table）。路由器在接收一筆資訊後，透過檢查資訊表頭結構中的對應資訊決定將該資訊從哪個輸出口發出。網路中通常存在多個路由器，各個路由器之間相互連接成網狀結構，每個路由器透過自身保存的轉發表，在整個網路中實現資訊的路由選擇。

網路層的核心協定是網際協定（即 IP），並以此實現節點的編址和資訊的轉發。舉例來說，網路中每台主機的介面都被分配一個獨一無二的 IP 位址作為其唯一標識。目前指定的 IP 位址分為兩個版本，即 IPv4 和 IPv6。

IPv6 可有效解決全球主機位址枯竭的問題，但是 IPv6 替換 IPv4 的進度十分緩慢，當前仍以 IPv4 為主，因此本章以 IPv4 為目標進行討論。

整體來說，IP 是一種不需連線的、不可靠的協定。IP 不保證封包傳輸的完整性、順序性和無容錯，只能做到「儘量發表」，以及透過表頭校正碼來確保 IP 封包表頭的正確性。前文介紹的傳輸層協定正是基於該特性設計的。

- UDP 為不需連線的、不可靠的協定，其協定設計只增加了來源通訊埠編號和目標通訊埠編號等簡單的傳輸層資訊，其餘直接交由網路層和 IP 實現。
- TCP 為連線導向的、可靠的協定，除來源通訊埠編號和目標通訊埠編號外，還增加了更多的控制欄位，用於確保傳輸的可靠性。

▶ IP 封包格式

傳輸層的封包在交由網路層發送之前，網路層根據 IP 對傳輸層封包進行封裝，封裝格式如圖 6-10 所示。

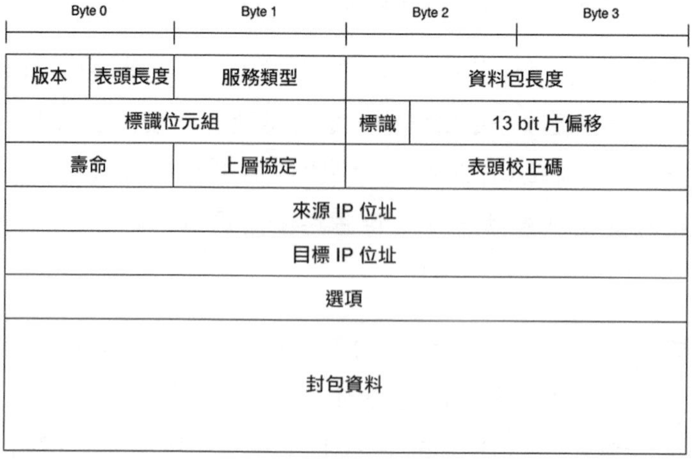

Byte 0		Byte 1	Byte 2	Byte 3
版本	表頭長度	服務類型	資料包長度	
標識位元組			標識	13 bit 片偏移
壽命		上層協定	表頭校正碼	
來源 IP 位址				
目標 IP 位址				
選項				
封包資料				

▲ 圖 6-10

其中，關鍵欄位的含義如下。

- 版本：表明當前封包為 IPv4 或 IPv6 版本。
- 表頭長度：表示封包表頭結構的長度。
- 服務類型：區分不同類型的 IP 封包。
- 資料封包長度：IP 封包的總長度。
- 標識位元組、標識和 13 bit 片偏移：用於 IP 分片。
- 壽命：經多個路由器轉發後，IP 封包將被捨棄，壽命欄位表示允許網路中的路由器轉發的次數。
- 上層協定：表示該 IP 封包封裝的是 TCP 或 UDP 的內容。
- 表頭校正碼：用於驗證 IP 封包表頭的正確性。
- 來源 IP 位址和目標 IP 位址：表示 IP 封包來源與目標主機的位址。
- 選項：IP 封包表頭中的可選項。
- 封包資料：傳輸層協定的酬載資料。

▶ IP 位址和子網路遮罩

在網路層中是以 IP 位址來標識 IP 封包的來源和目標位置的。在發送過程中，IP 封包透過主機與網路鏈路之間的介面發送到網路，而路由器透過與網路鏈路之間的介面接收該 IP 封包。因此，每個 IP 位址所對應的都是一個網路介面，而非一個網路裝置。舉例來說，通常一台主機只有一個網路介面，而一個路由器有多個網路介面，因此每台主機有一個 IP 位址，而每個路由器有多個 IP 位址。對於 IPv4 標準，每個 IP 位址佔 32 位元即 4 位元組，位元組之間以 "." 間隔，一個典型的 IP 位址為 192.168.1.1。理論上，整個 IP 位址的集合共有 256×256×256×256 個可選值，然而實際上，IP 位址設定值時並不能選擇任意的值，有部分設定值組合被保留或專用於某些特殊用途。整體而言，IP 位址可分為以下五類。

- A 類 IP 位址：首位元組最高位元（網路標識位元）為 0，首位元組剩餘 7 位元表示網路號，後三位組表示主機號；理論設定值範圍為 1.0.0.0~127.255.255.255，實際可分配的 IP 位址範圍為 1.0.0.1~127.255.255.254；主要用於大型網路。

- B 類 IP 位址：首位元組最高兩位元（網路標識位元）為 10，前兩位元組剩餘 14 位元表示網路號，後兩位元組表示主機號；理論設定值範圍為 128.0.0.0~191.255.255.255，實際可分配的 IP 位址範圍為 128.0.0.1~191.255.255.254；主要用於中型網路。

- C 類 IP 位址：首位元組最高三位（網路標識位元）為 110，前三位組剩餘 21 位元表示網路號，最後一位組表示主機號；理論設定值範圍為 192.0.0.0~223.255.255.255，實際可分配 的 IP 位址範圍為 192.0.0.1~223.255.255.254；主要用於小型網路。

- D 類 IP 位址：首位元組最高四位（網路標識位元）為 1110，理論設定值範圍為 224.0.0.0~239.255.255.255；專用於多點傳輸位址，不能分配給主機使用。

- E 類 IP 位址：首位元組最高五位（網路標識位元）為 11110，理論設定值範圍為 240.0.0.0~247.255.255.255；保留位址，僅作為研究和開發測試使用。

在上述的 A 類、B 類和 C 類 IP 位址中，理論設定值範圍與實際可分配的 IP 位址範圍的差別在於，主機號全部位元均為 0 的 IP 位址（如 A 類位址的 x.0.0.0 或 B 類位址的 x.y.0.0）專用於網路位址，不能分配給任一主機。主機號全部位元均為 1 的 IP 位址的（如 A 類位址的 x.255.255.255 和 B 類位址 x.y.255.255）專用於直接廣播位址，對應網路位址下的所有主機均可收到發送的封包。

另外，還有一部分 IP 位址被定義為私有位址，如下。

- A 類位址：10.0.0.0~10.255.255.255。
- B 類位址：172.16.0.0~172.31.255.255。
- C 類位址：192.168.0.0~192.168.255.255。

這部分 IP 位址主要給企業或家庭等組織內部使用。IP 規定，任何一類的私有 IP 位址都不會分配給公網的任何一台主機，也不會被路由器轉發。私有 IP 位址的使用可使區域網內的 IP 位址與公網的 IP 位址產生一定隔離（私有 IP 位址的主機在存取公網時必須經過 NAT 等轉換），方便網路管理者對區域網內的 IP 位址進行訂製化管理。大多數消費市場上的家用路由器都使用 192.168.x.x 作為預設的 IP 位址。

除私有 IP 位址外，下面的 IP 位址被作為特殊位址使用。

- 0.0.0.0：本網路位址，或表示未知來源和目的的位址。
- 255.255.255.255：限制廣播位址，表示本網段內的所有主機。
- 127.0.0.1：環回測試位址，發送給該位址的資訊將不會發送到網路，而是直接返回給本機。

在日常使用時（例如大專院校學生公寓區域網），一個較為典型的使用場景如圖 6-11 所示，即多台裝置透過交換機連接，並透過一個路由器介面連接到網路。在圖 6-11 左側，192.168.1.1、192.168.1.2、192.168.1.3 和 192.168.1.4 這 4 個 IP 位址表示的主機與路由器的 192.168.1.5 通訊埠連接，這 4 台主機與對應連接的路由器通訊埠組成一個子網。子網內的各個主機透過資料連結層相連，兩台相互通訊的主機若從屬於一個子網，則資訊會通過資料連結層從來源 IP 位址所在的主機直接發送到目標 IP 位址所在的主機。如果二者不屬於同一個子網，則資訊需要先發送到路由器，再透過轉發到達目標主機。

網路中的各個子網均被分配一個單獨的位址，如 192.168.1.0/24。該位
址中的 "/24" 表示子網路遮罩，用於分隔位址中的子網號和主機號，該位
址表示前 24 位元（即 192.168.1 部分）為子網號，後 8 位元為主機號。
與 A、B、C 類 IP 位址的大分類類似。如果 IP 位址中的主機號全部為 0
（如 192.168.1.0），則表示當前子網的網路號不能作為主機的 IP 位址進
行分配；若主機號所有位元均為 1（192.168.1.255），則表示當前子網的
廣播位址為子網內的所有主機。

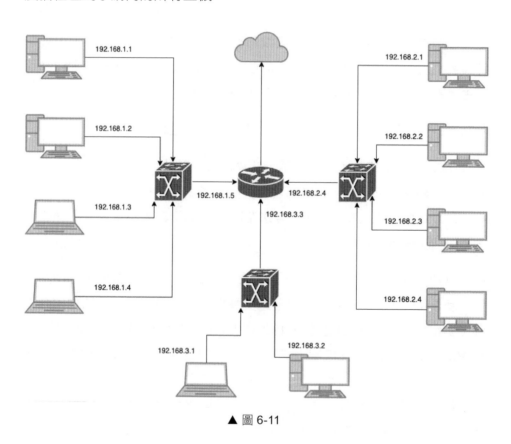

▲ 圖 6-11

4. 網路介面層

網路介面層位元於 TCP/IP 模型的底層，它整合了 ISO/OSI 模型中物理層和資料連結層的功能，為網路層提供物理與邏輯上的連結服務。與網路層類似，網路介面層同樣是將資料從發送端傳遞到接收端，但是在資料的組織形式、協定的設計目的等方面與網路層相比有根本的差異。

▶ 乙太網

身為區域網技術標準，乙太網規定了物理層線路連接和網路媒體存取控制等內容。乙太網在當前的有線區域網中得到廣泛的應用，電腦網路卡、路由器、交換機等幾乎全部的主流有線網路裝置都提供了 RJ45 介面用作乙太網連線。

在一個區域網中，各個裝置透過乙太網相互連接的物理佈局稱為網路的拓撲結構。常見的網路拓撲結構有環狀、星形和匯流排型三種，如圖 6-12 所示。

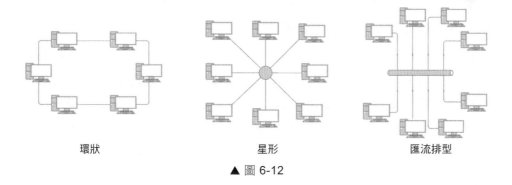

環狀 星形 匯流排型

▲ 圖 6-12

早期的乙太網使用匯流排型結構，即網路中所有主機連接到一條匯流排上。當網路中某台主機向網路中發送資訊時，所有連接到匯流排上的主機均可收到並處理該資訊。如果同一條匯流排上有兩台及以上的主機同時向匯流排發送資訊，則在匯流排上將形成資訊衝突。為了解決這個問題，乙太網標準使用帶衝突檢測的載體監聽多路存取方法（CSMA/CD）來監測匯流排上的衝突，並依據一定規則重發資訊或放棄。

後期乙太網轉向使用星形結構，網路中心以一個集線器連接網路中的所有主機。集線器工作於物理層，其作用是一個網路訊號增強器和群發器，即其中一個介面收到網路中主機發送的二進位訊號後，將二進位訊號的強度放大並發送至其他所有介面。當網路中有兩台及以上主機同時向集線器發送資訊時，將產生資訊衝突，相關資訊需要進行重傳。如今的乙太網使用的就是星形結構，只是中心連接點由交換機替代了集線器。交換機工作於資料連結層，又稱作交換式集線器。交換機的功能比集線器強大，主要在於交換機不再將收到的資訊全部發送給所有介面，而是先檢測目標位址，再把資訊轉發到目標位址，其餘位址不會收到資訊。透過這種方式，既避免了區域網收發資訊時的衝突問題，也提升了整體的通訊效率。

乙太網向其上層（即網路層）提供不需連線的、不可靠的鏈路服務。發送端在向接收端發送資料之前既不會尋求建立連接，也不會透過接收端的回饋來確認連通有效性。在收到來自發送端的資料後，接收端對收到的資料進行 CRC 驗證。即使 CRC 驗證通過，接收端也不會向發送端返回確認資訊。如果 CRC 驗證未透過，則該部分資料將直接被捨棄，接收端不會將錯誤訊息回饋給發送端。因此在網路介面層中，發送端始終無從得知資訊是否成功發送至接收端，只能依照規則儘量發送。

▶ 乙太網幀結構

乙太網中的資訊傳輸以「幀」作為基本傳輸單元。此處的「幀」表示一組二進位資料的組合，與前文討論的視訊幀所指代的內容完全不同。在乙太網中，一幀資料的整體結構如圖 6-13 所示。

← 8 Byte →	← 3 Byte →	← 3 Byte →	2 Bytes	← N Byte →	← 4 Byte →
前同步碼	目標MAC位址	來源MAC位址	類型	酬載資料	CRC 驗證

▲ 圖 6-13

在幀結構中，每個欄位的作用如下。

- 前同步碼：表示每個乙太網幀的開始，其前 7 Byte 設定值為 0xAA，最後 1 Byte 設定值為 0xAB。
- 目標 MAC 位址和來源 MAC 位址：表示期望接收該幀的裝置 MAC 位址，以及發送該幀的裝置 MAC 位址。
- 類型：表明該幀所承載的網路層協定類型。
- 幀酬載資料：當前幀所封裝的網路層封包資料。
- CRC 驗證：循環驗證欄位，用於檢測在傳輸中是否出現差錯。

▶ MAC 位址

在網路層中，每個裝置介面都以 IP 位址作為標識。網路介面層以媒體存取控制位址（Media Access Control Address，MAC 位址）作為每個介面的標識。通常每個 MAC 位址與所在網路卡一對一綁定，因此 MAC 位址又稱為物理位址。MAC 位址的總長度為 6 Byte，以 48 位元二進位值表示。不同網路卡的 MAC 位址是不相同的。

與路由器根據資訊的目標 IP 位址進行轉發類似，交換機根據內部保存的目標 MAC 位址與介面的對應清單，將收到的資訊轉發到對應的輸出介面。與路由器轉發不同的是，路由器自身的每一個介面均設定一個 IP 位址，而交換機只負責根據來源 MAC 位址和目標 MAC 位址進行轉發，輸入介面和輸出介面沒有自身的 MAC 位址。

6.2 網路串流媒體協定──RTMP

從廣義上了解,目前主流的串流媒體協定基本都屬於應用層協定,部分屬於傳輸層協定。由於側重點各有不同,所以不同的串流媒體協定以不同的方式呼叫應用層協定(以 HTTP 為主)所提供的服務,來傳輸串流媒體資料,包括影音媒體串流資訊和控制資訊等。在許多的串流媒體協定中,最為常用的是 RTMP 和 HLS 協定。

即時資訊傳輸協定(Real-Time Messaging Protocol,RTMP)是由 Macromedia 公司開發制定的。在相當長的一段時間內,Flash 外掛程式的廣泛應用,使得由 RTMP 傳輸的影音流非常適合線上傳輸與播放。隨著時間的演進,Chrome 等主流瀏覽器逐漸停止了對 Flash 外掛程式的支持,因此 RTMP 在網頁端視訊播放場景下的應用也逐漸受到限制。由於 RTMP 有諸多優點,因此在直播串流發佈、泛保全監控等領域依然扮演著重要角色。

6.2.1 RTMP 的概念

RTMP 為應用層協定,由 TCP 提供傳輸層的連接和傳輸服務,預設通訊埠為 1935。由於依賴 TCP 提供的連線導向的、可靠的服務,因此在網路狀況良好的情況下,RTMP 可保證影音傳輸無丟幀、無錯亂,且相對於 HLS 等協定,RTMP 可以提供更低的延遲。另外,RTMP 支持加密擴充,如整合了 SSL 加密的 RTMPS 協定等。但是,由於使用了 TCP,所以當網路壅塞或頻寬達到上限時,RTMP 的傳輸品質將受到不利影響。另外,RTMP 不支持除 H.264/AAC 之外的更新的影音編碼標準,而這限制了 RTMP 的應用前景。

當使用 RTMP 推送或拉取串流媒體資訊時，須指定對應的 RTMP URL。
RTMP URL 的格式如下。

```
rtmp://host:port/app/stream
```

在該 URL 中，"rtmp://" 表示該 URL 必須以 RTMP 進行解析，"host" 和
"port" 分別表示主機位址和通訊埠位址。其中，主機以域名或 IP 位址的
形式表示。如果 RTMP 使用了預設的 1935 通訊埠，則 URL 中的通訊埠
編號可省略。"app" 和 "stream" 分別表示當前影音流所屬的應用命名和
串流 ID，應用命名和串流 ID 可以作為 RTMP 伺服器區別不同使用者的
多路串流的標識。

6.2.2 RTMP 分塊與區塊串流

在 RTMP 中，每筆資訊在傳輸之前都先被分割為許多資料區塊，這些資
料區塊被稱為分塊（Chunk）。不同資訊的分塊可交錯發送，並且同屬於
一筆資訊的分塊可保證按時間戳記順序依次收發。分塊透過使用者端與服
務端之間的一筆邏輯通道進行傳輸，該邏輯通道被稱為區塊串流（Chunk
Stream）。在區塊串流中傳輸的每個分塊都包含 1 個 ID 值，用於標識其
所屬的資訊分塊。

1. RTMP 交握流程

TCP 在傳輸資訊之前需要進行三次交握操作，以確定發送端和接收端之
間的通訊狀況良好。作為應用層協定，RTMP 本身在 TCP 連接三次交握
的基礎上定義了更為複雜的交握機制，作為 RTMP 連接的開端。

RTMP 在連接之前需要執行六次交握，即使用者端和服務端分別向對方
發送三次資訊分塊：使用者端向服務端發送 C0、C1 和 C2 三個資訊分

塊，服務端向使用者端發送 S1、S2 和 S3 三個資訊分塊。這 6 個資訊分塊的發送順序如下：

- 使用者端向服務端發送 C0 和 C1。
- 服務端在收到 C0 後，向使用者端發送 S0 和 S1。
- 使用者端在收到 S1 後，向服務端發送 C2。
- 服務端在收到 C1 後，向使用者端發送 S2。
- 使用者端在收到 S2 後，可以向服務端發送後續其他資料。
- 服務端在收到 C2 後，可以向使用者端發送後續其他資料。

在 RTMP 的交握過程中，從開始到連接完成可分為四種狀態。

- 未初始化（Uninitialized）：使用者端與服務端溝通協定版本。
- 版本已發送（Version Sent）：使用者端和服務端對協定版本已達成一致，再透過 C0/C1 和 S0/S1 確認二者資訊收發通路是否暢通。
- 確認資訊已發送（Ack Sent）：使用者端和服務端分別等待接收 S2 和 C2。
- 交握完成（HandshakeDone）：使用者端和服務端分別接收 S2 和 C2，連接建立完成，可以進行後續資訊的收發。

RTMP 的交握流程如圖 6-14 所示。

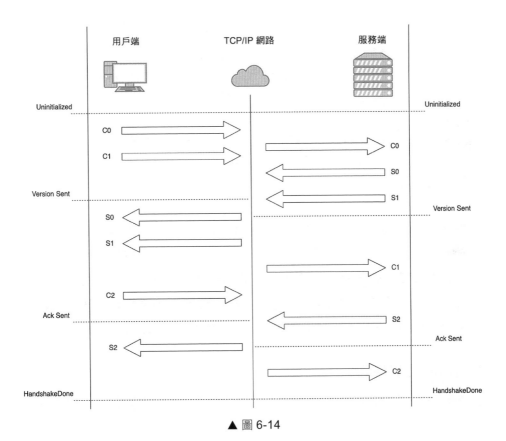

▲ 圖 6-14

2. RTMP 交握資訊格式

RTMP 在 交 握 過 程 中 相 互 發 送 的 資 訊 都 有 固 定 的 長 度。其 中，
C0 和 S0、C1 和 S1，以及 C1 和 S2 分別被定義了不同的格式以表示不
同的含義。

（1）C0 和 S0 格式：C0 和 S0 包含一個二進位資料，其值表示伺服器指
定的 RTMP 版本，當前的 RTMP 版本為 3。

（2）C1 和 S1 格式：C1 和 S1 的資訊總長度為 1536 Byte，包括以下 3
個主要欄位。

- 時間戳記：長度為 4 Byte，作為發送端後續資訊的時間戳記起始值。
- 零位元組：長度為 4 Byte，所有值必須為 0。
- 隨機資料：長度為 1528 Byte，內容為隨機資料，作為參加交握的連接方的區別資訊。

（4）C2 和 S2 格式：C1 和 S1 的資訊總長度為 1536 Byte，主要格式與 C1 或 S1 類似，主要區別在於原本零位元組的位置保存了先前發送給對方資訊的時間戳記。

- 時間戳記：長度為 4 Byte，包含本資訊所回應的對方發送資訊的時間戳記，如對 C2 則表示 S1 的時間戳記，對 S2 則表示 C1 的時間戳記。
- 時間戳記 2：先前發送並由對方接收的時間戳記，即 C1 或 S1。
- 隨機資料：長度為 4 Byte，包含本資訊所回應的對方發送資訊的隨機資料，如對 C2 則表示 S1 的隨機資料，對 S2 則表示 C1 的隨機資料。

3. RTMP 分塊格式

如前文所述，RTMP 分塊的主要想法是將大區塊的上層協定的資訊分割為小區塊的資料，其優勢如下。

- 將資料分割為小區塊傳輸可有效提升資料傳輸效率，如可以避免大區塊的低優先級資料長時間佔用通道，導致小區塊的高優先級資料被阻塞。
- 可以將原本必須由資訊負載傳輸的資訊壓縮保存於分塊表頭中，降低了傳輸成本。

分塊的實際大小在 128 Byte 到 65536 Byte 之間，透過控制資訊進行設定。分塊的大小對系統不同的性能指標影響不同。舉例來說，更大的分塊可有效降低 CPU 負載，但是會導致低頻寬狀況下其他內容的傳輸延遲；更小的分塊產生的延遲更低，但 CPU 消耗更大，且不利於高串流速率傳輸。

每個 RTMP 分塊內的資料按照順序可以分為以下四部分。

（1）分塊基本表頭（Chunk Basic Header）：佔 1~3 Byte，主要包含分塊串流 ID 和分塊類型。分塊串流 ID 決定了結構的長度，分塊類型決定了後續的分塊資訊表頭的結構。

（2）分塊資訊表頭（Chunk Message Header）：佔 0、3、7 或 11 Byte，表示該分塊所屬的 RTMP 資訊的資料，其長度由分塊基本表頭中的分塊類型決定。

（3）擴充時間戳記（Extended Timestamp）：佔 0 或 4 Byte，當普通時間戳記欄位值為 0xFFFFFF 時，是必須欄位；當普通時間戳記欄位為其他值時，則不進行傳輸。

（4）分區塊資料（Chunk Data）：當前分塊所承載的實際資料。

RTMP 分塊的結構如圖 6-15 所示。

分塊基本表頭 （Chunk Basic Header）	分塊資訊表頭 （Chunk Message Header）	擴充時間戳 （Extended Timestamp）
分塊資料 （Chunk Data）		

▲ 圖 6-15

▶ 分塊基本表頭

分塊基本表頭提供兩個資訊：分塊類型（Chunk Type）和分塊串流 ID（Chunk Stream ID）。其中，分塊類型佔用最高 2 bit，其餘 bit 表示分塊串流 ID。分塊串流 ID 的設定值範圍為 [3,65599]，共 65597 個可能設定值。0、1、2 三個設定值為保留值，表示分塊串流 ID 的設定值範圍，其設定值也決定了分塊基本表頭的資料長度。

- 分塊串流 ID 設定值為 0：分塊基本表頭佔 2 Byte，分塊串流 ID 的設定值為第二位組的二進位值加 64，設定值範圍為 [64,319]。
- 分塊串流 ID 設定值為 1：分塊基本表頭佔 3 Byte，分塊串流 ID 的設定值為第二位組和第三位組的二進位值分別加 64，設定值範圍為 [64,65599]。
- 分塊串流 ID 設定值為 2：保留值。
- 分塊串流 ID 設定值為 3~63 的值：分塊基本表頭佔 1 Byte，該欄位表示實際的分塊串流 ID。

不同長度的 RTMP 分塊基本表頭結構如圖 6-16 所示。

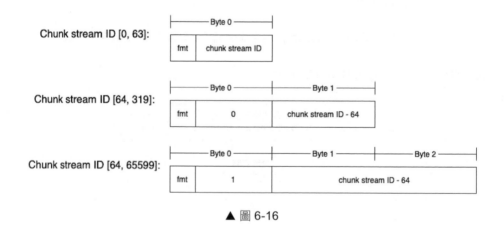

▲ 圖 6-16

▶ 分塊資訊表頭

分塊資訊表頭共定義了四種實現結構，由分塊基本表頭中的分塊類型決定。分塊基本表頭中的分塊類型佔據兩位元資料，可選的設定值有 0、

1、2、3 四種類型。其中，類型為 0 的分塊資訊表頭最複雜，類型設定值越大，分塊資訊表頭結構越簡單。

當分塊類型設定值為 0 時，分塊資訊表頭佔 11 Byte。此類型的分塊應當位於分塊串流的開端或時間戳記回跳（如向後滑動播放）的位置。此類型的分塊資訊表頭結構包括以下幾個欄位。

- 時間戳記：長度為 3 Byte，表示當前分塊所屬資訊的絕對時間戳記。最大值為 0x00FFFFFF。當超過最大值時，該欄位的設定值固定為 0x00FFFFFF，並且分塊中將包含擴充時間戳記表頭結構。
- 資訊長度：長度為 3 Byte，表示當前分塊所屬資訊的資料長度。
- 資訊類型 ID：長度為 1 Byte，表示當前分塊所屬資訊的類型。
- 資訊流 ID：長度為 4 Byte，表示當前資訊的串流標識。

取數值型態為 0 的分塊資訊表頭結構如圖 6-17 所示。

3 Byte	3 Byte	1 Byte	4 Byte
時間戳記	資訊長度	資訊類型 ID	資訊流 ID

▲ 圖 6-17

當分塊類型設定值為 1 時，分塊資訊表頭佔 7 Byte。此類型的分塊資訊表頭結構沒有資訊流 ID 欄位，以此表示當前分塊與前序分塊屬於一個資訊流。此外，前三位組保存了時間戳記增量。時間戳記增量指當前分塊的時間戳記與前序分塊的時間戳記的差值。

取數值型態為 1 的分塊資訊表頭結構如圖 6-18 所示。

3 Byte	3 Byte	1 Byte
時間戳記增量	資訊長度	資訊類型 ID

▲ 圖 6-18

當分塊類型設定值為 2 時，分塊資訊表頭佔 3 Byte。在此類型的分塊資訊表頭中僅包含時間戳記增量一個欄位，表示當前分塊與前序分塊屬於一個資訊流，且其中的資訊均為固定長度。

取數值型態為 2 的分塊資訊表頭結構如圖 6-19 所示。

▲ 圖 6-19

當分塊類型設定值為 3 時，無分塊資訊表頭。當一筆資訊被拆分為多個分塊傳輸時，後續分塊均使用此種格式。

▶ 擴充時間戳記

當分塊資訊表頭中的時間戳記欄位值為 0x00FFFFFF 時，在分塊資訊表頭之後、分區塊資料之前將傳輸長度為 4 Byte 的擴充時間戳記，並將其作為實際的時間資料，否則不傳輸擴充時間戳記。

6.2.3 RTMP 資訊格式

使用 RTMP 通訊的服務端與使用者端使用資訊作為通訊的基本邏輯單位，可以透過資訊傳輸音訊串流、視訊串流和字幕串流，以及控制資訊等其他資料。每筆 RTMP 資訊都可以被分為兩部分，即 RTMP 資訊表頭和 RTMP 訊息本體。其中，RTMP 資訊表頭保存的是資訊的部分設定資訊，RTMP 訊息本體保存的是資訊中實際承載的資料，如音訊串流或視訊串流等，具體格式由實際承載的資料協定規定。

1. RTMP 資訊表頭

RTMP 資訊表頭共 11 Byte，所包含的資料可被分為以下欄位。

- 資訊類型：佔 1 Byte，該位元組的設定值為 1~7，專用於協定控制資訊。
- 酬載資料長度：佔 3 Byte，表示訊息本體中酬載資料所佔位元組長度。
- 時間戳記：佔 4 Byte，表示該資訊的時間戳記資訊。
- 資訊流 ID：佔 3 Byte，表示該資訊所在資訊流的 ID。

RTM 資訊表頭結構如圖 6-20 所示。

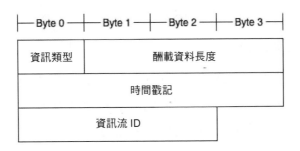

▲ 圖 6-20

2. RTMP 控制訊息

當資訊類型為 1~7 時，表示該資訊為 RTMP 控制資訊。在控制資訊中包含 RTMP 和 RTMP 分塊串流協定所需的部分資訊。其中，類型 0 和類型 1 為 RTMP 分塊串流協定專用，類型 3~6 為 RTMP 專用，類型 7 用於在原伺服器和邊緣伺服器之間通訊。

▶ 類型 1：設定分塊尺寸

RTMP 協定中規定，設定分塊尺寸應透過名為 "Set Chunk Size" 的資訊實現。該類型的訊息可用於設定通訊雙方約定的、新的最大分塊尺

寸。RTMP 預設的分塊尺寸為 128 Byte，如果使用者端希望發送長度為
128~256 Byte 的資訊，則可以拆分為兩個分塊發送，或增加分塊尺寸，
如此即可在一個分塊中發送全部資料。分塊尺寸最大可設定為 65536
Byte，且通訊雙方獨立維護不同的分塊尺寸，互不影響。

在傳輸該類型資訊的過程中，RTMP 訊息本體共保存 4 Byte 分塊尺寸，
表示新的分塊尺寸，如圖 6-21 所示。

▲ 圖 6-21

▶ 類型 2：捨棄資訊

當資訊類型為 2 時，協定控制資訊表示「捨棄資訊」，命名為 "Abort
Message"。由於 1 個資訊可以被分割為多個分塊發送，所以當接收端收
到的 1 個分塊包含 RTMP 控制資訊時，先前已收到的該資訊的分塊將全
部被捨棄，並且不再接收該資訊的後續分塊。

在傳輸該類型資訊的過程中，訊息本體中保存了 4 Byte 的分塊串流 ID，
表示捨棄資訊對應的分塊串流 ID，如圖 6-22 所示。

▲ 圖 6-22

▶ 類型 3：回應資訊

在 RTMP 通訊雙方建立連接後，發送端向接收端發送資料視窗值，規定
一次發送資料總量的最大值（參考類型 5）。在一次發送的資料量達到資

料視窗值所規定的數量後，接收端向發送端返回回應資訊。RTMP 協定中規定，回應資訊的名稱為 "Acknowledgement"，該資訊中保存 4 Byte 的序列碼，表示當前已收到的位元組總數，如圖 6-23 所示。

▲ 圖 6-23

▶ 類型 4：使用者控制資訊

發送端透過使用者控制資訊向接收端發送關於使用者控制事件的資訊，此類訊息的名稱為 "User Control Message"。使用者控制資訊的訊息本體的長度是可變的，包括事件類型和事件資料兩部分。事件類型佔據最開始的 2 Byte，其餘部分保存事件資料，如圖 6-24 所示。

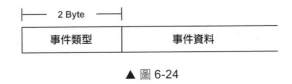

▲ 圖 6-24

RTMP 中具體定義的使用者控制資訊類型將在 6.2.4 節中進一步討論。

▶ 類型 5：視窗回應大小

發送端透過視窗回應大小與接收端溝通發送回應資訊的資料視窗值。舉例來說，服務端希望在向使用者端連續發送 2048 Byte 的資料後，由使用者端返回回應資訊（參考類型 3），則在雙方連接建立後應透過「視窗回應大小」控制資訊設定的門限值。在該資訊中共保存了 4 Byte 的酬載資料，表示發送端設定的視窗回應大小門限值，如圖 6-25 所示。

▲ 圖 6-25

▶ 類型 6：設定對方頻寬

發送端透過設定對方頻寬來設定接收端的輸出頻寬，即視窗回應大小。如果當前接收端的視窗回應大小與設定對方頻寬資訊中的設定值不同，則接收端向發送端返回視窗回應大小資訊。

設定對方頻寬訊息本體資料佔 5 Byte，其中，前 4 Byte 為設定的視窗回應大小，第 5 Byte 表示限制類型，如圖 6-26 所示。限制類型表示對方發送資訊頻寬的靈活度，參數為 0、1 或 2，其含義如下。

- 0：硬限制，資訊接收端必須以規定頻寬發送資料。
- 1：軟限制，頻寬由接收端決定，發送端可對其加以限制。
- 2：動態限制，資訊接收可以為硬限制或軟限制。

▲ 圖 6-26

6.2.4 RTMP 資訊與命令

當在使用者端和服務端之間使用基於 RTMP 的串流媒體服務時，雙方之間會持續進行多種不同形式的資料收發。主要的資料類型可以分為資訊資料和命令資料（也可稱作命令資訊）兩種。資訊資料主要用於傳遞音訊、視訊和使用者資料等資訊，命令資料主要以遠端程式呼叫的方式執行對應的命令。

1. 資訊類型

RTMP 資訊支持多種類型，如影音資訊、資料資訊、聚合資訊、使用者控制資訊和共用物件資訊等。

■ 影音資訊

作為串流媒體協定，影音資料佔據了傳輸資料的主要部分。RTMP 規定，類型為 8 的資訊專用於傳輸音訊資料，類型為 9 的資訊專用於傳輸視訊資料。由於視訊串流資料通常體積較大，因此指定較低的優先順序，以提升系統的整體流暢性。

■ 資料資訊

除音訊串流和視訊串流外，媒體資料還包括中繼資料（Metadata）和其他使用者資料。中繼資料主要保存媒體資料的簡介，如創建時間、時長、作者、專輯資訊等，便於以節目的形式快捷顯示該媒體資料。中繼資料和其他使用者資料在 RTMP 中以資料資訊的格式進行傳輸，資訊類型為 15 或 18。

■ 聚合資訊

每筆聚合資訊中都包含許多子資訊，其資訊類型為 22。相比於將聚合資訊中的子資訊分別發送，使用聚合資訊具有多種優勢。舉例來說，由於每個分塊最多保存一筆資訊，所以在增加分塊尺寸後，可以將多筆資訊整合為聚合資訊，並放入一個分塊中發送，這樣可有效減少發送分塊的數量，提升效率。除此之外，聚合資訊中的訊息本體資料以順序方式進行保存，此方式不僅便於在網路上一次性發送，而且可以節省讀寫時的 I/O 消耗。

■ 使用者控制資訊

使用者控制資訊用於在使用者端和服務端之間傳輸使用者控制事件。RTMP 共定義了 7 種使用者控制資訊，可以實現 7 種功能，如表 6-2 所示。

表 6-2

事 件	ID	含 義	備 注
StreamBegin	0	媒體串流已就緒	通常為 RTMP 連接後的第一個資訊，攜帶 4 Byte 媒體串流 ID 資訊
Stream EOF	1	媒體串流已結束	使用者端在收到該資訊後不再接收該媒體串流的後續資訊，攜帶 4 Byte 媒體串流 ID 資訊
StreamDry	2	媒體串流資料不足	服務端在一定時間間隔後未檢測到任何資訊鬚髮送給使用者端。攜帶 4 Byte 媒體串流 ID 資訊
SetBufferLength	3	設定緩衝區大小	使用者端在服務端開始處理串流之前將資訊發送至服務端，共 8 Byte，前 4 Byte 表示媒體串流 ID 資訊，後 4 Byte 表示設定的緩衝區大小
StreamIsRecorded	4	表示當前串流為錄播流	攜帶 4 Byte 媒體串流 ID 資訊
PingRequest	6	檢測使用者端是否線上	攜帶 4 Byte 酬載資料，表示服務端本地時間戳記
PingResponse	7	使用者端向服務端發送的回應資訊	攜帶 4 Byte 酬載資料，表示收到檢測資訊中的服務端時間戳記

■ 共用物件資訊

共用物件資訊為在多個使用者端或實例之間同步共用的 Flash 物件，其類型為 16 或 19。共用物件資訊共包含 11 種事件類型，如表 6-3 所示。

表 6-3

事 件	ID	含 義
Use	1	使用者端通知服務端創建共用物件
Release	2	使用者端通知服務端刪除共用物件
RequestChange	3	使用者端通知服務端修改共用物件中某個具名引數設定值
Change	4	服務端通知除來源使用者端外的其他使用者端修改共用物件中某個具名引數設定值
Success	5	當 RequestChange 已被服務端接收後，服務端向使用者端返回成功資訊
SendMessage	6	使用者端請求服務端向所有使用者端廣播資訊
Status	7	服務端向使用者端發送錯誤狀態碼
Clear	8	服務端向使用者端發送該事件以清空一個共用物件，或作為 Use 事件的響應
Remove	9	服務端向使用者端發送該事件，以在使用者端刪除一個插槽
Remove Request	10	當使用者端刪除一個插槽時發送該事件
Use Success	11	服務端向使用者端發送該事件作為 Use 成功的回應事件

2. 命令資訊類型

RTMP 定義的命令資訊的主要作用不是傳遞影音資料等資訊，而是透過傳遞命令資訊的方式通知對方執行指定操作。**RTMP** 的命令資訊類型為 17 或 20。常用的 **RTMP** 命令可分為兩大類，即連接命令（NetConnection）和串流命令（NetStream）。

▶ 連接命令

連接命令的主要作用是管理和維護使用者端與服務端之間的連接狀態，並提供一種非同步呼叫遠端方法的通路。**RTMP** 定義的連接命令主要有

connect、call、close 和 createStream 四種。本節主要介紹 connect 命令、call 命令和 createStream 命令。

（1）connect 命令。使用者端向服務端發送 connect 命令請求建立連接。connect 命令的格式如表 6-4 所示。

表 6-4

欄 位 名 稱	類 型	含 義
Command Name	字串	命令名稱，設定為 connect
Transaction ID	整數	設定為 1
Command Object	物件	以鍵值對形式保存的命令參數集合
Optional User Arguments	物件	可選參數資訊

在上述各個參數中，最關鍵的是 Command Object，其中保存了建立連接所需要的重要參數，主要類型如表 6-5 所示。

表 6-5

欄 位 名 稱	類 型	含 義
app	字串	使用者端希望連接的服務端程式名稱
flashver	字串	Flash 播放機的版本
swfUrl	字串	連接 SWF 檔案的 URL
tcUrl	字串	服務端 URL
fpad	布林值	是否使用代理標識
audioCodecs	整數	使用者端支援的音訊編碼器類型
videoCodecs	整數	使用者端支援的視訊轉碼器類型
pageUrl	字串	從網頁端載入的 SWF 檔案的位址
objectEncoding	整數	AMF 編碼方法

在連接完成後，服務端返回給使用者端的命令格式如表 6-6 所示。

表 6-6

欄 位 名 稱	類 型	含 義
Command Name	字串	設定值為 "_result" 或 "_error"，標識成功或失敗
Transaction ID	整數	設定為 1
Properties	物件	以鍵值對的形式保存連接的屬性
Information	物件	以鍵值對的形式保存服務端返回的其他參數

（2）call 命令。呼叫端透過 call 命令使遠端程式呼叫（RPC）在接收端執行相關操作。發送端發出的命令格式如表 6-7 所示。

表 6-7

欄 位 名 稱	類 型	含 義
Procedure Name	字串	遠端呼叫過程的名稱
Transaction ID	整數	如果希望收到回應，則指定一個 ID，否則設定為 0
Command Object	物件	保存呼叫過程的參數，如果沒有參數，則設為空
Optional Arguments	物件	附加參數

在呼叫完成後，接收端返回給發送端的回應格式如表 6-8 所示。

表 6-8

欄 位 名 稱	類 型	含 義
Command Name	字串	命令名稱
Transaction ID	整數	回應資訊所屬的命令 ID
Command Object	物件	保存呼叫過程的參數，如果沒有參數，則設為空
Response	物件	呼叫方法的回應資訊

（3）createStream 命令。顧名思義，createStream 命令為使用者端向服務端發送的創建媒體串流的命令，透過該命令，服務端可在創建的媒體串流上發佈視訊串流、音訊串流和資料流程等媒體資訊。使用者端透過 createStream 命令發送至服務端的命令格式如表 6-9 所示。

表 6-9

欄 位 名 稱	類 型	含 義
Command Name	字串	命令名稱，設定為 createStream
Transaction ID	整數	命令 ID
Command Object	物件	保存呼叫過程的參數，如果沒有參數，則設為空

服務端在創建串流後，向使用者端發送的回應資訊格式如表 **6-10** 所示。

表 6-10

欄 位 名 稱	類型	含 義
Command Name	字串	設定值為 _result 或 _error，標識成功或失敗
Transaction ID	整數	回應資訊所屬的命令 ID
Command Object	物件	保存呼叫過程的參數，如果沒有參數，則設為空
Stream ID	整數	如果成功，則返回流 ID；如果失敗，則返回包含錯誤訊息的物件

▶ 流命令（NetStream）

使用者端透過連接命令完成雙方連接並創建串流之後，使用者端與服務端透過串流命令對媒體串流進行播放、暫停、發佈、刪除等操作。在 RTMP 中定義的串流命令如下所示。

- 播放：play/play2。
- 刪除：deleteStream。
- 關閉：closeStream。
- 接收音訊資料和視訊資料：receiveAudio/receiveVideo。
- 發佈：public。
- 滑動：seek。
- 暫停：pause。

本節主要討論播放、刪除、滑動和暫停四種命令，其餘命令可以參考 RTMP 說明。

（1）播放。透過向服務端發送 play 命令，使用者端可以將單路媒體串流或多路媒體串流組成播放清單進行播放。play 命令中的欄位如表 6-11 所示。

表 6-11

欄 位 名 稱	類 型	含 義	備 注
Command Name	字串	命令名稱	設定為 play
Transaction ID	整數	連接 ID	設定為 0
Command Object	空	命令參數	如果沒有參數，則設為 Null
Stream Name	字串	流名稱	待播放的媒體串流名稱，如果媒體串流為 FLV 格式，則可不加副檔名；如果為其他格式，則必須攜帶副檔名
start	整數	起始播放時間	可選參數，預設值為 -2。 當設定值為 0 或正整數時，表示選擇指定錄播串流在指定位置開始播放。當設定值為 -1 時，表示僅播放直播串流。當設定值為 -2 時，表示優先選擇直播串流。如果沒有直播串流，則播放錄播串流
Duration	整數	播放時長	可選參數，預設值為 -1。當設定值為 0 時，表示播放起始位置後一幀的畫面。當設定值為 -1 時，表示播放至內容結束。當設定值為正整數時，表示播放指定時間長度的內容
Reset	布林值	重置媒體串流	可選參數，決定是否刷新播放清單

服務端在收到使用者端發送的播放資訊後，會根據執行情況返回回應資訊。回應資訊中的欄位如表 6-12 所示。

表 6-12

欄位名稱	類型	含　義	備　注
Command Name	字串	命令名稱	如果 play 命令執行完成，則將該欄位設定為 onStatus
Description	字串	回應描述資訊	如果 play 命令執行成功，則返回 NetStream. Play.Start；如果沒有找到媒體串流，則返回 NetStream.Play.Stream Not Found

（2）刪除串流。當客戶想要移除服務端中某一路媒體串流時，可以向服務端發送 deleteStream 命令。deleteStream 命令中的欄位如表 6-13 所示。

表 6-13

欄位名稱稱	類型	含　義	備　注
Command Name	字串	命令名稱	設定為 deleteStream
Transaction ID	整數	連接 ID	設定為 0
Command Object	空	命令參數	如果沒有參數，則設為 Null
Stream ID	整數	希望從服務端移除的串流 ID	無

服務端在執行後不返回任何回應資訊給使用者端。

（3）滑動。如果使用者端希望將媒體串流滑動到某個指定的位置進行播放，則可以透過發送 seek 命令實現。seek 命令中的欄位如表 6-14 所示。

表 6-14

欄位名稱	類型	含　義	備　注
Command Name	字串	命令名稱	設定為 seek
Transaction ID	整數	連接 ID	設定為 0
Command Object	空	命令參數	如果沒有參數，則設為 Null
miliSeconds	整數	希望滑動到的位置，以毫秒為單位	無

在執行後，服務端以狀態資訊的形式返回 NetStream.Seek.Notify 資訊，
格式與 play 命令返回的資訊格式類似。

（4）暫停。暫停與續播可以透過 pause 命令實現。pause 命令中的欄位
如表 6-15 所示。

表 6-15

欄 位 名 稱	類 型	含 義	備 注
Command Name	字串	命令名稱	設定為 pause
Transaction ID	整數	連接 ID	設定為 0
Command Object	空	命令參數	如果沒有參數，則設為 Null
Pause/Unpause Flag	布林值	暫停 / 續播標識	設定為 true，表示暫停播放；設定為 false，表示繼續播放
miliSeconds	整數	希望滑動到的位置，以毫秒為單位	無

在執行後，服務端同樣返回狀態資訊。如果執行成功，則針對暫停和續
播命令分別返回 NetStream.Pause.Notify 資訊和 NetStream.Unpause.
Notify 資訊；如果執行失敗，則返回 error 資訊。

6.3 網路串流媒體協定──HLS 協定

HTTP 即時串流媒體（HTTP Live Streaming，HLS）協定是蘋果公司提
出的主要用於直播的串流媒體協定。在進行網路傳輸時，HLS 協定將音
訊串流、視訊串流和其他輔助資訊透過 HTTP 進行封裝，並透過應用最
為廣泛的 HTTP 服務進行處理和傳輸，幾乎不可能被防火牆攔截。在使
用者端，HLS 協定可以被行動端系統（如 iOS 和 Android）、桌面和伺
服器系統（如 Windows 和 Linux）等多種平台支援，可以實現打開即播

放,具有極佳的相容性。HLS 協定的最大劣勢在於其較高的傳輸延遲,不適用於部分對即時性要求較高的場景。

6.3.1 HLS 協定的概念

與 RTMP 一樣,HLS 協定為應用層協定,直接為媒體直播串流等應用層資料服務。一個完整的基於 HLS 協定的串流媒體直播系統通常由四部分組成,即影音擷取器、媒體伺服器、媒體分發器和播放使用者端。其中,影音擷取器有攝影機、螢幕推取器和麥克風等,而播放使用者端的實現較為複雜,並且有多種完整的開放原始碼或閉源使用者端可供選擇,本節重點討論媒體伺服器和媒體分發器。

6.3.2 HLS 直播串流媒體系統結構

HLS 直播串流媒體系統結構如圖 6-27 所示。

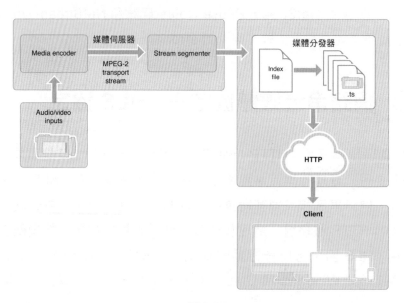

▲ 圖 6-27

HLS 直播串流媒體系統的核心元件為媒體伺服器和媒體分發器，分別承擔媒體資料的生成和分發工作。目前，媒體伺服器和媒體分發器都有多種完善而應用廣泛的開放原始碼或商業解決方案，可以方便快捷地架設穩定且成熟的 HLS 服務。

1. 媒體伺服器

媒體伺服器的核心任務是對資料獲取端生成的影音流資料進行編碼、切分和整理，生成適合在 HTTP 網路中進行流式分發和傳輸的格式。媒體伺服器的結構主要由媒體編碼器、媒體串流切分器和檔案分割器三部分組成。

▶ 媒體編碼器

顧名思義，媒體編碼器的主要作用是編碼音訊資料和視訊資料，生成指定格式的影音流。部分早期功能較為簡單的攝影機或麥克風沒有影音編碼模組，只能輸出像素格式的圖型，以及波形或取樣格式的音訊資料。串流媒體伺服器在收到擷取端獲得的資料後須進行壓縮編碼，將視訊圖型編碼為 H.264 或 H.265 等格式的視訊串流，將音訊資料編碼為 HE-AAC 或 AC-3 等格式的音訊串流。編碼完成的視訊串流和音訊串流可以被進一步封裝為 MPEG-2 TS（MPEG-2 傳輸串流）格式進行輸出。

隨著技術的發展，影音擷取端裝置的功能日漸強大，當前的主流裝置，如網路攝影機、USB 攝影機和智慧行動裝置（如筆記型電腦、平板電腦和智慧型手機等）基本都整合了影音壓縮編碼模組，支援以多種壓縮編碼串流的格式直接輸出。在這種情況下，媒體編碼器的功能不僅是壓縮編碼，還需要根據指定的參數對擷取端輸出的影音流進行轉碼、封裝或轉封裝操作，輸出指定格式的資料。

在專案實現中，媒體編碼器可以使用多種不同的方案，舉例來說，既可以使用不同系統附帶的硬體編碼器，也可以使用不同開放原始碼軟體提供的編碼器或商業影音編碼解決方案。

▶ 媒體串流切分器

由於不符合協定規定的格式，媒體編碼器輸出的音訊資料或視訊資料通常不能直接透過 HLS 協定來發送，而是必須透過媒體串流切分器做進一步處理。對媒體編碼器輸出的 MPEG-2 TS 格式的資料，媒體串流切分器會將其切分為指定時長的多個 MPEG-2 TS 檔案分片（簡稱 TS 檔案分片），每個 TS 檔案分片都可以作為一個獨立的檔案進行播放，而且按順序銜接即可無縫還原為分割前的大檔案。串流媒體切分器輸出的 TS 檔案分片即為透過網路傳輸的實際資料，可以被發送到使用者端進行播放。

除 TS 檔案分片外，媒體串流切分器的另一項重要工作是生成並維護 TS 檔案分片的索引檔案。該索引檔案以 .m3u8 為副檔名，是 HLS 協定的標識性特徵之一。在 .m3u8 索引檔案中包含了對每個 TS 檔案分片的引用，在一個新的 TS 檔案分片生成後，.m3u8 索引檔案中的內容將同步更新。HLS 直播串流媒體系統的服務端和使用者端可以透過 .m3u8 索引檔案中的內容確定 TS 檔案分片的可用性和位置，維持整體媒體資料傳輸的流暢性。

.m3u8 索引檔案的具體格式在 6.3.3 節中有詳細介紹。

▶ 檔案分割器

檔案分割器的作用是將一個已有的影音檔案按照 HLS 協定進行分割並封裝為 TS 檔案分片，然後進行傳輸。其角色類似於媒體編碼器和媒體串流切分器的組合，實現從輸入檔案進行轉碼、轉封裝，並進行檔案切分的功能。透過使用檔案分割器，HLS 協定不僅可以透過影音擷取器進行直播傳輸，而且可以將已有的影音檔案透過 HLS 直播串流媒體系統進行傳輸，實現點播服務。

2. HLS 媒體分發器

因為使用了 HTTP 進行連接和內容傳輸，所以 HLS 媒體分發器僅需使用通用的 Web 伺服器即可分發媒體內容，幾乎不存在任何障礙。對伺服器也只需設定與 HLS 對應的 MIME Type 即可，如表 6-16 所示。

表 6-16

副檔名	MIME Type
.m3u8	application/x-mpegURL 或 vnd.apple.mpegURL
.ts	video/MP2T

6.3.3 HLS 索引檔案格式

在 HLS 串流媒體系統中，服務端和使用者端透過 .m3u8 索引檔案作為媒介進行互動。媒體編碼器和檔案分割器生成的新 TS 檔案分片資訊會增加到 .m3u8 索引檔案中，播放使用者端透過該索引檔案即可獲得更新的影音流資訊。一個典型的 .m3u8 索引檔案包含的內容如下所示。

```
#EXTM3U
#EXT-X-VERSION:3
#EXT-X-MEDIA-SEQUENCE:0
#EXT-X-TARGETDURATION:6
#EXT-X-DISCONTINUITY
#EXTINF:6.006,
hlsstream-0.ts
#EXTINF:6.006,
hlsstream-1.ts
#EXTINF:6.006,
```

```
hlsstream-2.ts
#EXTINF:6.006,
hlsstream-3.ts
```

從中可以看出，.m3u8 索引檔案主要包括兩部分內容，即 TS 檔案分片 URL 和 M3U8 標籤。

1. TS 檔案分片 URL

在 .m3u8 索引檔案中，通常每個 **#EXTINF** 標籤的下一行就表示某個 TS 檔案分片的 URL。

```
...
#EXTINF:6.006,
hlsstream-0.ts
...
```

TS 檔案分片 URL 通常使用相對路徑，即從相對當前 .m3u8 索引檔案的路徑尋找該 TS 檔案分片。舉例來說，上述檔案索引的同級目錄下的檔案結構如下所示。

```
total 10996
drwxrwxrwx 2 nobody root        4096 4 月  23 13:18 ./
drwxrwxrwx 3 root    root        4096 1 月   6 16:26 ../
-rw-r--r-- 1 nobody nogroup 3080004 4 月  23 13:18 hlsstream-0.ts
-rw-r--r-- 1 nobody nogroup 3359936 4 月  23 13:18 hlsstream-1.ts
-rw-r--r-- 1 nobody nogroup 3015896 4 月  23 13:18 hlsstream-2.ts
-rw-r--r-- 1 nobody nogroup 1782616 4 月  23 13:18 hlsstream-3.ts
-rw-r--r-- 1 nobody nogroup     184 4 月  23 13:18 hlsstream.m3u8
```

除了相對路徑，TS 檔案分片 URL 還可以選擇絕對路徑，即從索引檔案中直接獲取檔案分片的內容，例如：

```
...
#EXTINF:6.006,
http://10.151.174.24/hls/hlsstream-0.ts
...
```

2. M3U8 標籤

除檔案分片 URL 外，在 .m3u8 索引檔案中還包含多種標籤，表示 HLS 媒體串流的不同特性。HLS 協定中定義的標籤類型主要分為兩大類，即標準標籤和新加標籤。其中，標準標籤有 EXTM3U 標籤和 EXTINF 標籤兩類，其餘為新加標籤。在 HLS 協定中定義的新加標籤主要有 EXT-X-BYTERANGE、EXT-X-TARGETDURATION、EXT-X-MEDIA-SEQUENCE、EXT-X-KEY、EXT-X-PROGRAM-DATE-TIME、EXT-X-ALLOW-CACHE、EXT-X-PLAYLIST-TYPE、EXT-X-STREAM-INF、EXT-X-I-FRAME-STREAM-INF、EXT-X-I-FRAMES-ONLY、EXT-X-MEDIA、EXT-X-ENDLIST、EXT-X-DISCONTINUITY、EXT-X-DISCONTINUITY-SEQUENCE、EXT-X-START 和 EXT-X-VERSION 等。

本節重點討論 2 個標準標籤和 4 個新加標籤的格式和作用，其餘標籤的格式和作用可參考協定檔案描述。

（1）EXTM3U 標籤。在一個 .m3u8 索引檔案中必然包含一個 EXTM3U 標籤，並且位於整個檔案的第一行。EXTM3U 標籤是 .m3u8 索引檔案區別於其他檔案的特徵，其格式十分簡單，即在索引檔案的第一行中寫入以下內容。

```
#EXTM3U
...
```

（2）EXTINF 標籤。在一個 .m3u8 索引檔案中通常保存了多個 TS 檔案分片資訊。在某些情況下，不同 TS 檔案分片的時長可能不一致，此時透過 EXTINF 標籤即可確定該 TS 檔案分片的時長。EXTINF 標籤的格式如下所示。

```
#EXTINF:<duration>,<title>
```

duration 部分表示 TS 檔案分片的時長。在低於版本 3 的 HLS 協定中，duration 必須為整數；在版本 3 及以上的 HLS 協定中，duration 必須為浮點數。標籤尾端的 title 部分表示對當前檔案分片的註釋性說明。

（3）EXT-X-VERSION 標籤。在 .m3u8 索引檔案中，透過增加 EXT-X-VERSION 標籤可以指定 HLS 協定的版本。在每個 .m3u8 索引檔案中只能包含一個 EXT-X-VERSION 標籤，並且該標籤所指定的協定版本對整個索引檔案有效。該標籤的格式十分簡單，只需一個指明 HLS 協定版本編號的整數作為參數，如下所示。

```
#EXT-X-VERSION:<n>
```

（4）EXT-X-MEDIA-SEQUENCE 標籤。在 .m3u8 索引檔案中所引用的每個 TS 檔案分片都對應唯一的整數序號。從一個起始序號開始，每個 TS 檔案分片的序號按照時間順序依次遞增 1，不允許遞減。EXT-X-MEDIA-SEQUENCE 標籤所指代的即為所有檔案分片的起始序號，該標籤的格式十分簡單，只需一個表示起始序號的整數作為參數，如下所示。

```
#EXT-X-MEDIA-SEQUENCE:<number>
```

在 .m3u8 索引檔案中，最多包含一個 EXT-X-MEDIA-SEQUENCE 標籤。如果在 .m3u8 索引檔案中沒有該標籤，則 TS 檔案分片的起始序號預設為 0。

（5）EXT-X-TARGETDURATION 標 籤。EXT-X-TARGETDURATION
標籤表示當前 HLS 媒體串流所生成的 TS 檔案分片時長的最大值。
該標籤在 .m3u8 索引檔案中有且只有一個，作用於整個索引檔案。
EXTINF 標籤所表示的每一個 TS 檔案分片時長在四捨五入為整數後
應小於或等於 EXT-X-TARGETDURATION 標籤所指定的值。EXT-X-
TARGETDURATION 標籤的格式如下所示。

```
#EXT-X-TARGETDURATION:<s>
```

（6）EXT-X-DISCONTINUITY 標 籤。 在 .m3u8 索 引 檔 案 中，EXT-X-
DISCONTINUITY 標籤不是必選項，當該標籤出現時，說明其前一個與
後一個 TS 檔案分片之間存在格式變化，即存在「不連續性」。該標籤表
示的格式變化有以下幾種

- 檔案封裝格式。
- 檔案中包含媒體軌道的數量和類型。
- 編碼參數。
- 編碼序列。
- 時間戳記序列。

該標籤不包含任何參數，在使用時直接在格式變化的 TS 檔案分片之間按
以下格式插入該標籤即可。

```
#EXT-X-DISCONTINUITY
```

第二部分
命令列工具

. . . .

本部分主要講解命令列工具 ffmpeg、ffprobe 和 ffplay 的主要使用方法。命令列工具在架設測試環境、建構測試使用案例和排除系統 Bug 時常常造成重要作用。如果想要在實際工作中有效提升工作效率，那麼應熟練掌握命令列工具的使用方法。

FFmpeg 的基本操作

在多媒體編輯、影音轉碼和直播點播等領域，FFmpeg 是應用最為廣泛的開放原始碼工具之一。廣義上的 FFmpeg 包含一組二進位可執行程式，以及供第三方應用整合的動態函數庫或靜態程式庫，可透過不同的形式提供影音訊號的擷取、編碼、解碼、封裝、解封裝、編輯、推串流、播放以及格式檢測等功能，其功能之強大，介面之完善，堪稱影音領域的「航母戰鬥群」。時至今日，FFmpeg 憑藉其超凡的影響力，已經將其應用範圍擴充到多個領域，成為無數知名影音開放原始碼專案的基礎，如 VLC、MPC-HC、LAV filter、ijkplayer 等。

7.1 FFmpeg 概述

FFmpeg 的官網中提供了專案簡介、說明文件、資料下載網址等多種資源，如圖 7-1 所示。

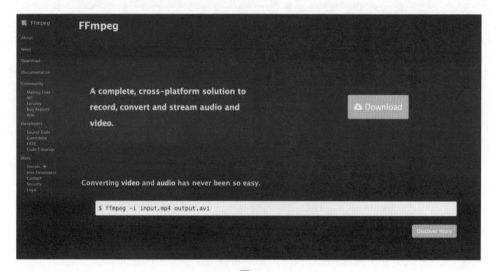

▲ 圖 7-1

在官網首頁的突出位置提供了 **FFmpeg** 工具和 **SDK** 等資源的下載位置，以及一筆最簡單的視訊檔案轉碼命令。

```
ffmpeg -i input.mp4 output.avi
```

該命令僅使用輸入檔案和輸出檔案這兩個參數，便可將一個 MP4 格式的視訊檔案轉為 AVI 格式。在實際使用過程中，通常需要根據需求增加複雜得多的參數來實現我們想要的功能，很多轉碼命令的規模和複雜度甚至可以比肩部分中小型專案專案。因為 **FFmpeg** 支援許多參數，所以在產業界中得到廣泛應用。由於篇幅所限，本章不可能窮舉 **FFmpeg** 支持的所有轉碼參數，所以只選取其中最具代表性的作為範例進行剖析和演示，希望讀者可以舉一反三，掌握 **FFmpeg** 的更多使用方法。

7.1.1 各個編譯類型的區別

無論在 Windows 或 Linux 系統下，還是在 macOS 系統下，編譯的想法都是一致的。

（1）靜態編譯：所有的依賴函數庫都以靜態形式編譯為可執行程式的一部分，在下載的可執行程式中包含了所有的功能，如圖 7-2 所示。

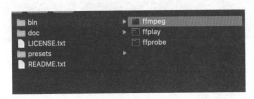

▲ 圖 7-2

（2）動態編譯：可執行程式不包括對應的動態函數庫，在執行過程中必須載入對應的動態函數庫才能成功執行，如圖 7-3 所示。

▲ 圖 7-3

（3）開發：提供了各個動態函數庫的標頭檔，可以在第三方應用中使用，如圖 7-4 所示。

如果想要在專案中引入 FFmpeg 作為第三方函數庫，則可以下載特定的 FFmpeg 動態編譯版本，並從中獲取動態函數庫，再配合對應的開發版本提供的標頭檔，便可以使用其中的功能了。

▲ 圖 7-4

▶ FFmpeg 的版本更新

根據官網的說明，通常每 6 個月左右，**FFmpeg** 將進行一次正式的版本
更新，提供許多新功能。在兩次正式版本更新之間，還將不定期地發佈
非正式的更新版本，其目的在於修復當前正式版本中的缺陷。筆者在撰
寫本章時，**FFmpeg** 已發佈至 4.3 版本，其代號為 "4:3"，如圖 7-5 所示。

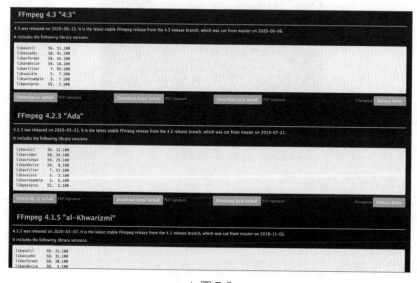

▲ 圖 7-5

FFmpeg 各個穩定版本的發佈情況如表 **7-1** 所示。

表 7-1

版　本	發佈時間	代　號	代號備註
FFmpeg 4.3	2020-06-15	"4:3"	無
FFmpeg 4.2.3	2020-05-21	"Ada"	無
FFmpeg 4.1.5	2020-01-07	"al-Khwarizmi"	花拉子米，波斯著名數學家，被稱作「代數之父」
FFmpeg 4.0.5	2019-11-22	"Wu"	吳文俊，著名數學家，中國科學院院士
FFmpeg 3.4.7	2019-12-02	"Cantor"	康托爾，德國數學家，集合論創始人
FFmpeg 3.3.9	2018-11-18	"Hilbert"	希伯特，德國數學家
FFmpeg 3.2.14	2019-05-14	"Hypatia"	希帕蒂婭，古埃及女數學家
FFmpeg 2.8.16	2020-04-28	"Feynman"	理查·費曼，美國物理學家，以《費曼物理學講義》聞名於世
FFmpeg 3.1.11	2017-09-25	"Laplace"	拉普拉斯，法國數學家、物理學家，天體力學奠基人
FFmpeg 3.0.12	2018-10-28	"Einstein"	愛因斯坦，著名物理學家，諾貝爾物理學獎得主，相對論創始人
FFmpeg 2.7.7	2016-04-30	"Nash"	約翰·納什，美國數學家、經濟學家，諾貝爾經濟學獎得主
FFmpeg 2.6.9	2016-05-03	"Grothendieck"	格羅滕迪克，德國著名數學家，現代代數幾何奠基人
FFmpeg 2.5.11	2016-02-02	"Bohr"	玻爾，丹麥物理學家，諾貝爾物理學獎得主
FFmpeg 2.4.14	2017-12-31	"Fresnel"	奧古斯丁·讓·菲涅耳，法國物理學家，物理光學奠基人
FFmpeg 2.2.16	2015-06-18	"Muybridge"	埃德沃德·邁布里奇，動物實驗攝影大師
FFmpeg 2.1.8	2015-04-30	"Fourier"	傅立葉，法國數學家、物理學家，熱傳導理論奠基人
……	……	……	……

從表 7-1 中各個版本的發佈時間可以看出，穩定版的最終發佈時間並不是嚴格按照版本的先後順序依次發佈的。其原因在於在某一個大版本發佈後，後續將不定期發佈多個基於當前大版本的小版本，直到某個版本趨於穩定。我們在選擇版本時，推薦使用當前最新或次新的穩定版本。舉例來說，當前 4.3 版本已經發佈，那麼可以選擇當前已發佈的 4.3 版本或上一版本，即 4.2 版本。在原始程式碼目錄中執行以下 git 命令即可獲取 4.3 版本，其他版本可以用類似的方法獲取，只需替換對應的版本編號即可。

```
git checkout -B release-4.3 origin/release/4.3 # 切換到 Tag:n4.1.4
```

在執行成功後，即可在本地的程式庫中獲取 4.3 版本的程式，並保存為分支 "release-4.3"。除此之外，如果希望針對某個中間版本進行開發，則選擇切換到該中間版本對應的 Tag 即可：

```
git checkout -B branch-4.1.4 n4.1.4 # 切換到 Tag:n4.1.4
```

7.1.2 編譯 FFmpeg 原始程式碼

絕大多數情況下，官方編譯的 FFmpeg SDK 已經可以滿足日常開發的需求，但仍有部分特殊需求是直接下載的 SDK 所無法滿足的。另外，有時也存在需要在現有的 FFmpeg 原始程式碼的基礎上進行延伸開發的情況，這時就可以對 FFmpeg 的原始程式碼進行編譯，以獲取我們需要的 SDK 與可執行程式。

1. 基本編譯流程

在下載原始程式碼之後，在原始程式碼根目錄中可以看到名為 configure 的檔案。該檔案的主要作用是為 FFmpeg 的編譯過程提供設定選項，以決定哪些元件必須參與編譯過程。

在沒有特殊要求的情況下,可以使用下面的設定方法將 **FFmpeg** 的各個
元件都編譯為動態函數庫,禁止使用靜態程式庫,輸出目標的根目錄為 /
usr/local。

```
./configure --enable-shared --disable-static --prefix=/usr/local
```

此時,在 **FFmpeg** 的根目錄下將生成 makefile 檔案,它可以對原始程式
碼進行編譯和安裝。

```
make -j$(nproc)sudo make install
```

在安裝完成後,對應的檔案將按照設定中指定的位置進行複製:

- 二進位可執行檔 ffmpeg、ffplay、ffprobe 等被安裝在 /usr/local/bin
  中。
- 各元件的標頭檔目錄 libavcodec/libavdevice/libavfilter/libavformat/
  libavutil/ libswresample/ libswscale 被安裝在 /usr/local/include 中。
- 各元件的動態函數庫檔案 libavcodec.so 等被安裝在 /usr/local/lib 中。

2. 自訂編譯選項

實際上,configure 檔案是一個 bash 指令檔,其原理是根據輸入的參數
生成對應的 makefile 檔案,以編譯原始程式碼。根據在設定時傳入的不
同設定參數,我們可以對原始程式碼進行自訂編譯。執行以下命令可以
輸出 configure 檔案的幫助與説明。

```
./configure --help
```

下面列出的是部分説明資訊。

```
Usage: configure [options]
Options: [defaults in brackets after descriptions]

Help options:
  --help              print this message
  --quiet             Suppress showing informative output
  --list-decoders     show all available decoders
  --list-encoders     show all available encoders
  --list-hwaccels     show all available hardware accelerators
  --list-demuxers     show all available demuxers
  --list-muxers       show all available muxers
  --list-parsers      show all available parsers
  --list-protocols    show all available protocols
  --list-bsfs         show all available bitstream filters
  --list-indevs       show all available input devices
  --list-outdevs      show all available output devices
  --list-filters      show all available filters

Standard options:
  --logfile=FILE      log tests and output to FILE [ffbuild/config.log]
  --disable-logging   do not log configure debug information
  --fatal-warnings    fail if any configure warning is generated
  --prefix=PREFIX     install in PREFIX [/usr/local]
  --bindir=DIR        install binaries in DIR [PREFIX/bin]
  --datadir=DIR       install data files in DIR [PREFIX/share/FFmpeg]
  --docdir=DIR        install documentation in DIR [PREFIX/share/doc/
FFmpeg]
  --libdir=DIR        install libs in DIR [PREFIX/lib]
  --shlibdir=DIR      install shared libs in DIR [LIBDIR]
  --incdir=DIR        install includes in DIR [PREFIX/include]
  --mandir=DIR        install man page in DIR [PREFIX/share/man]
  --pkgconfigdir=DIR install pkg-config files in DIR [LIBDIR/pkgconfig]
  --enable-rpath      use rpath to allow installing libraries in paths
                      not part of the dynamic linker search path
                      use rpath when linking programs (USE WITH CARE)
  --install-name-dir=DIR  Darwin directory name for installed targets
```

```
Licensing options:
  --enable-gpl              allow use of GPL code, the resulting libs
                            and binaries will be under GPL [no]
  --enable-version3         upgrade (L)GPL to version 3 [no]
  --enable-nonfree          allow use of nonfree code, the resulting libs
                            and binaries will be unredistributable [no]


Configuration options:
  --disable-static          do not build static libraries [no]
  --enable-shared           build shared libraries [no]
  --enable-small            optimize for size instead of speed
  --disable-runtime-cpudetect disable detecting CPU capabilities at
runtime (smaller binary)
  --enable-gray             enable full grayscale support (slower color)
  --disable-swscale-alpha disable alpha channel support in swscale
  --disable-all             disable building components, libraries and
programs
  --disable-autodetect  disable automatically detected external libraries
[no]


Program options:
  --disable-programs        do not build command line programs
  --disable-ffmpeg          disable FFmpeg build
  --disable-ffplay          disable ffplay build
  --disable-ffprobe         disable ffprobe build
  --disable-ffserver        disable ffserver build
```

▶ FFmpeg 當前版本支援的各項功能

透過 ./configure --list-decoders 命令，可以獲取當前 FFmpeg 版本支援
的部分解碼器，如圖 7-6 所示。

同理，透過 ./configure --list-encoders 命令可以獲取當前 FFmpeg 版本
支援的部分編碼器，如圖 7-7 所示。

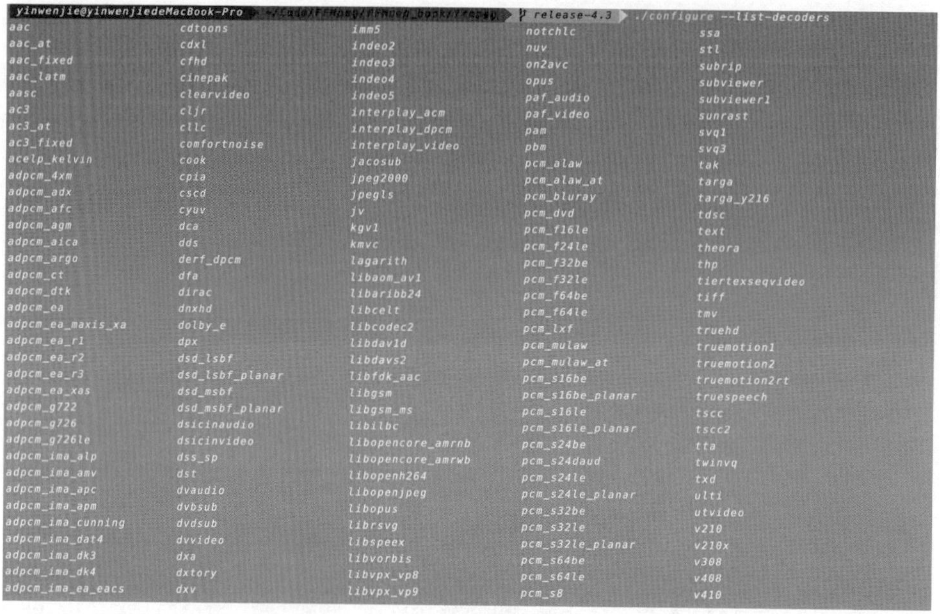

```
yinwenjie@yinwenjiedeMacBook-Pro                              release-4.3  ./configure --list-decoders
aac                   cdtoons              imm5                 notchlc              ssa
aac_at                cdxl                 indeo2               nuv                  stl
aac_fixed             cfhd                 indeo3               on2avc               subrip
aac_latm              cinepak              indeo4               opus                 subviewer
aasc                  clearvideo           indeo5               paf_audio            subviewer1
ac3                   cljr                 interplay_acm        paf_video            sunrast
ac3_at                cllc                 interplay_dpcm       pam                  svq1
ac3_fixed             comfortnoise         interplay_video      pbm                  svq3
acelp_kelvin          cook                 jacosub              pcm_alaw             tak
adpcm_4xm             cpia                 jpeg2000             pcm_alaw_at          targa
adpcm_adx             cscd                 jpegls               pcm_bluray           targa_y216
adpcm_afc             cyuv                 jv                   pcm_dvd              tdsc
adpcm_agm             dca                  kgv1                 pcm_f16le            text
adpcm_aica            dds                  kmvc                 pcm_f24le            theora
adpcm_argo            derf_dpcm            lagarith             pcm_f32be            thp
adpcm_ct              dfa                  libaom_av1           pcm_f32le            tiertexseqvideo
adpcm_dtk             dirac                libaribb24           pcm_f64be            tiff
adpcm_ea              dnxhd                libcelt              pcm_f64le            tmv
adpcm_ea_maxis_xa     dolby_e              libcodec2            pcm_lxf              truehd
adpcm_ea_r1           dpx                  libdav1d             pcm_mulaw            truemotion1
adpcm_ea_r2           dsd_lsbf             libdavs2             pcm_mulaw_at         truemotion2
adpcm_ea_r3           dsd_lsbf_planar      libfdk_aac           pcm_s16be            truemotion2rt
adpcm_ea_xas          dsd_msbf             libgsm               pcm_s16be_planar     truespeech
adpcm_g722            dsd_msbf_planar      libgsm_ms            pcm_s16le            tscc
adpcm_g726            dsicinaudio          libilbc              pcm_s16le_planar     tscc2
adpcm_g726le          dsicinvideo          libopencore_amrnb    pcm_s24be            tta
adpcm_ima_alp         dss_sp               libopencore_amrwb    pcm_s24daud          twinvq
adpcm_ima_amv         dst                  libopenh264          pcm_s24le            txd
adpcm_ima_apc         dvaudio              libopenjpeg          pcm_s24le_planar     ulti
adpcm_ima_apm         dvbsub               libopus              pcm_s32be            utvideo
adpcm_ima_cunning     dvdsub               librsvg              pcm_s32le            v210
adpcm_ima_dat4        dvvideo              libspeex             pcm_s32le_planar     v210x
adpcm_ima_dk3         dxa                  libvorbis            pcm_s64be            v308
adpcm_ima_dk4         dxtory               libvpx_vp8           pcm_s64le            v408
adpcm_ima_ea_eacs     dxv                  libvpx_vp9           pcm_s8               v410
```

▲ 圖 7-6

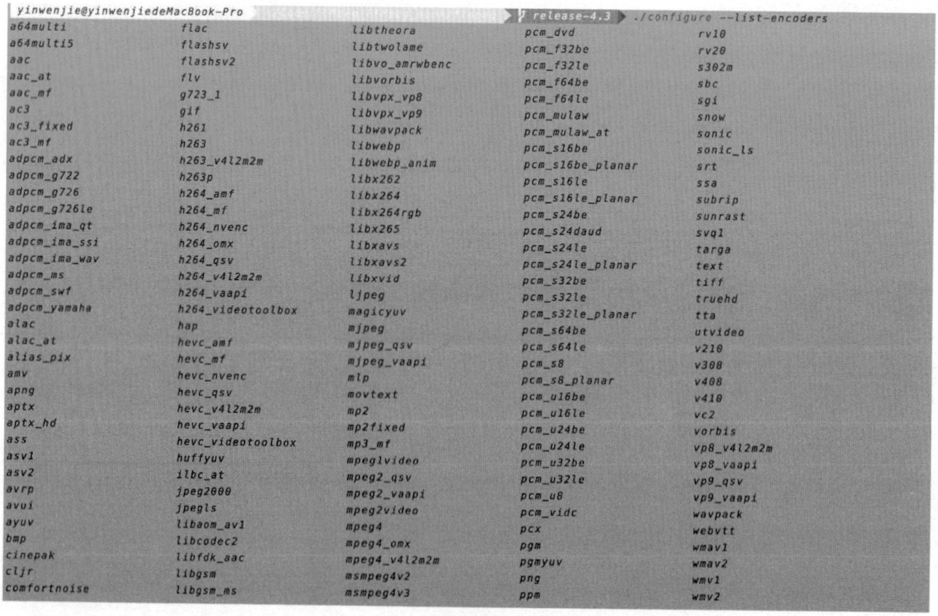

```
yinwenjie@yinwenjiedeMacBook-Pro                              release-4.3  ./configure --list-encoders
a64multi              flac                 libtheora            pcm_dvd              rv10
a64multi5             flashsv              libtwolame           pcm_f32be            rv20
aac                   flashsv2             libvo_amrwbenc       pcm_f32le            s302m
aac_at                flv                  libvorbis            pcm_f64be            sbc
aac_mf                g723_1               libvpx_vp8           pcm_f64le            sgi
ac3                   gif                  libvpx_vp9           pcm_mulaw            snow
ac3_fixed             h261                 libwavpack           pcm_mulaw_at         sonic
ac3_mf                h263                 libwebp              pcm_s16be            sonic_ls
adpcm_adx             h263_v4l2m2m         libwebp_anim         pcm_s16be_planar     srt
adpcm_g722            h263p                libx262              pcm_s16le            ssa
adpcm_g726            h264_amf             libx264              pcm_s16le_planar     subrip
adpcm_g726le          h264_mf              libx264rgb           pcm_s24be            sunrast
adpcm_ima_qt          h264_nvenc           libx265              pcm_s24daud          svq1
adpcm_ima_ssi         h264_omx             libxavs              pcm_s24le            targa
adpcm_ima_wav         h264_qsv             libxavs2             pcm_s24le_planar     text
adpcm_ms              h264_v4l2m2m         libxvid              pcm_s32be            tiff
adpcm_swf             h264_vaapi           ljpeg                pcm_s32le            truehd
adpcm_yamaha          h264_videotoolbox    magicyuv             pcm_s32le_planar     tta
alac                  hap                  mjpeg                pcm_s64be            utvideo
alac_at               hevc_amf             mjpeg_qsv            pcm_s64le            v210
alias_pix             hevc_mf              mjpeg_vaapi          pcm_s8               v308
amv                   hevc_nvenc           mlp                  pcm_s8_planar        v408
apng                  hevc_qsv             movtext              pcm_u16be            v410
aptx                  hevc_v4l2m2m         mp2                  pcm_u16le            vc2
aptx_hd               hevc_vaapi           mp2fixed             pcm_u24be            vorbis
ass                   hevc_videotoolbox    mp3_mf               pcm_u24le            vp8_v4l2m2m
asv1                  huffyuv              mpeg1video           pcm_u32be            vp8_vaapi
asv2                  ilbc_at              mpeg2_qsv            pcm_u32le            vp9_qsv
avrp                  jpeg2000             mpeg2_vaapi          pcm_u8               vp9_vaapi
avui                  jpegls               mpeg2video           pcm_vidc             wavpack
ayuv                  libaom_av1           mpeg4                pcx                  webvtt
bmp                   libcodec2            mpeg4_omx            pgm                  wmav1
cinepak               libfdk_aac           mpeg4_v4l2m2m        pgmyuv               wmav2
cljr                  libgsm               msmpeg4v2            png                  wmv1
comfortnoise          libgsm_ms            msmpeg4v3            ppm                  wmv2
```

▲ 圖 7-7

當前 **FFmpeg** 版本支援的硬體加速元件如圖 7-8 所示。

```
yinwenjie@yinwenjiedeMacBook-Pro                                    ♭ release-4.3   ./configure --list-hwaccels
h263_vaapi              hevc_dxva2              mpeg2_d3d11va           mpeg4_videotoolbox      vp9_dxva2
h263_videotoolbox       hevc_nvdec              mpeg2_d3d11va2          vc1_d3d11va             vp9_nvdec
h264_d3d11va            hevc_vaapi              mpeg2_dxva2             vc1_d3d11va2            vp9_vaapi
h264_d3d11va2           hevc_vdpau              mpeg2_nvdec             vc1_dxva2               vp9_vdpau
h264_dxva2              hevc_videotoolbox       mpeg2_vaapi             vc1_nvdec               wmv3_d3d11va
h264_nvdec              mjpeg_nvdec             mpeg2_vdpau             vc1_vaapi               wmv3_d3d11va2
h264_vaapi              mjpeg_vaapi             mpeg2_videotoolbox      vc1_vdpau               wmv3_dxva2
h264_videotoolbox       mpeg1_nvdec             mpeg2_xvmc              vp8_nvdec               wmv3_nvdec
hevc_d3d11va            mpeg1_vdpau             mpeg4_nvdec             vp8_vaapi               wmv3_vaapi
hevc_d3d11va2           mpeg1_videotoolbox      mpeg4_vaapi             vp9_d3d11va             wmv3_vdpau
                        mpeg1_xvmc              mpeg4_vdpau             vp9_d3d11va2
```

▲ 圖 7-8

當前 **FFmpeg** 版本支援的重複使用器和解重複使用器如圖 7-9 所示。

```
yinwenjie@yinwenjiedeMacBook-Pro                                    ♭ release-4.3   ./configure --list-muxers
a64             ffmetadata      kvag            oma             scc
ac3             fifo            latm            opus            segafilm
adts            fifo_test       lrc             pcm_alaw        segment
adx             filmstrip       m4v             pcm_f32be       singlejpeg
aiff            fits            matroska        pcm_f32le       smjpeg
amr             flac            matroska_audio  pcm_f64be       smoothstreaming
apng            flv             md5             pcm_f64le       sox
aptx            framecrc        microdvd        pcm_mulaw       spdif
aptx_hd         framehash       mjpeg           pcm_s16be       spx
asf             framemd5        mkvtimestamp_v2 pcm_s16le       srt
asf_stream      g722            mlp             pcm_s24be       stream_segment
ass             g723_1          mmf             pcm_s24le       streamhash
ast             g726            mov             pcm_s32be       sup
au              g726le          mp2             pcm_s32le       swf
avi             gif             mp3             pcm_s8          tee
avm2            gsm             mp4             pcm_u16be       tg2
avs2            gxf             mpeg1system     pcm_u16le       tgp
bit             h261            mpeg1vcd        pcm_u24be       truehd
caf             h263            mpeg1video      pcm_u24le       tta
cavsvideo       h264            mpeg2dvd        pcm_u32be       uncodedframecrc
chromaprint     hash            mpeg2svcd       pcm_u32le       vc1
codec2          hds             mpeg2video      pcm_u8          vc1t
codec2raw       hevc            mpeg2vob        pcm_vidc        voc
crc             hls             mpegts          psp             w64
dash            ico             mpjpeg          rawvideo        wav
data            ilbc            mxf             rm              webm
daud            image2          mxf_d10         roq             webm_chunk
dirac           image2pipe      mxf_opatom      rso             webm_dash_manifest
dnxhd           ipod            null            rtp             webp
dts             ircam           nut             rtp_mpegts      webvtt
dv              ismv            oga             rtsp            wtv
eac3            ivf             ogg             sap             wv
f4v             jacosub         ogv             sbc             yuv4mpegpipe
```

▲ 圖 7-9

當前 FFmpeg 版本支援的編碼串流解析器如圖 7-10 所示。

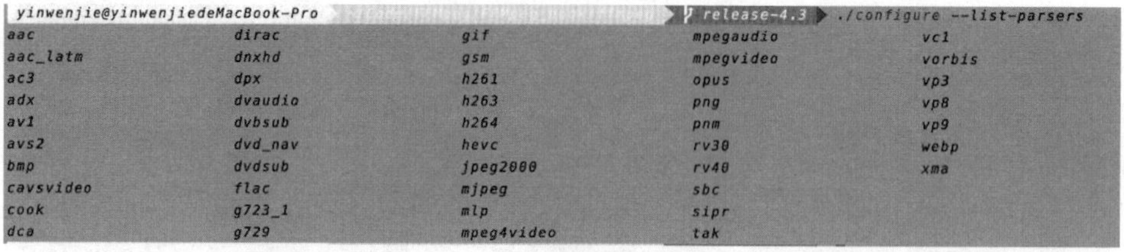

▲ 圖 7-10

當前 FFmpeg 版本支援的媒體協定如圖 7-11 所示。

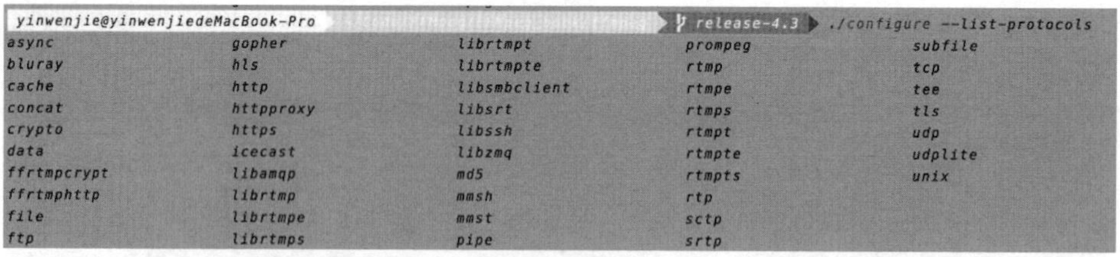

▲ 圖 7-11

▶ 標準設定項目

標準設定項目通常用來指定編譯 FFmpeg 原始程式碼所生成的各項元件及對應記錄檔的保存位置。其中，與編譯日誌相關的設定如下。

- --logfile=FILE：指定記錄檔，預設為 ffbuild/config.log。
- --disable-logging：禁用設定和編譯日誌。
- --fatal-warnings：當發生警告時停止設定。

與生成目錄相關的設定如下。

- --prefix=PREFIX：設定 PREFIX 為生成檔案的根目錄，預設為 /usr/local，後續設定的預設值都是相對於該目錄進行設定的。
- --bindir=DIR：二進位可執行程式的生成目錄，預設為 PREFIX/bin。

- --datadir=DIR：附加資料（如範例程式和設定檔）的保存位置，預設為 PREFIX/share/FFmpeg。
- --docdir=DIR：配套檔案的保存位置，預設為 PREFIX/share/doc/FFmpeg。
- --libdir=DIR：靜態程式庫的保存位置，預設為 PREFIX/lib。
- --shlibdir=DIR：動態函數庫的保存位置，預設與靜態程式庫一致。
- --incdir=DIR：標頭檔的保存位置，預設為 PREFIX/include。
- --pkgconfigdir=DIR：pkgconfig 檔案的保存位置，預設為 LIBDIR/pkgconfig。

▶ 授權選項

雖然 FFmpeg 是開放原始碼專案，但並非所有的功能都可以免費、無限制地使用，尤其是企業及營利機構，他們在使用部分功能時必須遵循一定協定或取得合法授權。在設定過程中可以透過下列選項進行控制。

- --enable-gpl：開啟 GPL 協定並使用對應的功能，在開啟後呼叫此 FFmpeg 函數庫的專案將受到 GPL 協定的限制。
- --enable-version3：將 GPL/LGPL 協定的版本更新至 3.0。
- --enable-nonfree：啟用非免費功能，在開啟後除非取得合法授權，否則不可發佈編譯的 SDK。

▶ 編譯設定

- --disable-static：禁用靜態程式庫。
- --enable-shared：禁用動態函數庫。
- --enable-small：在編譯時針對封包本體大小進行最佳化。
- --disable-runtime-cpudetect：禁用 CPU 執行時期檢測。
- --enable-gray：啟用全灰階範圍。

- --disable-swscale-alpha：在 swscale 中禁用 alpha 通道。
- --disable-all：禁用所有輸出。
- --disable-autodetect：禁用外部依賴函數庫自動檢測。

▶ 可執行程式選項

- --disable-programs：不生成二進位可執行程式。
- --disable-ffmpeg：不生成 ffmpeg。
- --disable-ffplay：不生成 ffplay。
- --disable-ffprobe：不生成 ffprobe。
- --disable-ffserver：不生成 ffserver。

如果執行 ffprobe、ffplay 或 ffmpeg 等任一可執行程式，則在主控台日誌中將顯示當前執行的應用程式在編譯時的設定項目，如下所示。

```
./configure --prefix=/usr/local/Cellar/FFmpeg/4.2.1_1 --enable-shared
--enable-pthreads
--enable-version3 --enable-avresample --cc=clang
--host-cflags='-I/Library/Java/JavaVirtualMachines/adoptopenjdk-13.
jdk/Contents/Home/include -I/Library/Java/JavaVirtualMachines/
adoptopenjdk-13.jdk/Contents/Home/include/darwin -fno-stack-check'
--host-ldflags= --enable-ffplay --enable-gnutls --enable-gpl --enable-
libaom
--enable-libbluray --enable-libmp3lame --enable-libopus --enable-
librubberband
--enable-libsnappy --enable-libtesseract --enable-libtheora --enable-
libvidstab --enable-libvorbis --enable-libvpx --enable-libx264 --enable-
libx265 --enable-libxvid
--enable-lzma --enable-libfontconfig --enable-libfreetype --enable-
frei0r --enable-libass
--enable-libopencore-amrnb --enable-libopencore-amrwb --enable-
libopenjpeg --enable-librtmp
--enable-libspeex --enable-libsoxr --enable-videotoolbox --disable-libjack
--disable-indev=jack
```

7.2 **ffplay** 的基本使用方法

作為 FFmpeg 的基礎元件之一，視訊播放機 **ffplay** 是 Linux 和 macOS 系統中最常用的多媒體播放機之一。與 Windows 系統中各種令人眼花繚亂的商業視訊播放機相比，**ffplay** 沒有精心設計的優美介面和複雜功能，其最大的優勢在於使用方式簡便，可隨時快速地在終端裡呼叫 **ffplay** 對影音檔案進行播放和測試。最簡單也是最常用的命令如下，僅需要一個參數即可播放。

```
ffplay -i test.mp4
```

如果想要使用更多的功能，則需要在命令列中加入更多的參數。

7.2.1 顯示 **ffplay** 版本

在呼叫 **ffplay** 時加入參數 -version，可顯示當前 **ffplay** 的版本。

```
ffplay -version
```

輸出結果如下所示。

```
ffplay version 4.2.1 Copyright (c) 2003-2019 the FFmpeg developers
built with Apple clang version 11.0.0 (clang-1100.0.33.8)
------'Darwin'----------------------------

......

# configuration 資訊
libavutil      56. 31.100 / 56. 31.100
libavcodec     58. 54.100 / 58. 54.100
libavformat    58. 29.100 / 58. 29.100
libavdevice    58.  8.100 / 58.  8.100
```

```
libavfilter     7. 57.100 /  7. 57.100
libavresample   4.  0.  0 /  4.  0.  0
libswscale      5.  5.100 /  5.  5.100
libswresample   3.  5.100 /  3.  5.100
libpostproc    55.  5.100 / 55.  5.100
```

從輸出結果中可以看出當前使用的是 ffplay 4.2.1 版本。

7.2.2 顯示編譯選項

在呼叫 ffplay 時加入參數 -buildconf，可顯示當前 ffplay 的編譯選項。

```
ffplay -buildconf
```

輸出結果如下所示。

```
configuration:
    --prefix=/usr/local/Cellar/FFmpeg/4.2.1_1
    --enable-shared
    --enable-pthreads
    --enable-version3
    --enable-avresample
    --cc=clang
    --host-cflags='-I/Library/Java/JavaVirtualMachines/adoptopenjdk-13.
jdk/
Contents/Home/include -I/Library/Java/JavaVirtualMachines/adoptopenjdk
- 13.jdk/Contents/Home/include/darwin -fno-stack-check'
    --host-ldflags=
    --enable-ffplay
    --enable-gnutls
    --enable-gpl
    --enable-libaom
    --enable-libbluray
    --enable-libmp3lame
    --enable-libopus
```

```
    --enable-librubberband
    --enable-libsnappy
    --enable-libtesseract
    --enable-libtheora
    --enable-libvidstab
    --enable-libvorbis
    --enable-libvpx
    --enable-libx264
    --enable-libx265
    --enable-libxvid
    --enable-lzma
......
```

7.2.3 設定日誌等級

在呼叫 ffplay 時加入參數 -loglevel loglevel 或 -v loglevel，可以設定 ffplay 在播放時輸出的日誌等級。ffplay 共支援 9 個日誌等級，如表 7-2 所示。

表 7-2

日誌等級	代　碼	說　明
quiet	-8	不輸出任何日誌資訊
panic	0	僅輸出導致程式崩潰的致命錯誤
fatal	8	嚴重錯誤，程式已無法正常運行
error	16	一般錯誤，在程式執行過程中可以恢復
warning	24	警告資訊，即在程式執行過程中出現的非正常情況
info	32	預設設定，輸出程式執行過程中出現的提示訊息
verbose	40	輸出更多的提示訊息
debug	48	輸出程式執行過程中的偵錯資訊
trace	56	輸出程式中增加的所有日誌

如果希望 **ffplay** 按照某個日誌輸出等級進行播放，則可以使用以下方式。

```
ffplay -loglevel debug -i input.avi
```

此時，終端將輸出更多 **debug** 等級的日誌資訊。

```
Initialized metal renderer.
[NULL @ 0x7fb98088c400] Opening 'input.avi' for reading
[file @ 0x7fb97f573c80] Setting default whitelist 'file,crypto'
[avi @ 0x7fb98088c400] Format avi probed with size=2048 and score=100
[avi @ 0x7fb97f573d00] use odml:1
[avi @ 0x7fb98088c400] Before avformat_find_stream_info() pos: 4108
bytes read:6360000 seeks:5 nb_streams:2
[mpeg4 @ 0x7fb98088d000] Format yuv420p chosen by get_format().
[avi @ 0x7fb98088c400] All info found
[avi @ 0x7fb98088c400] After avformat_find_stream_info() pos: 11668
bytes read:6360000 seeks:5 frames:22
Input #0, avi, from 'KP-044.avi':
  Metadata:
    encoder         : MEncoder Sherpya-MinGW-20060323-4.1.0
  Duration: 01:30:05.83, start: 0.000000, bitrate: 1083 kb/s
    Stream #0:0, 1, 1001/30000: Video: mpeg4 (Advanced Simple Profile),
1
reference frame (XVID / 0x44495658), yuv420p(left), 640x480 [SAR 1:1 DAR
4:3],
0/1, 1006 kb/s, 29.97 fps, 29.97 tbr, 29.97 tbn, 29.97 tbc
    Stream #0:1, 21, 1/8000: Audio: mp3 (U[0][0][0] / 0x0055), 48000 Hz,
stereo,
fltp, 64 kb/s
detected 8 logical cores
...
```

除日誌等級外，還可以指定其他 **flag** 標識位元以實現更多的功能，主要的 **flag** 標識位元如下。

- **repeat**：重複日誌分別顯示。

- level：在日誌中顯示當前 log 的等級。

如果想要將這兩個 flag 增加到命令中，則可以使用以下方式。

```
ffplay -loglevel repeat+level+debug -i input.avi
```

除此之外，透過增加 -report 參數，ffplay 將生成一個名為 **ffplay-YYYYMMDD-HHMMSS.log** 的記錄檔，記錄以 debug 等級的日誌資訊輸出的所有資訊，使用方式如下。

```
ffplay -report -i test.avi
```

7.2.4 全螢幕播放

如果希望在播放時強制全螢幕顯示，則可以透過增加參數 -fs 實現。

```
ffplay -i input.avi -fs
```

7.2.5 指定輸入視訊的寬、高和每秒顯示畫面

在播放絕大多數格式的視訊時，無須單獨指定輸入視訊的寬、高與每秒顯示畫面，因為在封裝格式或視訊串流的 SPS 中已經保存了相關資訊。但在部分格式的視訊（如非壓縮的 YUV 圖型序列）中是沒有圖型的寬、高和每秒顯示畫面資訊的，此時就必須指定這些資訊，否則視訊將無法播放。透過參數 -video_size 可以指定輸入視訊的寬、高，透過參數 -framerate 可以指定輸入視訊的每秒顯示畫面。

```
ffplay -i input_1280x720.yuv -f rawvideo -video_size 1280x720 -framerate
25
```

7.2.6 禁用音訊串流、視訊串流和字幕串流

在播放時可以選擇單獨禁用音訊串流、視訊串流或字幕串流，參數如下。

- -an：在播放時禁用音訊串流，即靜音播放。
- -vn：在播放時禁用視訊串流，即只播放音訊。
- -sn：在播放時禁用字幕串流，即不顯示字幕。

舉例來說，使用以下命令即可實現靜音、全螢幕播放的功能。

```
ffplay -an -i input.avi -fs
```

7.2.7 指定播放的起始時間和時長

透過參數 -ss 可以指定某個播放的起始時間，以秒為單位。此外，還可以透過參數 -t 指定播放時長。下面的命令表示從第 300s 開始播放，20s 後結束。

```
ffplay -ss 300 -t 20 -i input.avi -autoexit
```

其中，參數 -autoexit 表示在播放完成後自動退出。

7.2.8 指定播放音量

透過參數 -volumn 可以設定播放音量，設定值範圍從 0 到 100。

```
ffplay -volumn 60 -i input.avi
```

7.2.9 設定播放視窗

透過下面的參數可以設定播放視窗。

- -window_title：指定播放視窗標題。
- -noborder：播放視窗無邊框。
- -alwaysontop：播放視窗置頂。
- -left x pos：設定播放視窗的左方位置。
- -top y pos：設定播放視窗的上方位置。
- -x width：指定播放視窗的寬度。
- -y height：指定播放視窗的高度。

7.3 ffprobe 的基本使用方法

媒體資訊解析器 ffprobe 是 FFmpeg 提供的媒體資訊檢測工具。使用 ffprobe 不僅可以檢測影音檔案的整體封裝格式，還可以分析其中每一路音訊串流或視訊串流資訊，甚至可以進一步分析影音流的每一個編碼串流封包或圖型幀的資訊。與 ffplay 類似，ffprobe 的基本使用方法非常簡單，直接使用參數 -i 加上要分析的檔案或影音流的 URL 即可。

```
ffprobe -i test.mp4
```

以 http-flv 格式的視訊串流為例。

```
ffprobe -i http://127.0.0.1/test.flv
```

輸出結果如下所示。

```
Input #0, mov,mp4,m4a,3gp,3g2,mj2, from 'test.mp4':
  Metadata:
    major_brand     : isom
    minor_version   : 512
    compatible_brands: isomiso2avc1mp41
    encoder         : Lavf58.35.100
```

```
 Duration: 00:16:50.38, start: 0.000000, bitrate: 1911 kb/s
   Stream #0:0(und): Video: h264 (High) (avc1 / 0x31637661), yuv420p,
1280x720
      [SAR 1:1 DAR 16:9], 1581 kb/s, 59.94 fps, 59.94 tbr, 60k tbn,
119.88 tbc (default)
   Metadata:
     handler_name    : VideoHandler
   Stream #0:1(eng): Audio: aac (LC) (mp4a / 0x6134706D), 48000 Hz,
stereo, fltp,
      317 kb/s (default)
   Metadata:
     handler_name    : #Mainconcept MP4 Sound Media Handler
```

從上述輸出結果可知，ffprobe 在預設情況下將檢測輸入影音檔案的封裝格式、Metadata 資訊，以及整個媒體檔案的總時長、起始時間和串流速率。此外，ffprobe 可以分析影音檔案中包含的每一路媒體串流。

- 對視訊串流，輸出編碼格式、圖型顏色格式、圖型的寬與高、縱橫比和視訊串流速率。
- 對音訊串流，輸出編碼格式、取樣速率、音訊類型和音訊串流速率。

對於簡單的分析需求，使用上述預設設定即可滿足。如果想要對影音檔案進行更細緻、更完整的解析，或想要顯示影音檔案的封裝格式資訊，則必須使用額外的參數實現。

7.3.1 顯示詳細的封裝格式資訊

在 ffprobe 中增加參數 -show_format，即可顯示影音檔案的更詳細的封裝格式資訊。

```
ffprobe -show_format -i test.mp4
```

輸出的封裝格式資訊如下所示。

```
[FORMAT]
filename=test.mp4
nb_streams=2
nb_programs=0
format_name=mov,mp4,m4a,3gp,3g2,mj2
format_long_name=QuickTime / MOV
start_time=0.000000
duration=1010.384000
size=241424917
bit_rate=1911549
probe_score=100
TAG:major_brand=isom
TAG:minor_version=512
TAG:compatible_brands=isomiso2avc1mp41
TAG:encoder=Lavf58.35.100
[/FORMAT]
```

部分欄位的含義如表 7-3 所示。

表 7-3

欄 位 名 稱	含 義
filename	輸入檔案名稱
nb_streams	輸入檔案包含多少路媒體串流
nb_programs	輸入檔案包含的節目數
format_name	封裝模組名稱
format_long_name	封裝模組全稱
start_time	輸入媒體檔案的起始時間
duration	輸入媒體檔案的總時長
size	輸入檔案大小
bit_rate	整體串流速率
probe_score	格式檢測分值

7.3.2 顯示每一路媒體串流資訊

一個影音檔案通常包含兩路及以上的媒體串流（如一路音訊串流和一路視訊串流，有的還包括字幕串流），在 ffprobe 中增加參數 -show_streams，即可顯示每一路媒體串流的具體資訊。

```
ffprobe -show_streams -i test.mp4
```

輸出結果如下所示。

```
[STREAM]
index=0
codec_name=h264
codec_long_name=H.264 / AVC / MPEG-4 AVC / MPEG-4 part 10
profile=High
codec_type=video
codec_time_base=5051917/605620000
codec_tag_string=avc1
codec_tag=0x31637661
width=1280
height=720
coded_width=1280
coded_height=720
has_b_frames=2
sample_aspect_ratio=1:1
display_aspect_ratio=16:9
pix_fmt=yuv420p
level=32
......
[/STREAM]
[STREAM]
index=1
codec_name=aac
codec_long_name=AAC (Advanced Audio Coding)
profile=LC
codec_type=audio
```

```
codec_time_base=1/48000
codec_tag_string=mp4a
codec_tag=0x6134706d
sample_fmt=fltp
sample_rate=48000
channels=2
channel_layout=stereo
bits_per_sample=0
id=N/A
r_frame_rate=0/0
avg_frame_rate=0/0
time_base=1/48000
start_pts=0
start_time=0.000000
duration_ts=48498050
duration=1010.376042
bit_rate=317379
max_bit_rate=317379
bits_per_raw_sample=N/A
nb_frames=47362
nb_read_frames=N/A
nb_read_packets=N/A
......
[/STREAM]
```

在該範例中，一個影音檔案包含了一路視訊串流和一路音訊串流，部分
欄位的含義如表 7-4 所示。

表 7-4

欄 位 名 稱	含 義
index	媒體串流序號
codec_name	編碼器名稱
codec_long_name	編碼器全稱
profile	編碼等級
level	編碼等級

欄 位 名 稱	含 義
codec_type	編碼器類型
codec_time_base	編碼時間基
width\height	視訊圖型的寬、高
has_b_frames	每個 I 幀和 P 幀之間的 B 幀數量
sample_aspect_ratio	像素取樣縱橫比
display_aspect_ratio	畫面顯示縱橫比
pix_fmt	像素格式
is_avc	是否是 H.264/AVC 編碼
nal_length_size	以幾位元組表示一個 nal 單元長度值
r_frame_rate	最小每秒顯示畫面
avg_frame_rate	平均每秒顯示畫面
time_base	當前串流的時間基
start_pts	起始位置的 pts
start_time	起始位置的實際時間
duration_ts	以時間基為單位的總時長
duration	當前串流的實際時長
bit_rate	當前串流的串流速率
max_bit_rate	當前串流的最大串流速率
bits_per_raw_sample	當前串流每個取樣的位元深度
nb_frames	當前串流封包含的總幀數
sample_fmt	音訊取樣格式
sample_rate	音訊取樣速率
channels	聲道數
channel_layout	單聲道 / 身歷聲

7.3.3 顯示每一個編碼串流封包的資訊

除少數未壓縮的資料外，音訊取樣和視訊的圖型幀都將被壓縮為多個編碼串流封包（即 packet），再保存在容器檔案中。在 **ffprobe** 中增加參數 **-show_packets**，即可顯示當前檔案的所有編碼串流封包資訊。

```
ffprobe -show_packets -i test.mp4
```

由於輸出的資訊較長，所以此處只截取部分資訊進行顯示。

```
...
[PACKET]
codec_type=video
stream_index=0
pts=60585967
pts_time=1009.766117
dts=60583965
dts_time=1009.732750
duration=1001
duration_time=0.016683
convergence_duration=N/A
convergence_duration_time=N/A
size=75
pos=241370513
flags=__
[/PACKET]
[PACKET]
codec_type=audio
stream_index=1
pts=48467968
pts_time=1009.749333
dts=48467968
dts_time=1009.749333
duration=1024
duration_time=0.021333
convergence_duration=N/A
```

```
convergence_duration_time=N/A
size=846
pos=241370588
flags=K_
[/PACKET]
...
```

部分欄位的含義如表 7-5 所示。

表 7-5

欄位名稱	含　義
codec_type	該編碼串流封包的編碼類型
stream_index	該編碼串流封包所屬的串流索引號
pts	該編碼串流封包以串流時間基為單位的顯示時間戳記
pts_time	該編碼串流封包的實際顯示時間
duration	該編碼串流封包以串流時間基為單位的持續時長
duration_time	該編碼串流封包的實際持續時長
size	該編碼串流封包的大小
pos	該編碼串流封包在容器檔案中的位置

7.3.4 顯示媒體串流和編碼串流封包的負載資訊

當使用參數 -show_streams 和 -show_packets 顯示媒體串流和編碼串流
封包資訊時，加入參數 -show_data 即可輸出媒體串流和編碼串流封包的
負載資訊。舉例來說，使用以下命令即可顯示媒體串流的負載資訊。

```
ffprobe -show_streams -show_data -i test.mp4
```

輸出結果如下所示。

```
[STREAM]
index=0
```

```
codec_name=aac
codec_long_name=AAC (Advanced Audio Coding)
profile=LC
codec_type=audio
codec_time_base=1/48000
codec_tag_string=mp4a
codec_tag=0x6134706d
sample_fmt=fltp
sample_rate=48000
channels=2
channel_layout=stereo
bits_per_sample=0
id=N/A
r_frame_rate=0/0
avg_frame_rate=0/0
...
[/STREAM]
[STREAM]
index=1
codec_name=h264
codec_long_name=H.264 / AVC / MPEG-4 AVC / MPEG-4 part 10
profile=Constrained Baseline
codec_type=video
codec_time_base=363439/19800000
codec_tag_string=avc1
codec_tag=0x31637661
width=2288
height=1080
coded_width=2288
coded_height=1088
has_b_frames=0
[SIDE_DATA]
side_data_type=Display Matrix
displaymatrix=
00000000:            0       -65536            0
00000001:        65536            0            0
00000002:            0            0   1073741824
```

```
rotation=90
[/SIDE_DATA]
[/STREAM]
```

在加入參數 -show_data 後,ffprobe 輸出了媒體串流中的 extradata 和 SIDE_DATA 等資訊。

如果希望顯示每一個編碼串流封包的負載資訊,則可以透過以下命令實現。

```
ffprobe -show_packets -show_data -i test.mp4
```

輸出的某個音訊編碼串流封包的資訊如下所示。

```
[PACKET]
codec_type=audio
stream_index=0
pts=47104
pts_time=0.981333
dts=47104
dts_time=0.981333
duration=1024
duration_time=0.021333
convergence_duration=N/A
convergence_duration_time=N/A
size=342
pos=19325
flags=K_
data=
00000000: 211a 4ffb b9fa 00fe 6ac3 4c63 a2c4 8431  !.O.....j.Lc...1
00000010: 1a69 7d56 66a6 6524 8996 9502 9614 05f7  .i}Vf.e$.....
00000020: e337 9adb 0faf bdfc 5c3e 17d0 5ab7 4e2b  .7...\>..Z.N+
00000030: 788c 003b aab5 69fd 73d4 6906 4059 2954  x..;..i.s.i.@Y)T
00000040: 2343 8dc0 8a27 c972 507b 70a4 6867 b0de  #C...'.rP{p.hg..
00000050: 14da 6587 edf0 7d5d a809 039d 15f6 1b63  ..e...}]....c
00000060: 3158 92f2 db6c e240 12a9 da4a abb7 3b19  1X...l.@...J..;.
```

```
00000070: b125 d115 9e35 45ff db4b 7cfe 1fda 9fed    .%...5E..K|.....
00000080: db0f de7e 2fc3 8cea ffe5 5fb5 ba55 1f31    ...~/......_..U.1
00000090: af60 05a7 d7b5 10a0 0105 4b67 f158 7bba    .`.....Kg.X{.
000000a0: 86d7 061b 8dd2 6aaa a543 ecb4 9c26 0175    ...j..C...&.u
000000b0: 2940 26e9 8c74 2090 0441 6120 c4cf 2aeb    )@&..t ..Aa ..*.
000000c0: ce56 f2ea a911 5112 a405 0807 b26f 8b9a    .V....Q...o..
000000d0: 6978 1571 f0bd 6f0d 9b62 18c7 de6d e650    ix.q..o..b...m.P
000000e0: 09a5 793b 24c2 b9ee b30e 129a ef25 9e4f    ..y;$.....%.O
000000f0: acf5 ebd7 8d9e 79f1 4b21 d61d 9472 d000    ...y.K!...r..
00000100: 84f8 00e9 8429 0696 095a 1e8a 6885 bf2b    .....)...Z..h..+
00000110: 8add 9755 7aa1 5292 bfcf 7d84 c8c1 0c56    ...Uz.R...}....V
00000120: a425 cf22 ee67 55f3 4d0c 6d2b 23d8 37b9    .%.".gU.M.m+#.7.
00000130: 4cde 3849 b2e7 d15d 1273 92e6 a6df 5961    L.8I...].s....Ya
00000140: cdde b055 601a 02c5 0dd2 696c 160c bd63    ...U`.....il...c
00000150: 1d16 e7f8 0070                             .....p

[/PACKET]
```

從輸出結果可以看出，除原有的編碼串流封包資訊外，在加入參數 -show_data 後，ffprobe 額外輸出了每一個編碼串流封包所承載的二進位編碼串流資料。

7.3.5 顯示每一幀圖型的資訊

最徹底的分析影音資訊的方式是對視訊串流的每一幀圖型進行解碼，並且顯示每一幀圖型的資訊。在 ffprobe 中加入參數 -show_frames 即可實現顯示每一幀圖型的資訊，命令如下。

```
ffprobe -show_frames -i test.mp4
```

輸出結果如下所示。

```
...
[FRAME]
media_type=video
stream_index=0
key_frame=0
pkt_pts=360438
pkt_pts_time=4.004867
pkt_dts=360438
pkt_dts_time=4.004867
best_effort_timestamp=360438
best_effort_timestamp_time=4.004867
pkt_duration=3001
pkt_duration_time=0.033344
pkt_pos=471452
pkt_size=13066
width=2288
height=1080
pix_fmt=yuv420p
sample_aspect_ratio=1:1
pict_type=P
coded_picture_number=109
display_picture_number=0
interlaced_frame=0
top_field_first=0
repeat_pict=0
color_range=unknown
color_space=unknown
color_primaries=unknown
color_transfer=unknown
chroma_location=left
[/FRAME]
...
```

部分欄位的含義如表 7-6 所示。

表 7-6

欄 位 名 稱	含 義
media_type	媒體類型
stream_index	媒體串流索引值
key_frame	是否是關鍵幀
pkt_pts	當前幀的顯示時間戳記
pkt_pts_time	當前幀的實際顯示時間
pkt_dts	當前幀的解碼時間戳記
pkt_dts_time	當前幀的實際解碼時間
pkt_duration	以時間基為單位的持續時長
pkt_duration_time	當前幀的實際時長
pkt_pos	當前幀所在編碼串流封包在檔案中的位置
pkt_size	當前幀所在編碼串流封包的大小
width/height	圖型的寬、高
pix_fmt	圖型顏色格式
pict_type	圖型類型
coded_picture_number	編碼圖型序號

7.3.6 指定檢測資訊的輸出格式

透過前文的輸出資訊可以看出，ffprobe 的預設輸出格式並不友善。為了提高輸出資訊的可讀性，透過參數 -of 或 -print_format 指定輸出資訊的格式。舉例來說，想要以 JSON 格式保存輸出結果，則可以使用以下命令。

```
ffprobe -of json-i test.mp4
```

輸出結果如下所示。

```
"streams": [
    {
        "index": 0,
        "codec_name": "aac",
        "codec_long_name": "AAC (Advanced Audio Coding)",
        "profile": "LC",
        "codec_type": "audio",
        "codec_time_base": "1/48000",
        "codec_tag_string": "mp4a",
        "codec_tag": "0x6134706d",
        "sample_fmt": "fltp",
        "sample_rate": "48000",
        "channels": 2,
        "channel_layout": "stereo",
        "bits_per_sample": 0,
        "r_frame_rate": "0/0",
        ......
    },
    {
        "index": 1,
        "codec_name": "h264",
        "codec_long_name": "H.264 / AVC / MPEG-4 AVC / MPEG-4 part 10",
        "profile": "Constrained Baseline",
        "codec_type": "video",
        "codec_time_base": "363439/19800000",
        "codec_tag_string": "avc1",
        "codec_tag": "0x31637661",
        "width": 2288,
        "height": 1080,
        "coded_width": 2288,
        "coded_height": 1088,
        "has_b_frames": 0,
        "sample_aspect_ratio": "1:1",
        "display_aspect_ratio": "286:135",
        "pix_fmt": "yuv420p",
        "level": 50,
        ......
    }
]
```

參數 -of 或 -print_format 傳入的值被稱作 Writer，我們可以增加對應的
選項來改變輸出格式。常見的可選格式有 default、compact/CSV、flat、
INI、JSON 和 XML。

（1）default 格式。預設輸出格式，所有的資訊按行輸出，如下所示。

```
 [SECTION]
key1=val1
...
keyN=valN
[/SECTION]
```

default 格式可以傳入兩個自訂選項。

■ nokey, nk：如果設為 1，則不輸出參數名稱，只輸出數值和字元類型。
■ noprint_wrappers, nw：如果設為 1，則不輸出參數段的頭和尾（例如
  [SECTION] 和 [/SECTION]）。

如果想要在命令列中同時傳入兩個參數，則使用冒號 ":" 隔開。舉例來
說，想要將 nk 和 nw 都設為 1，則可以使用以下命令。

```
ffprobe -show_frames -of=default=nk=1:nw=1 -i test.mp4
```

（2）compact/CSV 格式。將輸出資訊保存為 compact 格式或 CSV 格
式的表格。在多數情況下，這種輸出格式是可讀性最高的。通常可以
將 CSV 格式的輸出結果保存在文字檔或 CSV 格式的檔案中，不僅便於
閱讀，也便於自動化處理。compact/CSV 格式支援以下選項。

■ item_sep, s：分隔符號號，在一行中分隔不同的欄位。compact 格式
  預設為 "|"，CSV 格式預設為 ","。
■ nokey, nk：不輸出參數名稱。compact 格式預設為 0，CSV 格式預設
  為 1。

- escape, e：逸出字元格式。可選項有 c、csv 和 none 三種。其中，compact 格式預設為 .c，CSV 格式預設為 .csv。
- print_section, p：列印區段的名稱。當設為 0 時，表示關閉；當設為 1 時，表示開啟，預設為 1。

如果想要將結果保存在 CSV 格式的檔案中，且不輸出參數名稱，則可以使用以下命令。

```
ffprobe -show_frames -of csv=nk=0 -i test.mp4 >> test_mp4.csv
```

在執行命令後，輸出的 **test_mp4.csv** 檔案可以使用 Excel、Numbers 等軟體打開，如圖 7-12 所示。

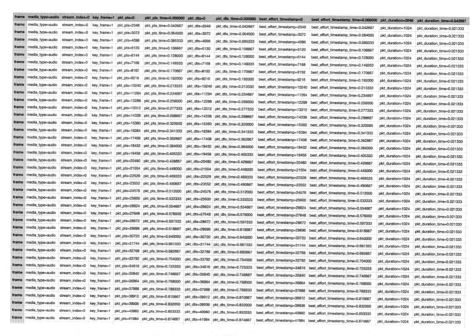

▲ 圖 7-12

（3）flat 格式。可以認為是「直接」模式，也就是說，所有的資訊以指定分隔符號號的形式直接顯示，如下所示。

```
...
frames.frame.73.stream_index=0
frames.frame.73.key_frame=0
frames.frame.73.pkt_pts=243385
frames.frame.73.pkt_pts_time="2.704278"
frames.frame.73.pkt_dts=243385
frames.frame.73.pkt_dts_time="2.704278"
frames.frame.73.best_effort_timestamp=243385
frames.frame.73.best_effort_timestamp_time="2.704278"
frames.frame.73.pkt_duration=3001
frames.frame.73.pkt_duration_time="0.033344"
frames.frame.73.pkt_pos="238387"
frames.frame.73.pkt_size="3028"
frames.frame.73.width=2288
frames.frame.73.height=1080
frames.frame.73.pix_fmt="yuv420p"
frames.frame.73.sample_aspect_ratio="1:1"
frames.frame.73.pict_type="P"
frames.frame.73.coded_picture_number=73
frames.frame.73.display_picture_number=0
frames.frame.73.interlaced_frame=0
frames.frame.73.top_field_first=0
frames.frame.73.repeat_pict=0
frames.frame.73.color_range="unknown"
frames.frame.73.color_space="unknown"
frames.frame.73.color_primaries="unknown"
frames.frame.73.color_transfer="unknown"
frames.frame.73.chroma_location="left"
...
```

flat 格式可以傳入兩個自訂選項。

- sep_char：指定顯示的分隔符號號，預設為 "."。
- hierarchical：指定區段名是否分級顯示。如果設為 1，則分級顯示；如果設為 0，則不分級顯示，預設為 1。

範例如下。

```
ffprobe -of flat=sep_char='-' -show_frames -i test.mp4
```

（4）INI 格式。INI 格式常用於 Windows 系統，作為系統的初始化指令稿
等。當指定輸出格式為 INI 格式時，輸出結果如下所示。

```
...
[frames.frame.107]
media_type=video
stream_index=0
key_frame=0
pkt_pts=354436
pkt_pts_time=3.938178
pkt_dts=354436
pkt_dts_time=3.938178
best_effort_timestamp=354436
best_effort_timestamp_time=3.938178
pkt_duration=3001
pkt_duration_time=0.033344
pkt_pos=442042
pkt_size=14258
width=2288
height=1080
pix_fmt=yuv420p
sample_aspect_ratio=1\:1
pict_type=P
coded_picture_number=107
display_picture_number=0
interlaced_frame=0
top_field_first=0
repeat_pict=0
color_range=unknown
color_space=unknown
color_primaries=unknown
color_transfer=unknown
chroma_location=left
```

```
[frames.frame.108]
media_type=video
stream_index=0
key_frame=0
pkt_pts=357437
pkt_pts_time=3.971522
pkt_dts=357437
pkt_dts_time=3.971522
best_effort_timestamp=357437
best_effort_timestamp_time=3.971522
pkt_duration=3001
pkt_duration_time=0.033344
pkt_pos=456300
pkt_size=15152
width=2288
height=1080
pix_fmt=yuv420p
sample_aspect_ratio=1\:1
pict_type=P
coded_picture_number=108
display_picture_number=0
interlaced_frame=0
top_field_first=0
repeat_pict=0
color_range=unknown
color_space=unknown
color_primaries=unknown
color_transfer=unknown
chroma_location=left
```

INI 格式僅支援一個選項——hierarchical, h：指定區段名是否分級顯示，預設為 1 如果設為 0，則不分級顯示，命令如下。

```
ffprobe -of ini -show_frames -i test.mp4
```

（5）JSON 格式。JSON 格式在網路傳輸中具有廣泛應用，因此將檢測結果以 JSON 格式輸出，十分有利於其作為中間資料被處理。JSON 格式僅支援一個選項──compact, c：壓縮格式輸出，對每個區段只列印一行，命令如下。

```
ffprobe -of json=c=1 -show_frames -i test.mp4
```

輸出結果如下所示。

```
{
    [
    ...
    { "media_type": "video", "stream_index": 0, "key_frame": 0, "pkt_
pts": 357437, "pkt_pts_time": "3.971522", "pkt_dts": 357437, "pkt_
dts_time": "3.971522", "best_effort_timestamp": 357437, "best_effort_
timestamp_time": "3.971522", "pkt_duration": 3001, "pkt_duration_time":
"0.033344", "pkt_pos": "456300", "pkt_size": "15152", "width": 2288,
"height": 1080, "pix_fmt": "yuv420p", "sample_aspect_ratio": "1:1",
"pict_type": "P", "coded_picture_number": 108, "display_picture_number":
0, "interlaced_frame": 0, "top_field_first": 0, "repeat_pict": 0,
"chroma_location": "left" },
    { "media_type": "video", "stream_index": 0, "key_frame": 0, "pkt_
pts": 360438, "pkt_pts_time": "4.004867", "pkt_dts": 360438, "pkt_
dts_time": "4.004867", "best_effort_timestamp": 360438, "best_effort_
timestamp_time": "4.004867", "pkt_duration": 3001, "pkt_duration_time":
"0.033344", "pkt_pos": "471452", "pkt_size": "13066", "width": 2288,
"height": 1080, "pix_fmt": "yuv420p", "sample_aspect_ratio": "1:1",
"pict_type": "P", "coded_picture_number": 109, "display_picture_number":
0, "interlaced_frame": 0, "top_field_first": 0, "repeat_pict": 0,
"chroma_location": "left" }
    ...
    ]
}
```

7.4 ffmpeg 的基本使用方法

與 ffplay 和 ffprobe 一樣，ffmpeg 同樣設計了完整的説明資訊和參數説明，使用以下命令可以查看 ffmpeg 提供的説明資訊。

```
ffmpeg -h # 顯示基本說明資訊
ffmpeg -h long # 顯示更多說明資訊
ffmpeg -h full # 顯示全部說明資訊
```

使用以下參數可以獲取 ffmpeg 的版本和編譯設定資訊，以及支援的解重複使用器格式、重複使用器格式、輸入格式、輸出格式、解碼器、編碼器、媒體協議和硬體加速框架等。

```
-version         show version
-buildconf       show build configuration
-formats         show available formats
-muxers          show available muxers
-demuxers        show available demuxers
-devices         show available devices
-codecs          show available codecs
-decoders        show available decoders
-encoders        show available encoders
-bsfs            show available bit stream filters
-protocols       show available protocols
-filters         show available filters
-pix_fmts        show available pixel formats
-layouts         show standard channel layouts
-sample_fmts     show available audio sample formats
-colors          show available color names
-sources device  list sources of the input device
-sinks device    list sinks of the output device
-hwaccels        show available HW acceleration methods
```

7.4.1 顯示版本和編譯設定資訊

使用參數 -version 可以查看當前 ffmpeg 版本。

```
ffmpeg -version
```

從輸出結果可以看出，當前 ffmpeg 版本為 4.2.1。

```
ffmpeg version 4.2.1 Copyright (c) 2000-2019 the FFmpeg developers
```

使用參數 -buildconf 可以查看當前 ffmpeg 的編譯設定資訊。

```
ffmpeg -buildconf
```

輸出結果如下所示。

```
configuration:
    --prefix=/usr/local/Cellar/ffmpeg/4.2.1_1
    --enable-shared
    --enable-pthreads
    --enable-version3
    --enable-avresample
    --cc=clang
    --host-cflags='-I/Library/Java/JavaVirtualMachines/adoptopenjdk-13.
jdk/
        Contents/Home/include -I/Library/Java/JavaVirtualMachines/
        adoptopenjdk- 13.jdk/ Contents/Home/include/darwin -fno-stack-
check'
    --host-ldflags=
    --enable-ffplay
    --enable-gnutls
    --enable-gpl
    --enable-libaom
    --enable-libbluray
    --enable-libmp3lame
    --enable-libopus
```

```
--enable-librubberband
--enable-libsnappy
--enable-libtesseract
--enable-libtheora
--enable-libvidstab
--enable-libvorbis
--enable-libvpx
--enable-libx264
--enable-libx265
--enable-libxvid
--enable-lzma
--enable-libfontconfig
--enable-libfreetype
--enable-frei0r
--enable-libass
--enable-libopencore-amrnb
--enable-libopencore-amrwb
--enable-libopenjpeg
--enable-librtmp
--enable-libspeex
--enable-libsoxr
--enable-videotoolbox
--disable-libjack
--disable-indev=jack
```

7.4.2 顯示支援的解重複使用器格式

使用參數 -demuxers 可以查看當前 ffmpeg 支援的解重複使用器格式。

```
ffmpeg -demuxers
```

部分格式如下所示。

```
File formats:
 D. = Demuxing supported
 .E = Muxing supported
```

```
  --
D  3dostr             3DO STR
D  4xm                4X Technologies
D  aa                 Audible AA format files
D  aac                raw ADTS AAC (Advanced Audio Coding)
D  ac3                raw AC-3
D  acm                Interplay ACM
D  act                ACT Voice file format
D  adf                Artworx Data Format
D  adp                ADP
D  ads                Sony PS2 ADS
D  adx                CRI ADX
D  aea                MD STUDIO audio
D  afc                AFC
D  aiff               Audio IFF
D  aix                CRI AIX
D  alaw               PCM A-law
D  alias_pix          Alias/Wavefront PIX image
D  amr                3GPP AMR
D  amrnb              raw AMR-NB
D  amrwb              raw AMR-WB
D  anm                Deluxe Paint Animation
D  apc                CRYO APC
D  ape                Monkey's Audio
D  apng               Animated Portable Network Graphics
D  aptx               raw aptX
D  aptx_hd            raw aptX HD
D  aqtitle            AQTitle subtitles
D  asf                ASF (Advanced / Active Streaming Format)
D  asf_o              ASF (Advanced / Active Streaming Format)
D  ass                SSA (SubStation Alpha) subtitle
D  ast                AST (Audio Stream)
D  au                 Sun AU
D  avfoundation       AVFoundation input device
D  avi                AVI (Audio Video Interleaved)
D  avr                AVR (Audio Visual Research)
D  avs                Argonaut Games Creature Shock
D  avs2               raw AVS2-P2/IEEE1857.4
```

```
...
D  h261                raw H.261
D  h263                raw H.263
D  h264                raw H.264 video
D  hcom                Macintosh HCOM
D  hevc                raw HEVC video
D  hls                 Apple HTTP Live Streaming
...
D  m4v                 raw MPEG-4 video
D  matroska,webm       Matroska / WebM
D  mgsts               Metal Gear Solid: The Twin Snakes
D  microdvd            MicroDVD subtitle format
D  mjpeg               raw MJPEG video
D  mjpeg_2000          raw MJPEG 2000 video
D  mlp                 raw MLP
D  mlv                 Magic Lantern Video (MLV)
D  mm                  American Laser Games MM
D  mmf                 Yamaha SMAF
D  mov,mp4,m4a,3gp,3g2,mj2 QuickTime / MOV
D  mp3                 MP2/3 (MPEG audio layer 2/3)
D  mpc                 Musepack
D  mpc8                Musepack SV8
D  mpeg                MPEG-PS (MPEG-2 Program Stream)
D  mpegts              MPEG-TS (MPEG-2 Transport Stream)
...
```

如果某種封裝格式未出現在該命令的輸出列表中，則表示當前 ffmpeg 不支持該格式的解重複使用器，即無法將該格式的影音檔案或媒體串流解重複使用為對應的音訊資訊和視訊資訊，也就無法進一步解碼和播放。

7.4.3 顯示支援的重複使用器格式

使用參數 -muxers 可以查看當前 ffmpeg 支援的重複使用器格式。

```
ffmepg -muxers
```

輸出結果如下所示。

```
File formats:
 D. = Demuxing supported
 .E = Muxing supported
 --
  E 3g2          3GP2 (3GPP2 file format)
  E 3gp          3GP (3GPP file format)
  E a64          a64 - video for Commodore 64
  E ac3          raw AC-3
  E adts         ADTS AAC (Advanced Audio Coding)
  E adx          CRI ADX
  E aiff         Audio IFF
  E alaw         PCM A-law
  E amr          3GPP AMR
  E apng         Animated Portable Network Graphics
  E aptx         raw aptX (Audio Processing Technology for Bluetooth)
  E aptx_hd      raw aptX HD (Audio Processing Technology for Bluetooth)
  E asf          ASF (Advanced / Active Streaming Format)
  E asf_stream   ASF (Advanced / Active Streaming Format)
  E ass          SSA (SubStation Alpha) subtitle
  E ast          AST (Audio Stream)
  E au           Sun AU
  E avi          AVI (Audio Video Interleaved)
  ...
  E flac         raw FLAC
  E flv          FLV (Flash Video)
  E framecrc     framecrc testing
  E framehash    Per-frame hash testing
  E framemd5     Per-frame MD5 testing
  E g722         raw G.722
  E g723_1       raw G.723.1
  E g726         raw big-endian G.726 ("left-justified")
  E g726le       raw little-endian G.726 ("right-justified")
  E gif          CompuServe Graphics Interchange Format (GIF)
  E gsm          raw GSM
  E gxf          GXF (General eXchange Format)
  E h261         raw H.261
```

```
E h263               raw H.263
E h264               raw H.264 video
E hash               Hash testing
E hds                HDS Muxer
E hevc               raw HEVC video
E hls                Apple HTTP Live Streaming
E ico                Microsoft Windows ICO
E ilbc               iLBC storage
E image2             image2 sequence
E image2pipe         piped image2 sequence
E ipod               iPod H.264 MP4 (MPEG-4 Part 14)
E ircam              Berkeley/IRCAM/CARL Sound Format
E ismv               ISMV/ISMA (Smooth Streaming)
E ivf                On2 IVF
E jacosub            JACOsub subtitle format
E latm               LOAS/LATM
E lrc                LRC lyrics
E m4v                raw MPEG-4 video
E matroska           Matroska
E md5                MD5 testing
E microdvd           MicroDVD subtitle format
E mjpeg              raw MJPEG video
E mkvtimestamp_v2 extract pts as timecode v2 format, as defined by
mkvtoolnix
E mlp                raw MLP
E mmf                Yamaha SMAF
E mov                QuickTime / MOV
E mp2                MP2 (MPEG audio layer 2)
E mp3                MP3 (MPEG audio layer 3)
E mp4                MP4 (MPEG-4 Part 14)
E mpeg               MPEG-1 Systems / MPEG program stream
E mpeg1video         raw MPEG-1 video
E mpeg2video         raw MPEG-2 video
E mpegts             MPEG-TS (MPEG-2 Transport Stream)
E mpjpeg             MIME multipart JPEG
E mulaw              PCM mu-law
E mxf                MXF (Material eXchange Format)
E mxf_d10            MXF (Material eXchange Format) D-10 Mapping
```

```
E mxf_opatom       MXF (Material eXchange Format) Operational Pattern Atom
E null             raw null video
E nut              NUT
E oga              Ogg Audio
E ogg              Ogg
E ogv              Ogg Video
E oma              Sony OpenMG audio
E opus             Ogg Opus
E psp              PSP MP4 (MPEG-4 Part 14)
E rawvideo         raw video
E rm               RealMedia
E roq              raw id RoQ
E rso              Lego Mindstorms RSO
E rtp              RTP output
E rtp_mpegts       RTP/mpegts output format
E rtsp             RTSP output
...
E wav              WAV / WAVE (Waveform Audio)
E webm             WebM
E webm_chunk       WebM Chunk Muxer
E webm_dash_manifest  WebM DASH Manifest
E webp             WebP
E webvtt           WebVTT subtitle
E wtv              Windows Television (WTV)
E wv               raw WavPack
E yuv4mpegpipe     YUV4MPEG pipe
```

如果某種格式不在上述輸出列表中，則表示當前使用的 ffmpeg 不支持該格式的重複使用器，即無法將單獨的音訊串流或視訊串流封裝為此格式的檔案或媒體串流。

7.4.4 顯示支援的所有輸入格式和輸出格式

使用 -formats 參數可以查看當前 ffmpeg 支援的所有輸入格式和輸出格式，相當於 -demuxers 參數和 -muxers 參數的輸出資訊的合集。

```
ffmpeg -formats
```

部分輸出結果如下所示。

```
File formats:
 D. = Demuxing supported
 .E = Muxing supported
 --
 D  3dostr          3DO STR
  E 3g2             3GP2 (3GPP2 file format)
  E 3gp             3GP (3GPP file format)
 D  4xm             4X Technologies
  E a64             a64 - video for Commodore 64
 D  aa              Audible AA format files
 D  aac             raw ADTS AAC (Advanced Audio Coding)
 DE ac3             raw AC-3
 D  acm             Interplay ACM
 D  act             ACT Voice file format
 D  adf             Artworx Data Format
 D  adp             ADP
 D  ads             Sony PS2 ADS
  E adts            ADTS AAC (Advanced Audio Coding)
 DE adx             CRI ADX
 D  aea             MD STUDIO audio
 D  afc             AFC
 DE aiff            Audio IFF
 D  aix             CRI AIX
 DE alaw            PCM A-law
 D  alias_pix       Alias/Wavefront PIX image
 DE amr             3GPP AMR
 D  amrnb           raw AMR-NB
 D  amrwb           raw AMR-WB
 D  anm             Deluxe Paint Animation
 D  apc             CRYO APC
 D  ape             Monkey's Audio
 DE apng            Animated Portable Network Graphics
 DE aptx            raw aptX (Audio Processing Technology for Bluetooth)
```

```
DE aptx_hd              raw aptX HD (Audio Processing Technology for Bluetooth)
D  aqtitle              AQTitle subtitles
DE asf                  ASF (Advanced / Active Streaming Format)
D  asf_o                ASF (Advanced / Active Streaming Format)
 E asf_stream           ASF (Advanced / Active Streaming Format)
DE ass                  SSA (SubStation Alpha) subtitle
DE ast                  AST (Audio Stream)
DE au                   Sun AU
D  avfoundation         AVFoundation input device
DE avi                  AVI (Audio Video Interleaved)
...
```

7.4.5 顯示支援的解碼器

使用參數 -decoders 可以查看當前 ffmpeg 支援的解碼器。

```
ffmpeg -decoders
```

部分輸出結果如下所示。

```
Decoders:
 V..... = Video
 A..... = Audio
 S..... = Subtitle
 .F.... = Frame-level multithreading
 ..S... = Slice-level multithreading
 ...X.. = Codec is experimental
 ....B. = Supports draw_horiz_band
 .....D = Supports direct rendering method 1
 ------
 V....D 012v            Uncompressed 4:2:2 10-bit
 V....D 4xm             4X Movie
 V....D 8bps            QuickTime 8BPS video
 V....D aasc            Autodesk RLE
 V....D agm             Amuse Graphics Movie
 VF...D aic             Apple Intermediate Codec
```

```
V....D alias_pix      Alias/Wavefront PIX image
V....D amv            AMV Video
V....D anm            Deluxe Paint Animation
V....D ansi           ASCII/ANSI art
VF...D apng           APNG (Animated Portable Network Graphics) image
V....D arbc           Gryphon's Anim Compressor
V....D asv1           ASUS V1
V....D asv2           ASUS V2
V....D aura           Auravision AURA
V....D aura2          Auravision Aura 2
V....D libaom-av1     libaom AV1 (codec av1)
V..... avrn           Avid AVI Codec
V....D avrp           Avid 1:1 10-bit RGB Packer
V....D avs            AVS (Audio Video Standard) video
 ...
V....D h261           H.261
V...BD h263           H.263 / H.263-1996, H.263+ / H.263-1998 / H.263
version 2
V...BD h263i          Intel H.263
V...BD h263p          H.263 / H.263-1996, H.263+ / H.263-1998 / H.263
version 2
VFS..D h264           H.264 / AVC / MPEG-4 AVC / MPEG-4 part 10
VFS..D hap            Vidvox Hap
VFS..D hevc           HEVC (High Efficiency Video Coding)
 ...
A....D aac            AAC (Advanced Audio Coding)
A....D aac_fixed      AAC (Advanced Audio Coding) (codec aac)
A....D aac_at         aac (AudioToolbox) (codec aac)
A....D aac_latm       AAC LATM (Advanced Audio Coding LATM syntax)
A....D ac3            ATSC A/52A (AC-3)
A....D ac3_fixed      ATSC A/52A (AC-3) (codec ac3)
A....D ac3_at         ac3 (AudioToolbox) (codec ac3)
 ...
```

如果某種格式不在上述輸出列表中，則表示當前使用的 **ffmpeg** 不支持該格式的解碼器，即無法將該格式對應的編碼串流解碼為對應的圖像資料或音訊資料。

7.4.6 顯示支援的編碼器

使用參數 -encoders 可以查看當前 ffmpeg 支援的編碼器。

```
ffmpeg -encoders
```

部分輸出結果如下所示。

```
Encoders:
 V..... = Video
 A..... = Audio
 S..... = Subtitle
 .F.... = Frame-level multithreading
 ..S... = Slice-level multithreading
 ...X.. = Codec is experimental
 ....B. = Supports draw_horiz_band
 .....D = Supports direct rendering method 1
 ------
 V..... a64multi       Multicolor charset for Commodore 64 (codec a64_
multi)
 V..... a64multi5      Multicolor charset for Commodore 64, extended
with 5th color (colram) (codec a64_multi5)
 V..... alias_pix      Alias/Wavefront PIX image
 V..... amv            AMV Video
 V..... apng           APNG (Animated Portable Network Graphics) image
 V..... asv1           ASUS V1
 V..... asv2           ASUS V2
 V..X.. libaom-av1     ibaom AV1 (codec av1)
 V..... avrp           Avid 1:1 10-bit RGB Packer
 V..X.. avui           Avid Meridien Uncompressed
 V..... ayuv           Uncompressed packed MS 4:4:4:4
 V..... bmp            BMP (Windows and OS/2 bitmap)
 V..... cinepak        Cinepak
 V..... cljr           Cirrus Logic AccuPak
 V.S... vc2            SMPTE VC-2 (codec dirac)
 VFS... dnxhd          VC3/DNxHD
 V..... dpx            DPX (Digital Picture Exchange) image
```

```
VFS... dvvideo            DV (Digital Video)
V.S... ffv1               FFmpeg video codec #1
VF.... ffvhuff            Huffyuv FFmpeg variant
V..... fits               Flexible Image Transport System
V..... flashsv            Flash Screen Video
V..... flashsv2           Flash Screen Video Version 2
V..... flv                FLV / Sorenson Spark / Sorenson H.263 (Flash
Video) (codec flv1)
V..... gif                GIF (Graphics Interchange Format)
V..... h261               H.261
V..... h263               H.263 / H.263-1996
V.S... h263p              H.263+ / H.263-1998 / H.263 version 2
V..... libx264            libx264 H.264 / AVC / MPEG-4 AVC / MPEG-4 part
10 (codech264)
V..... libx264rgb         libx264 H.264 / AVC / MPEG-4 AVC / MPEG-4
part 10 RGB (codec h264)
V..... h264_videotoolbox  VideoToolbox H.264 Encoder (codec h264)
V..... hap                Vidvox Hap
V..... libx265            libx265 H.265 / HEVC (codec hevc)
V..... hevc_videotoolbox  VideoToolbox H.265 Encoder (codec hevc)
VF.... huffyuv            Huffyuv / HuffYUV
V..... jpeg2000           JPEG 2000
...
A..... aac                AAC (Advanced Audio Coding)
A....D aac_at             aac (AudioToolbox) (codec aac)
A..... ac3                ATSC A/52A (AC-3)
A..... ac3_fixed          ATSC A/52A (AC-3) (codec ac3)
A..... adpcm_adx          SEGA CRI ADX ADPCM
A..... g722               G.722 ADPCM (codec adpcm_g722)
A..... g726               G.726 ADPCM (codec adpcm_g726)
A..... g726le             G.726 little endian ADPCM ("right-justified")
(codec adpcm_g726le)
A..... adpcm_ima_qt       ADPCM IMA QuickTime
A..... adpcm_ima_wav      ADPCM IMA WAV
A..... adpcm_ms           ADPCM Microsoft
A..... adpcm_swf          ADPCM Shockwave Flash
A..... adpcm_yamaha       ADPCM Yamaha
A..... alac               ALAC (Apple Lossless Audio Codec)
```

```
 A....D alac_at            alac (AudioToolbox) (codec alac)
 A..... libopencore_amrnb  OpenCORE AMR-NB (Adaptive Multi-Rate Narrow-
Band) (codec amr_nb)
 A..... aptx               aptX (Audio Processing Technology for
Bluetooth)
 A..... aptx_hd            aptX HD (Audio Processing Technology for
Bluetooth)
 A..... comfortnoise       RFC 3389 comfort noise generator
 A..X.. dca                DCA (DTS Coherent Acoustics) (codec dts)
 A..... eac3               ATSC A/52 E-AC-3
 A..... flac               FLAC (Free Lossless Audio Codec)
 A..... g723_1             G.723.1
 A....D ilbc_at            ilbc (AudioToolbox) (codec ilbc)
 A..X.. mlp                MLP (Meridian Lossless Packing)
 A..... mp2                MP2 (MPEG audio layer 2)
 A..... mp2fixed           MP2 fixed point (MPEG audio layer 2) (codec
mp2)
 A..... libmp3lame         libmp3lame MP3 (MPEG audio layer 3) (codec
mp3)
 A..... nellymoser         Nellymoser Asao
 A..X.. opus               Opus
 A..... libopus            libopus Opus (codec opus)
 ...
```

如果某種格式不在上述輸出列表中，則表示當前使用的 ffmpeg 不支持該
格式的編碼器，即無法將輸入的圖像資料或音訊資料編碼為對應格式的
視訊串流或音訊串流。

7.4.7 顯示支援的媒體協定

使用參數 -protocols 可以查看當前 ffmpeg 支援的媒體協定。

```
ffmpeg -protocols
```

輸出結果如下所示。

```
Supported file protocols:
Input:
  async
  bluray
  cache
  concat
  crypto
  data
  file
  ftp
  gopher
  hls
  http
  httpproxy
  https
  mmsh
  mmst
  pipe
  rtp
  srtp
  subfile
  tcp
  tls
  udp
  udplite
  unix
  rtmp
  rtmpe
  rtmps
  rtmpt
  rtmpte
Output:
  crypto
  file
  ftp
  gopher
```

```
http
httpproxy
https
icecast
md5
pipe
prompeg
rtp
srtp
tee
tcp
tls
udp
udplite
unix
rtmp
rtmpe
rtmps
rtmpt
rtmpte
```

上述輸出結果包含了當前 ffmpeg 支持的所有輸入協定和輸出協定。

7.4.8 顯示支援的硬體加速框架

在不同的平台上，ffmpeg 支援不同類型的硬體加速框架。舉例來說，在 iOS 或 OS X 平台上，普遍支持 VideoToolbox 對視訊進行編碼、解碼和圖型格式轉換。在 Windows 平台上，普遍支持 MediaFoundation 對視訊進行編碼和解碼。在 NVIDIA GPU 平台上，普遍支持 NVENCC、NVDEC 或 CUVID 對視訊進行編碼和解碼。由於針對不同的平台 ffmpeg 有不同的編譯設定，因此我們需要透過參數 -hwaccels 查看當前 ffmpeg 支援哪些硬體加速框架。

```
ffmpeg -hwaccels
```

假設某工作站使用的是 Intel Core i7 9700kf 處理器和 NVIDIA RTX 2080S 顯示卡，作業系統為 Windows 10 家庭版，則輸出結果如下所示。

```
Hardware acceleration methods:
cuda
dxva2
qsv
d3d11va
```

7.4.9 ffmpeg 封裝格式轉換

在第 5 章中曾介紹過 FLV、MPEG-TS 和 MP4 等常用的封裝格式，以及各自適用的場景。實際上，常常出現原始視訊檔案的封裝格式與需求不同的情況，因此對不同的視訊格式進行轉換是十分常見的操作。透過 ffmpeg，我們不僅可以簡單地使用一筆命令完成對封裝格式的轉換，還可以設定不同的命令列參數對轉換過程進行訂製。

1. 基本轉封裝操作

想要對原始視訊檔案 test.mp4 進行轉封裝操作，則應先使用 ffprobe 驗證 test.mp4 中的影音流參數，輸出結果如下所示。

```
Input #0, mov,mp4,m4a,3gp,3g2,mj2, from 'test.mp4':
  Metadata:
    major_brand    : isom
    minor_version  : 512
    compatible_brands: isomiso2avc1mp41
    encoder        : Lavf57.41.100
  Duration: 00:01:05.15, start: 0.000000, bitrate: 274 kb/s
    Stream #0:0(und): Video: h264 (High) (avc1 / 0x31637661), yuv420p,
852x480
```

```
        [SAR 640:639 DAR 16:9], 222 kb/s, 23 fps, 23 tbr, 11776 tbn, 46
tbc (default)
    Metadata:
      handler_name    : VideoHandler
    Stream #0:1 (eng): Audio: aac (HE-AAC) (mp4a / 0x6134706D), 48000 Hz,
stereo,
        fltp, 48 kb/s (default)
    Metadata:
      handler_name    : SoundHandler
```

正如前文所介紹的，最簡單的 **ffmpeg** 轉封裝命令只需要輸入檔案和輸出
檔案兩個參數。

```
ffmpeg -i test.mp4 output.avi
```

執行命令後，使用 **ffprobe** 驗證輸出檔案的影音流參數。

```
Input #0, avi, from './output.avi':
  Metadata:
    encoder        : Lavf58.29.100
  Duration: 00:01:05.04, start: 0.000000, bitrate: 526 kb/s
    Stream #0:0: Video: mpeg4 (Simple Profile) (FMP4 / 0x34504D46),
yuv420p,
        852x480 [SAR 1:1 DAR 71:40], 385 kb/s, SAR 640:639 DAR 16:9, 23
fps, 23
        tbr, 23 tbn, 23 tbc
    Stream #0:1: Audio: mp3 (U[0][0][0] / 0x0055), 48000 Hz, stereo,
fltp, 128 kb/s
```

從輸出結果可知，輸出檔案的視訊串流與音訊串流的編碼格式均發生了
改變：視訊串流的編碼格式由 H.264 變為 MPEG-4，音訊串流的編碼格
式由 AAC 變為 MP3。也就是說，在轉封裝過程中同時進行了轉碼操作，
將影音流轉碼為目標封裝格式的預設編碼格式。因為轉碼過程涉及影音
流的解碼和重編碼，對運算資源消耗較大，所以多數時候我們希望只改

變容器檔案的封裝格式，讓影音流的編碼格式保持不變。下面使用參數 -c 和 -codec 指定編碼格式。

```
ffmpeg -i test.mp4 -c copy output.avi
ffmpeg -i test.mp4 -codec copy output.avi
```

此時使用 **ffprobe** 查看輸出檔案資訊，就會發現音訊串流和視訊串流的參數與輸入檔案一致，並且程式的執行速度會快很多。其原因是，在指定了 copy 作為 -codec 的參數後，**ffmpeg** 不再嘗試按照輸出檔案的格式重新編碼，而是直接把從輸入檔案中讀取的影音資料封包封裝到輸出檔案。

2. 轉封裝的資料流程選擇

某些影音封裝格式最多支持一路音訊串流和一路視訊串流（如 FLV 格式），而某些影音封裝格式則支持一路音訊串流、一路視訊串流和一路字幕串流（如 MP4 格式和 MKV 格式）。在轉封裝過程中，我們既可以使用 -map 參數指定選擇的媒體串流，也可以不加參數，讓 **ffmpeg** 自動選擇。

▶ 自動選擇媒體串流

如果在轉封裝過程中不增加任何參數指定媒體串流，則 **ffmpeg** 在轉封裝過程中將自動選擇媒體串流，具體如下。

- 視訊串流：首選輸入檔案或輸入串流中解析度最高的視訊串流。
- 音訊串流：首選輸入檔案或輸入串流中聲道數最多的音訊串流。
- 字幕串流：首選輸入檔案或輸入串流中的第一路字幕串流，但必須符合輸出格式對字幕的格式要求（如圖型格式或文字格式）。

假設有以下兩個輸入視訊檔案。

```
test1.mp4:
stream 0: video, 1280x720
```

```
stream 1: audio, 5.1 channels
stream 2: subtitle(text)

test2.avi:
stream 0: video, 3360x2100
stream 1: audio, 2 channels
```

我們使用以下命令進行格式轉換。

```
ffmpeg -i test1.mp4 -i test2.avi -c copy output.mav
```

在執行命令後，輸出檔案 output.mav 中包含輸入檔案 test1.mp4 的音訊串流（即 stream 1）和字幕串流（即 stream 2），以及輸入檔案 test2.avi 的視訊串流（即 stream 0）。

如果使用以下命令進行格式轉換。

```
ffmpeg -i test1.mp4 -i test2.avi output.wav
```

則由於輸出格式指定為 wav 格式，僅支持音訊串流，因此 ffmpeg 將把輸入檔案 test1.mp4 中的音訊串流（即 stream 1）寫入輸出檔案 output.mav。

▶ 指定選擇的媒體串流

如果自動選擇的媒體串流不符合我們的需求，那麼可以使用參數禁用某一路或某一類媒體串流，或使用參數指定選擇某一路或某一類媒體串流，並將其寫入輸出檔案或媒體串流。

（1）禁用某一路或某一類媒體串流的常用參數如下。

- -an：禁用音訊串流。
- -vn：禁用視訊串流。

- -sn：禁用字幕串流。
- -dn：禁用資料流程。

舉例來説，想要將某個視訊檔案靜音，則可以使用以下命令。

```
ffmpeg -i intput.mp4 -an -vcodec copy output.mp4
```

（2）使用參數 -map 指定或排除某一路或某一類媒體串流。

```
ffmepg -i（輸入檔案） -map（輸入檔案序號）:（媒體串流序號或類型）輸出檔案
```

如果想要將輸入檔案 input.mp4 中的所有 stream 0 都寫入輸出檔案，則可以使用以下命令。

```
ffmpeg -i input.mp4 -map 0 output.mp4
```

下面的命令可以將輸入檔案 input1.mp4 中的 stream 1 和輸入檔案 input2.mp4 中的 stream 0 寫入輸出檔案 output.mp4。

```
ffmpeg -i input1.mp4 -i input2.mp4 -map 0:1 -map 1:2 output.mp4
```

除了可以選擇某一路媒體串流，還可以指定某一類媒體串流，如某個輸入檔案的全部音訊串流或視訊串流。舉例來説，想要將輸入檔案 input1.mp4 中的全部音訊串流和輸入檔案 input2.mp4 中的全部視訊串流寫入輸出檔案 output.mp4，則可以使用以下命令。

```
ffmpeg -i input1.mp4 -i input2.mp4 -map 0:a -map 1:v output.mp4
```

如果想要將輸入檔案 input1.mp4 中的第二路音訊串流和輸入檔案 input2.mp4 中的第一路視訊串流寫入輸出檔案 output.mp4，則可使用以下命令。

```
ffmpeg -i input1.mp4 -i input2.mp4 -map 0:a:1 -map 1:v:0 output.mp4
```

除指定某一路媒體串流外,參數 -map 還可以用來排除某一路媒體串流,
只需在參數 -map 接收的參數前加 - 即可。舉例來說,想要將輸入檔案
input.mp4 中除第二路音訊串流外的所有 stream 0 都寫入輸出檔案,則
可以使用以下命令。

```
ffmpeg -i input.mp4 -map 0 -map -0:a:1 output.mp4
```

如果想要將輸入檔案 input.mp4 中的 .h264 視訊串流直接提取出來,輸
出為 .h264 格式的裸編碼串流,則直接指定輸出檔案的副檔名為 .h264
即可。

```
ffmpeg -i intput.mp4 -an -vcodec copy output.h264
```

提取音訊串流的方法與之類似,命令如下。

```
ffmpeg -i intput.mp4 -c:a copy -vn output.aac
```

3. 特定格式的常用轉封裝參數

針對 MP4 和 FLV 等常用的特定格式,ffmpeg 支援在執行轉封裝操作時
使用特定參數。

▶ 在輸出 MP4 格式時前置 moov

透過第 5 章的介紹我們知道,moov 對於 MP4 格式的解碼和播放非常重
要,解碼器必須獲取 moov 的全部資訊,才能在成功解析後獲取其中每
一個編碼串流封包的位置和時間戳記。當使用 ffmpeg 的預設參數輸出為
MP4 格式時,moov 會在所有資料轉封裝完成後生成,然後增加在檔案
的尾端。由於獲取 moov 相對較為複雜,因此 MP4 格式對串流媒體播放
等場景並不友善。

為了解決該問題，在使用 ffmpeg 進行轉封裝操作時，可以在選項 -movflags 中加入參數 faststart。

```
ffmpeg -i input.avi -c copy -movflags faststart output.mp4
```

在加入參數 faststart 後，ffmpeg 在完成轉封裝操作後會進行一次附加操作——將 moov 置於檔案表頭。

▶ 在輸出 FLV 格式時增加關鍵幀資訊

在 FLV 檔案中，每個影音編碼串流封包都被封裝在一個音訊 Tag 或視訊 Tag 中，其中還包含每個 Tag 的時間戳記和關鍵幀標識。與 MP4 格式不同的是，FLV 格式的視訊在播放時難以獲取整數體的關鍵幀列表，因此難以進行滑動播放。為了解決這一問題，在使用 ffmpeg 輸出 FLV 格式的視訊檔案時，可以在選項 -flvflags 中加入參數 add_keyframe_index。

```
ffmpeg -i input.mp4 -c copy -f flv -flvflags add_keyframe_index output.
flv
```

7.4.10 視訊的解碼和編碼

每個封裝格式都有其預設的壓縮編碼格式，如果輸出的封裝格式與原視訊中的編碼格式不一致，則需要在轉封裝過程中透過 ffmpeg 對影音資訊進行轉碼操作。ffmpeg 支援的解碼和編碼功能為轉碼操作提供了基礎，並且支援直接使用 ffmpeg 進行解碼和編碼操作。

1. 視訊解碼

視訊解碼的實質是將壓縮格式（如 H.264、H.265 等）的視訊編碼串流解壓縮為 YUV 或 BMP 格式的圖像資料。ffmpeg 內建了絕大多數常用的影音格式的解碼器，不需要額外的依賴即可直接播放、編輯和分析不同類型的媒體資料。

如果在轉封裝過程中輸入格式和輸出格式的預設編碼方式不同，且未指定按原編碼方式進行轉碼，那麼在轉封裝過程中，**ffmpeg** 會先呼叫解碼器對輸入檔案中的影音流進行解碼，並且對輸出的圖型和音訊資料按照目標格式的要求重新編碼，再封裝到目的檔案中。借鏡這個想法，透過輸出檔案副檔名將輸出格式直接指定為解碼後的圖型或音訊格式，即可實現使用 **ffmpeg** 進行解碼。以解碼視訊串流為例，透過以下命令即可實現對輸入檔案的視訊串流進行解碼。

```
ffmpeg -i input.mp4 output.yuv
```

由於視訊串流的參數資訊通常已經被寫入 SPS 和 PPS 等表頭結構中，因此在解碼時無須額外指定參數。如果希望指定解碼開始的時間、解碼時長和輸出總幀數，則可以使用參數 -ss、-t 和 -frames:v 實現。

從視訊起點開始，解碼輸出 15 幀圖型。

```
ffmpeg -i input.mp4 -frames:v 15 output_15.yuv
```

從視訊的第 10s 開始，解碼輸出總時長 15s 的圖型。

```
ffmpeg -i input.mp4 -ss 10 -t 15 output_10_15.yuv
```

2. 視訊編碼

與視訊解碼相比，使用 **ffmpeg** 進行視訊編碼要複雜得多。一方面，編碼操作需要詳細指定開發過程中的各種參數，如編碼的 profile/level、輸出串流速率、GOP 大小、編碼串流的框架類型結構等；另一方面，**ffmpeg**

內建的編碼器類型並不像解碼器那樣完善,通常需要引入第三方編碼器元件才能實現。而且在編碼時,參數設定也根據編碼器的不同而有所差異。下面以目前業界較為常用的 x264 編碼器為例,講解用 ffmpeg 進行視訊編碼的方法。

在 7.4 節曾介紹過如何驗證 ffmpeg 支援的編碼器,如果當前 ffmpeg 並不支援 x264 編碼器,則按照以下方式操作即可。

▶ 下載 x264 原始程式碼

x264 原始程式碼託管在 VideoLan 程式庫中,我們可以透過 git 命令獲取對應的原始程式碼。

```
git clone https://code.videolan.org/videolan/x264.git
```

x264 目錄中的檔案內容如圖 7-13 所示。

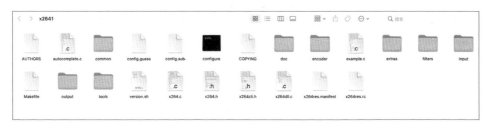

▲ 圖 7-13

▶ 專案設定檔(Configure 檔案)

在 Linux 系統中,Configure 檔案是一個十分常見的 shell 指令檔,其主要作用是對特定的編譯環境進行設定。在 x264 原始程式碼中,整個 Configure 檔案共有 1584 行程式,其中,343 行及之前的部分是函數定義,344 ～ 1584 行是執行部分。如果想要了解 Configure 檔案可以接收的參數，則可以加入 **--help** 參數執行 **Configure** 檔案。

```
./configure --help
```

輸出結果如下所示。

```
Help:
  -h, --help              print this message

Standard options:
  --prefix=PREFIX         install architecture-independent files in PREFIX
                          [/usr/local]
  --exec-prefix=EPREFIX    install architecture-dependent files in EPREFIX
                          [PREFIX]
  --bindir=DIR            install binaries in DIR [EPREFIX/bin]
  --libdir=DIR            install libs in DIR [EPREFIX/lib]
  --includedir=DIR        install includes in DIR [PREFIX/include]
  --extra-asflags=EASFLAGS add EASFLAGS to ASFLAGS
  --extra-cflags=ECFLAGS   add ECFLAGS to CFLAGS
  --extra-ldflags=ELDFLAGS add ELDFLAGS to LDFLAGS
  --extra-rcflags=ERCFLAGS add ERCFLAGS to RCFLAGS

Configuration options:
  --disable-cli           disable cli
  --system-libx264        use system libx264 instead of internal
  --enable-shared         build shared library
  --enable-static         build static library
  --disable-opencl        disable OpenCL features
  --disable-gpl           disable GPL-only features
  --disable-thread        disable multithreaded encoding
  --disable-win32thread   disable win32threads (windows only)
  --disable-interlaced    disable interlaced encoding support
  --bit-depth=BIT_DEPTH   set output bit depth (8, 10, all) [all]
  --chroma-format=FORMAT  output chroma format (400, 420, 422, 444,
all) [all]

Advanced options:
```

```
  --disable-asm              disable platform-specific assembly
optimizations
  --enable-lto               enable link-time optimization
  --enable-debug             add -g
  --enable-gprof             add -pg
  --enable-strip             add -s
  --enable-pic               build position-independent code

Cross-compilation:
  --host=HOST                build programs to run on HOST
  --cross-prefix=PREFIX      use PREFIX for compilation tools
  --sysroot=SYSROOT          root of cross-build tree

External library support:
  --disable-avs              disable avisynth support
  --disable-swscale          disable swscale support
  --disable-lavf             disable libavformat support
  --disable-ffms             disable ffmpegsource support
  --disable-gpac             disable gpac support
  --disable-lsmash           disable lsmash support
```

（1）基本參數（Standard options）。在基本參數中主要包括生成檔案的
安裝位置，以及程式生成和執行過程中的參數等。

■ --prefix=PREFIX：指定與架構無關的生成檔案的保存位置，
PREFIX 的預設值為 /usr/local。

■ --exec-prefix=EPREFIX：指定與架構相關的生成檔案的保存位置，
EPREFIX 的預設值與 PREFIX 相同。

■ --bindir=DIR：指定二進位可執行檔的保存位置，DIR 的預設值為
EPREFIX/bin。

■ --libdir=DIR：指定生成函數庫檔案的保存位置，DIR 的預設值為
EPREFIX/lib。

- --includedir=DIR：指定標頭檔目錄的位置，DIR 的預設值為 EPREFIX/include。
- --extra-asflags=EASFLAGS：指定組合語言器（assembler）參數。
- --extra-cflags=ECFLAGS：指定編譯器（compiler）參數。
- --extra-ldflags=ELDFLAGS：指定連結器參數。
- --extra-rcflags=ERCFLAGS：指定執行相關的參數。

（2）設定參數（Configuration options）。在設定參數中主要包括生成檔案的特性和一些功能的開關。

- --disable-cli：不生成 x264 命令列工具。
- --system-libx264：指定使用系統的 libx264 函數庫而非內部函數庫。
- --enable-shared：生成共用函數庫。
- --enable-static：生成靜態程式庫。
- --disable-opencl：禁用 OpenCL。
- --disable-gpl：禁用 GPL 協定相關的功能。
- --disable-thread：禁用多執行緒編碼。
- --disable-win32thread：在 Windows 系統下禁用 Win32 執行緒。
- --disable-interlaced：禁用交錯編碼功能。
- --bit-depth=BIT_DEPTH：指定編碼的位元深度，預設支援 8 位元和 10 位元。
- --chroma-format=FORMAT：指定支援的顏色空間，預設支援 400、420、422 和 444 格式。

（3）進階參數（Advanced options）。在進階參數中主要包括對編譯生成過程的進階設定。

- --disable-asm：禁用組合語言最佳化。
- --enable-lto：啟用連結時最佳化。

- --enable-debug：啟用偵錯模式。
- --enable-gprof：啟用性能測試工具 gprof。
- --enable-strip：啟用精簡模式。
- --enable-pic：生成位置無關程式。

（4）交換編譯選項（Cross-compilation）。交換編譯選項主要用於指定一些交換編譯的資訊，在編譯非 Linux 平台的專案時非常有用，如編譯 iOS 端和 Android 端的專案。

- --host=HOST：指定目標作業系統。
- --cross-prefix=PREFIX：指定交換編譯的參數。
- --sysroot=SYSROOT：指定編譯的邏輯目錄的根目錄。

（5）第三方函數庫支持（External library support）。在第三方函數庫支援中可以設定是否開啟對第三方函數庫的支援，如 ffmpeg、gpac 等。

- --disable-avs：禁用 avisynth。
- --disable-swscale：禁用 libswscale。
- --disable-lavf：禁用 libavformat 函數庫。
- --disable-ffms：禁用 ffmpegsource 輸入。
- --disable-gpac：禁用 gpac。
- --disable-lsmash：禁用 lsmash。

▶ x264 推薦編譯設定

設定命令如下。

```
./configure --enable-static --disable-opencl --disable-win32thread
--disable-interlaced --disable-asm --enable-debug --disable-avs
--disable-swscale --disable-lavf --disable-ffms --disable-gpac --disable-
lsmash
```

```
make
make install
```

設定後，在 /usr/local/ 目錄下面的 3 個系統目錄中分別保存了對應的生成檔案。

- bin：保存生成的二進位命令列工具 x264。
- include：保存對應的標頭檔 x264.h 和 x264_config.h。
- lib：保存二進位靜態程式庫檔案 libx264.a 和 pkgconfig。

在原始程式碼目錄中，同樣生成了許多新檔案，除上述移動到指定目錄的檔案外，還包括 config.h、x264_config.h 等標頭檔，以及 config.mak、config.log 等執行 Configure 時的附加檔案。

編譯執行後，原始程式碼目錄如圖 7-14 所示。

▲ 圖 7-14

▶ x264 常用編碼參數

作為常用的實用級編碼器，x264 提供了多種參數供呼叫者對編碼的過程進行控制，本節我們只討論最常用的部分。

（1）編碼預設參數集。x264 中提供了幾種提前定義好的預設參數，均使用參數 preset 來設定。在 preset 參數中可以使用多種模式，舉例來說，

ultrafast、superfast、veryfast、faster、fast、edium、slow、slower、veryslow 和 placebo。

這些模式是按照編碼速度從快到慢進行排列的,其中,ultrafast 模式的編碼速度最快,但是壓縮率最低,即在保持相同圖型品質的情況下需要的串流速率最高;而 placebo 模式的編碼速度最慢,但是壓縮率最高。更多資訊可以參考生成的説明檔案或第三方檔案。

preset 參數涉及多種與開發過程相關的從參數,如 --no-8x8dct、--aq-mode、--b-adapt、--bframes、--no-cabac 和 --no-deblock。在指定某個 preset 參數之後,還可以單獨定義其中的部分參數。

(2)特殊場景最佳化參數集。x264 中提供了針對某些特定場景的最佳化參數集,並命名為 tune。目前,x264 支持的 tune 如下。

- film:電影片源。
- animation:動畫片源。
- grain:膠卷粒度雜訊場景。
- stillimage:靜態圖型。
- psnr:峰值訊號雜訊比參數優先。
- ssim:結構相似性優先。
- fastdecode:優先保證解碼速度。
- zerolatency:低延遲,適用於直播等場景。

(3)編碼的等級和等級。指定輸出視訊編碼串流的等級(profile)和等級(level)是一個編碼器最基本的選項之一。指定輸出視訊編碼串流的等級可以透過選項 "-profile" 實現,指定輸出視訊編碼串流的等級可以透過選項 "-level" 實現。

x264 支持的等級有：baseline、main、high、high10 和 high422。x264 支持的等級有 1、1b、1.1、1.2、1.3、2、2.1、2.2、3、3.1、3.2、4、4.1、4.2、5、5.1 和 5.2。

編碼器在壓縮輸入圖型時將根據指定的等級選擇不同的編碼工具，因而編碼速度和輸出編碼串流的串流速率都有所不同。而不同的等級表明編碼串流的限制不同，等級越高，支持的最大視訊解析度、每秒顯示畫面和串流速率就越高。在實際應用中，通常僅指定輸出的等級，輸出的等級由編碼器預設選擇。

（4）輸入參數和輸出參數。在使用 x264 編碼時，只有指定許多輸入參數和輸出參數，編碼器才能正常執行編碼操作。其中，常用的參數如下。

- --input-res：指定輸入圖型解析度。
- --frames：指定最大編碼幀數。
- --fps：指定輸出每秒顯示畫面。
- --sar：指定縱橫比。
- --muxer：指定輸出格式（auto、raw、mkv 或 flv，預設為 auto）。

（5）框架類型設定。x264 提供了多個參數，用來設定每一幀圖型編碼後的輸出類型。

- --keyint：設定最大 GOP 長度。
- --min-keyint：設定最小 GOP 長度。
- --no-scenecut：禁用場景切換。
- --scenecut：設定場景切換強度。
- --bframes：設定輸出 I 幀和 P 幀之間的 B 幀數量。
- --b-pyramid：設定 B 幀作為參考幀模式。
- --ref：設定參考幀的數量，預設為 3。

（6）串流速率控制參數。串流速率控制一直是視訊壓縮編碼的重要話題。x264 針對不同的需求提供了多種不同的串流速率控制方法，參數如下。

- --qp：固定量化參數，設定值為 [0,81]，0 表示無損編碼。
- --qpmax：指定量化參數範圍的最大值。
- --qpmin：指定量化參數範圍的最小值。
- --qpstep：指定量化參數的浮動步進值。
- --bitrate：指定目的串流速率。
- --crf：全稱為 Constant Rate Factor，可以認為是品質優先模式，設定值為 [0,51] 區間，0 為無損。設定值越高，壓縮率越大，預設設定值為 23。
- --pass：多路編碼設定，透過執行多次編碼獲取最佳的串流速率控制效果。

（7）x264 壓縮編碼範例。在編譯生成 x264 編碼器後，我們可以根據不同的需求為開發過程設定不同的編碼參數。舉例來說，輸入解析度為 1280 像素 ×720 像素的 YUV 圖型序列，輸出副檔名為 .h264 的二進位編碼串流。

如果使用浮動串流速率，並希望在維持一定壓縮效率的同時盡可能提升輸出畫質，則可以使用以下設定。

```
./x264 ./input_1280x720.yuv --input-res 1280x720 --crf 18 -o output.h264
```

將 --crf 設定為 18，對於多數視訊來源而言，主觀畫質已經接近無損水準，且輸出串流速率的上升相對可以承受。適用於傳輸頻寬較為充足，且對畫質和觀看體驗要求較高的場景。

若應用場景對輸出串流速率的穩定性有要求，則可以用固定串流速率設定。

```
./x264 ./input_1280x720.yuv --input-res 1280x720 --bitrate 3000 -o
output3000.h264
```

透過選項 **--bitrate** 可以設定輸出目的串流速率。編碼器會針對編碼圖型的特徵動態調整編碼的參數，使最終輸出的串流速率根據指定的目的串流速率波動。

需要注意的是，設定該選項會使輸出串流速率儘量向設定的目的串流速率接近，但在單路編碼的條件下，仍可能會有較為明顯的波動。其原因在於，編碼器既無法預知後續編碼圖型的複雜度，也無法針對即將編碼的資料提前調整參數。如果需要更加穩定的串流速率控制策略，則可以使用多路編碼的方式。

```
./x264 ./input_1280x720.yuv --input-res 1280x720 --pass 1 --frames 200
--bitrate 3000 -o output_2pass.h264
./x264 ./input_1280x720.yuv --input-res 1280x720 --pass 2 --frames 200
--bitrate 3000 -o output_2pass.h264
```

編碼器在第一次編碼時，會根據輸入圖型的特性創建圖型特徵檔案，並在最後一次開發過程中根據圖型特徵檔案進行編碼。由於可以透過第一次編碼預知圖型的複雜度和物體運動強度等資訊，所以編碼器可以對參數進行預先調整，以獲得更加穩定的輸出串流速率。

在運算資源強大，且對輸出品質和壓縮率要求都較高的場景（如影片繪製等）中，可以使用高品質、高複雜度的設定參數，例如：

```
./x264 ./input_1280x720.yuv --input-res 1280x720 --profile high --preset
veryslow --tune film --bitrate 6000 --frames 5000 -o output_high_sf.h264
```

透過選項 --profile 指定輸出等級為 high，即透過提升編碼複雜度的代價
獲得更高的畫質和更低的串流速率。使用參數 veryslow 可以獲得更高的
壓縮率。

▶ 啟動 x264 的編碼功能

如果在編譯 ffmpeg 時需要啟動 x264 的編碼功能，則需要在 configure
階段進行特別設定。在 configure -h 命令輸出的說明資訊中，可以看見是
否支援第三方函數庫的選項。

```
External library support:

  Using any of the following switches will allow FFmpeg to link to the
  corresponding external library. All the components depending on that
library
  will become enabled, if all their other dependencies are met and they
are not
  explicitly disabled. E.g. --enable-libwavpack will enable linking to
  libwavpack and allow the libwavpack encoder to be built, unless it is
  specifically disabled with --disable-encoder=libwavpack.

  Note that only the system libraries are auto-detected. All the other
external
  libraries must be explicitly enabled.

  Also note that the following help text describes the purpose of the
libraries
  themselves, not all their features will necessarily be usable by
FFmpeg.

  ...
  --enable-libvpx        enable VP8 and VP9 de/encoding via libvpx [no]
  --enable-libwavpack    enable wavpack encoding via libwavpack [no]
  --enable-libwebp       enable WebP encoding via libwebp [no]
  --enable-libx264       enable H.264 encoding via x264 [no]
```

```
--enable-libx265        enable HEVC encoding via x265 [no]
--enable-libxavs        enable AVS encoding via xavs [no]
--enable-libxavs2       enable AVS2 encoding via xavs2 [no]
--enable-libxcb         enable X11 grabbing using XCB [autodetect]
--enable-libxcb-shm     enable X11 grabbing shm communication [autodetect]
--enable-libxcb-xfixes  enable X11 grabbing mouse rendering [autodetect]
--enable-libxcb-shape   enable X11 grabbing shape rendering [autodetect]
--enable-libxvid        enable Xvid encoding via xvidcore,
                        native MPEG-4/Xvid encoder exists [no]
--enable-libxml2        enable XML parsing using the C library libxml2,
                        needed for dash demuxing support [no]
--enable-libzimg        enable z.lib, needed for zscale filter [no]
--enable-libzmq         enable message passing via libzmq [no]
--enable-libzvbi        enable teletext support via libzvbi [no]
--enable-lv2            enable LV2 audio filtering [no]
--disable-lzma          disable lzma [autodetect]
--enable-decklink       enable Blackmagic DeckLink I/O support [no]
--enable-mbedtls        enable mbedTLS, needed for https support
                        if openssl, gnutls or libtls is not used [no]
--enable-mediacodec     enable Android MediaCodec support [no]
--enable-libmysofa      enable libmysofa, needed for sofalizer filter [no]
--enable-openal         enable OpenAL 1.1 capture support [no]
--enable-opencl         enable OpenCL processing [no]
--enable-opengl         enable OpenGL rendering [no]
--enable-openssl        enable openssl, needed for https support
                        if gnutls, libtls or mbedtls is not used [no]
--enable-pocketsphinx   enable PocketSphinx, needed for asr filter [no]
--disable-sndio         disable sndio support [autodetect]
--disable-schannel      disable SChannel SSP, needed for TLS support on
                        Windows if openssl and gnutls are not used
[autodetect]
--disable-sdl2          disable sdl2 [autodetect]
--disable-securetransport disable Secure Transport, needed for TLS support
                        on OSX if openssl and gnutls are not used
[autodetect]
--enable-vapoursynth    enable VapourSynth demuxer [no]
--enable-vulkan         enable Vulkan code [no]
--disable-xlib          disable xlib [autodetect]
```

```
--disable-zlib            disable zlib [autodetect]
  ...
```

為了使用 x264 編碼，在執行 configure 的過程中需要指定開啟 libx264
編碼器，可以使用以下設定。

```
--enable-libx264
```

編譯後，在執行 make 編譯原始程式碼時，編譯器將把 libx264 編碼器相
關的介面程式編譯到 libavcodec 中，並進一步整合到 ffmpeg 等工具中。

▶ ffmpeg 視訊編碼常用的選項和參數

在 ffmpeg 提供的諸多可設定選項中，有許多針對視訊資料進行編碼操作
的選項。本節簡要討論常用的 5 個選項。

（1）選擇指定的編碼器。當使用 ffmpeg 進行視訊編碼時，首先需要明
確的是希望將輸入圖型編碼為哪一種格式的輸出編碼串流，並且決定使
用哪一種編碼器實現這個功能。舉例來說，我們希望將輸入圖型編碼為
H.264 格式的視訊串流，則 ffmpeg 可能支持的編碼器如下。

- h264_amf。
- h264_nvenc。
- h264_omx。
- h264_qsv。
- h264_vaapi。
- h264_videotoolbox。
- libx264。
- libopenh264。
- ……

以上編碼器既可能分別支援不同的平台，也可能在同一系統中並存。如果想要選擇其中一個編碼器，則可以使用選項 -codec 或選項 -c 指定。如果想要維持輸入視訊的編碼器不變，則在選項 -vcodec 中傳入參數 copy。

在指定編碼器時應對視訊串流和音訊串流分別進行處理。使用選項 -vcodec 可以指定視訊轉碼器，使用選項 -acodec 可以指定音訊編碼器，使用串流識別符號 ":" 可以指定某一路媒體串流使用的編碼器。對不同參數進行編碼、轉碼的命令如下所示。

```
ffmpeg -i input.mp4 -c copy output.avi # 無轉碼操作，僅執行轉封裝
ffmpeg -i input.mp4 -vcodec libx264 -acodec copy output.mp4
# 使用 libx264 對所有視訊重新轉碼，重複使用原音訊串流
ffmpeg -i input.mp4 -c:v h264_nvenc -c:a libopus output.mp4
# 使用 h264 nvenc 對所有視訊重新編碼，使用 libopus 重新編碼音訊串流
```

（2）指定輸出串流速率。ffmpeg 在進行視訊編碼時提供了選項 -b 來設定輸出串流的串流速率。如果想要單獨指定視訊串流串流速率，則可以增加串流識別符號 :v，使用方法如下。

```
ffmpeg -video_size 1280x720 -i input_1280x720.yuv -vcodec libx264 -b:v
2000k -acodec copy output.mp4
```

指定音訊串流串流速率可以透過增加選項 -ab 實現。

```
ffmpeg -video_size 1280x720 -i input_1280x720.yuv -vcodec libx264 -b:v
2000k -acodec copy -ab 200k output.mp4
```

（3）指定關鍵幀間距。關鍵幀作為解碼播放的隨機存取點，在錯誤控制中具有重要作用。關鍵幀間距（即 GOP 長度）是一項重要參數，一方面，如果關鍵幀間距過大（即關鍵幀過於稀疏），則會對隨機播放和差錯

控制產生不利影響；另一方面，由於以 I 幀編碼的關鍵幀壓縮率最低，如
果關鍵幀間距過小（即關鍵幀過於緊密），則將影響整體的編碼效率，因
此合理設計關鍵幀間距十分重要。

ffmpeg 在編碼時可以透過選項 **-g** 設定關鍵幀間距，使用方式如下。

```
# 指定關鍵幀間隔為 250
./ffmpeg -video_size 1280x720 -i input_1280x720.yuv -vcodec libx264 -g
250 -b:v 2000k -y output.h264
```

（4）指定視訊每秒顯示畫面。指定視訊每秒顯示畫面可以透過選項 **-r** 實
現，該選項可以指定輸入視訊每秒顯示畫面和輸出視訊每秒顯示畫面，
此處僅討論指定輸出視訊每秒顯示畫面，使用方式如下。

```
./ffmpeg -video_size 1280x720 -i input_1280x720.yuv -vcodec libx264 -r
25 -b:v 2000k -y output.h264
```

（5）指定 B 幀數量。在視訊的 I 幀和 P 幀之間通常需要插入許多 B 幀進
行編碼，其目的在於進一步提升視訊壓縮效率。在 I 幀或 P 幀之間插入多
少個 B 幀可以透過選項 **-bf** 設定，使用方法如下。

```
./ffmpeg -video_size 1280x720 -i input_1280x720.yuv -vcodec libx264 -bf
2 -b:v 2000k -y output.h264
```

選項 **-bf** 的設定值範圍為 [-1, 16]，-1 表示由編碼器自行選擇，0 表示禁
用 B 幀，預設值為 0。

▶ 使用 ffmpeg 將視訊編碼為 H.264 格式編碼串流

前文我們討論了 ffmpeg 支援的部分編碼的「全域」參數。之所以稱之為
「全域」參數，是因為其作用範圍包括全部或部分的編碼器和解碼器。另
外，每一種編碼器本身也支援許多特有的參數，可以稱之為「私有」參

數。不同的編碼器類型所支持的「私有」參數差別較大，在使用前建議
先仔細閱讀取檔案說明。

當 ffmpeg 使用第三方編碼器（如 libx264 等）進行編碼時，ffmpeg 定義
的選項與第三方編碼器定義的選項可能出現命名差異。為了保證輸入參
數可以被編碼器辨識，在 ffmpeg 與編碼器的介面層可能會對功能相同、
命名不同的選項進行映射，如此即可透過向 ffmpeg 傳遞對應的參數來實
現特定的編碼功能。具體的選項對應關係可到 ffmpeg 檔案的 16.10.2 節
查看。

本節我們實現如何呼叫 libx264 編碼器將一個 YUV 格式的圖型序列按
照指定參數編碼為 H.264 格式的輸出編碼串流。我們使用的輸入資料為
1280 像素 ×720 像素的 YUV 格式的圖型序列，輸出資料為以 .h264 為
尾碼的視訊裸編碼串流。

（1）指定編碼的 preset。在對編碼速度要求較高，而對串流速率的限制
較寬時，可以使用 ultrafast、superfast 和 veryfast 等參數。

```
./ffmpeg -video_size 1280x720 -i input_1280x720.yuv -vcodec libx264 -preset
ultrafast -b:v 2000k -y output.h264
```

當編碼平台運算能力強大，對輸出串流速率要求較高時，通常建議使用
編碼速度較快的參數，以取得更高的編碼效率。

```
./ffmpeg -video_size 1280x720 -i input_1280x720.yuv -vcodec libx264 -preset
veryslow -b:v 2000k -y output.h264
```

（2）指定編碼的 tune。與 preset 類似，直接在選項 -tune 中填入對應的
tune 名稱即可指定編碼器使用的 tune。

```
./ffmpeg -video_size 1280x720 -i input_1280x720.yuv -vcodec libx264 -preset
veryslow -tune film -b:v 2000k -y output.h264
```

（3）指定編碼的等級。透過選項 -profile 可以指定編碼的等級，具體傳入
的參數可參考 x264 編碼器支持的參數列表。

```
ffmpeg -video_size 1280x720 -i input_1280x720.yuv -c:v libx264 -profile
baseline
-b:v 3000k -y output.h264
```

（4）指定場景切換設定值。在 x264 編碼器開發過程中，透過選項 -g 可
以指定 GOP 長度。當場景大幅切換時，為了保證編碼效率，編碼器可能
在場景切換位置強行插入一個關鍵幀。x264 編碼器提供了可選參數 --no-
scenecut 和 --scenecut。--no-scenecut 決定了是否禁止在場景切換時插
入關鍵幀。--scenecut 用來設定關鍵幀插入的設定值，預設值為 40。該
值設定得越高，編碼器對場景切換越敏感，插入關鍵幀也就越頻繁。如
果把 --scenecut 設為 0，或指定為 --no-scenecut，則表示禁止該功能。

在 libx264 開發過程中，選項 -sc_threshold 可以映射到 --scenecut 實現
該功能。如果想要禁止插入關鍵幀，則可以使用以下命令。

```
ffmpeg -video_size 1280x720 -i input_1280x720.yuv -c:v libx264 -profile
baseline -b:v 3000k -r 25 -gop 250 --scenecut 0 -y new_output.mp4
```

（5）設定 libx264 私有參數。比較 x264 和 ffmpeg 的參數可以明顯看
出，ffmpeg 並未映射 x264 所支援的全部參數，也就是說，x264 有相當
多的參數是無法透過 ffmpeg 的選項進行設定的。為了解決這個問題，
ffmpeg 定義了兩個等值的選項：-x264opts 和 -x264-params。這兩個選
項接收的參數值是一組 x264 的參數鍵值對，形式為 key1=value1:key2=
value2:key3=value3。

舉例來說，想要在編碼時設定禁用 CABAC，並把每一幀分割為兩個 slice，則可以使用以下命令。

```
ffmpeg -video_size 1280x720 -i input_1280x720.yuv -c:v libx264 -profile
baseline -b:v 3000k -r 25 -x264opts no-cabac=1:slices=2 -y new_output.
mp4
```

7.4.11 從視訊中截取圖型

從視訊中截取圖型是多媒體開發中常見的需求。

從原理上了解，從視訊中截取圖型就是選擇並取出視訊串流中指定的某一幀圖型，並按照指定的格式將影像檔保存到本地的指定位置。透過內部提供的圖型重複使用器和解重複使用器，ffmpeg 可以很容易地從視訊中截取指定圖型。想要使用截圖功能，就需要確保當前使用的 ffmpeg 已支援重複使用器 image2。

如果想要從一個輸入視訊檔案中按照每秒 1 幀的速度進行截圖，則可以透過以下命令實現。

```
ffmpeg -i input.mp4 -vsync cfr -r 1 'out-img-%03d.jpg'
```

在上述命令中，參數 -r 1 表示 ffmpeg 將按照每秒 1 幀的速度進行截圖，並保存為 .jpg 格式。%03d 表示將以一個序列的形式順序輸出影像檔的檔案名稱，具體如下。

- out-img-001.jpg。
- out-img-002.jpg。
- out-img-003.jpg。
- out-img-004.jpg。

- out-img-005.jpg。
- out-img-006.jpg。

......

在該命令中選項 -vsync 表示視訊幀同步的方法,它支持的參數如下。

- passthrough 或 0:將輸入視訊中所有選定的幀連同其時間戳記傳遞給輸出檔案。
- cfr 或 1:複製或捨棄從輸入視訊中選定的幀,以維持恒定的輸出每秒顯示畫面。
- vfr 或 2:把選定的輸入幀連同時間戳記傳遞給輸出檔案,但捨棄時間戳記重複的幀。
- drop:捨棄所有時間戳記資訊,只傳遞選定的輸入幀,輸出時間戳記由輸出的重複使用器決定。
- auto 或 -1:預設值,由輸出的重複使用器選擇 cfr 或 vfr 模式。

如果想要將截取的視訊幀的時間戳記作為檔案名稱,則可以將選項 -frame_pts 設為 1。

```
ffmpeg -i input.mp4 -frame_pts 1 '%d.jpg'
```

如果想要指定截圖的時間點、總時長或總幀數,則可以透過 ffmpeg 支援的選項實現。

```
# 從視訊的第 10s 開始截圖,每秒 1 幀,共截取 10 幀
ffmpeg -ss 10 -i input.mp4 -r 1 -frames:v 10 'out-img-%03d.jpg'
```

▶ 將圖型編碼為視訊

透過 ffmpeg 提供的基本資訊可知，image2 不僅提供了重複使用器的功能，還提供了解重複使用器的功能。這表示影像檔可以作為 ffmpeg 的輸入檔案進行處理。

假設已經有一組按一定規則命名的影像檔，下面使用 ffmpeg 將這組影像檔編碼為視訊。

```
ffmpeg -framerate 10 -i 'out-img-%03d.jpg' out.mp4
```

該命令指定選項 -framerate 為 10，表示按照每秒 10 幀的速度將這組影像檔輸出為視訊檔案。如果不指定該選項，則預設每秒顯示畫面為 25。

當圖型編碼為視訊時可支援循環輸入，將選項 -loop 設為 1 即可。當循環輸入時，可以在輸出參數中指定輸出總時長。

```
ffmpeg -loop 1 -i 'out-img-%03d.jpg' -t 180 img_vid.mp4
```

7.4.12 ffmpeg 視訊轉碼

在學習了如何使用 ffmpeg 對視訊進行解碼和編碼後，即可使用 ffmpeg 對視訊進行轉碼操作。ffmpeg 轉編碼串流程如圖 7-15 所示。

從本質上講，對 ffmpeg 來說，未壓縮的 YUV 圖型和音訊波形取樣資料可以被視作一種特殊的格式，其特點是不需要進行解封裝和解碼操作。同理，H.264 格式的裸編碼串流也可以被視作一種特殊的格式，該格式不需要進行解封裝操作。因此，可以認為廣義的 ffmpeg 轉碼是包含了封裝、解封裝、編碼、解碼等一系列操作的，不同的操作根據其特點會跳過不同的功能模組。

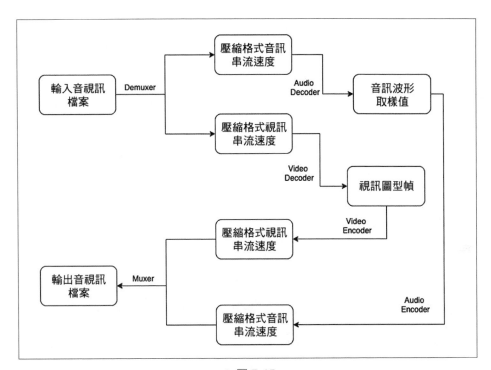

▲ 圖 7-15

一個典型的 **ffmpeg** 轉碼操作通常是將一個影音檔案作為輸入源，設定編碼參數與封裝格式，在指定輸出檔案後進行轉碼。舉例來說，某編碼命令可以直接用於對某個已有的視訊檔案進行轉碼。

```
ffmpeg -i input.flv -c:v libx264 -profile baseline -b:v 3000k -r 25
-x264opts no-cabac=1:slices=2 -y new_output.mp4
```

濾鏡圖

8.1 ffmpeg 影音濾鏡

除對視訊進行編解碼和播放外,視訊編輯也是 ffmpeg 提供的重要的基本功能之一。在編譯 FFmpeg 的過程中,生成的函數庫檔案 libavfilter 提供了不同的濾鏡(filter)來對視訊資訊和音訊資訊進行編輯。濾鏡處理的是在轉碼過程中由解碼器輸出的,尚未進行編碼的未壓縮圖型和音訊取樣資料。

在編輯過程中,通常是將多個濾鏡組成一個濾鏡圖(Filtergraph)來實現更強大的功能。根據濾鏡圖的輸入數量、輸出數量和資料類型的不同,濾鏡圖可以分為簡單濾鏡圖和複合濾鏡圖兩類。

8.1.1 簡單濾鏡圖

一個簡單濾鏡圖只能接收一路資料登錄，並提供一路類型相同的資料輸出。因此可以認為簡單濾鏡圖同等於在轉編碼串流程中插入了一個圖型或音訊取樣資訊編輯器，因此輸出的資訊與輸入的資訊相比發生了改變，如圖 8-1 所示。

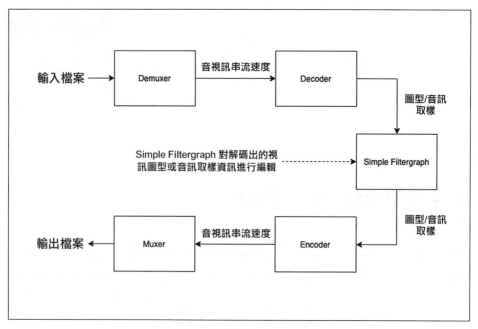

▲ 圖 8-1

很多常用的視訊編輯功能都可以用簡單濾鏡圖實現。舉例來說，透過對解碼後的圖型進行取樣或插值，可以實現視訊縮放功能，如圖 8-2 所示。

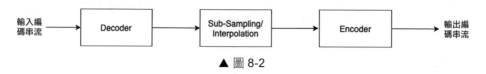

▲ 圖 8-2

對音訊訊號而言，也可以用類似的方式實現音訊降噪、音質增強等功能，如圖 8-3 所示。

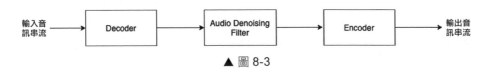

▲ 圖 8-3

值得注意的是，並非所有的濾鏡圖都會改變影音資料，部分濾鏡圖僅對圖型幀或音訊幀的屬性進行修改，並不會改變資訊本身。舉例來説，設定圖型每秒顯示畫面的濾鏡圖僅改變了單位時間內的圖型數量，設定影音幀時間戳記的濾鏡圖僅修改了每一幀的顯示時間戳記資訊。

8.1.2 複合濾鏡圖

從 8.1.1 節的敘述可知，一個簡單濾鏡圖類似於一個「線性濾波器」，即由一個輸入源提供資料，對資料進行編輯後將其輸出到一個輸出目標中。但對於一些更加複雜的場景，是無法用一個簡單濾鏡圖實現的，此時便可以使用複合濾鏡圖。

與簡單濾鏡圖相比，複合濾鏡圖通常具有多路的輸入資料和輸出資料，或輸入資料、輸出資料的類型發生了改變，因此整個編輯流程呈現一種非線性結構。有多個輸入資料和多個輸出資料的複合濾鏡圖的工作流程如圖 8-4 所示。

複合濾鏡圖可以實現簡單濾鏡圖無法實現的功能。舉例來説，一個典型的功能——視訊切割畫面合併，即將多個視訊按照指定的排列方式合併為一個視訊。另一個例子是音訊混合功能，即將兩路音訊串流進行疊加，混合之後輸出一路音訊串流。

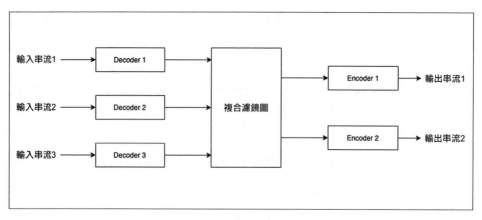

▲ 圖 8-4

8.1.3 ffmpeg 支持的濾鏡列表

使用參數 -filters 可以輸出當前 ffmpeg 支援的所有濾鏡。

```
ffmpeg -filters
```

部分輸出結果如下所示。

```
Filters:
  T.. = Timeline support
  .S. = Slice threading
  ..C = Command support
  A = Audio input/output
  V = Video input/output
  N = Dynamic number and/or type of input/output
  | = Source or sink filter
  ... abench          A->A    Benchmark part of a filtergraph.
  ... acompressor     A->A    Audio compressor.
  ... acontrast       A->A    Simple audio dynamic range compression/
expansion filter.
  ... acopy           A->A    Copy the input audio unchanged to the output.
  ... acue            A->A    Delay filtering to match a cue.
```

```
...  acrossfade       AA->A    Cross fade two input audio streams.
...  acrossover       A->N     Split audio into per-bands streams.
...  acrusher         A->A     Reduce audio bit resolution.
.S.  adeclick         A->A     Remove impulsive noise from input audio.
.S.  adeclip          A->A     Remove clipping from input audio.
T..  adelay           A->A     Delay one or more audio channels.
...  aderivative      A->A     Compute derivative of input audio.
...  aecho            A->A     Add echoing to the audio.
...  aemphasis        A->A     Audio emphasis.
...  aeval            A->A     Filter audio signal according to a
specified expression.
 T.. afade            A->A     Fade in/out input audio.
 TSC afftdn           A->A     Denoise audio samples using FFT.
 ... afftfilt         A->A     Apply arbitrary expressions to samples
in frequency domain.
 .S. afir             AA->N    Apply Finite Impulse Response filter
with supplied coefficients in 2nd stream.
 ... aformat          A->A     Convert the input audio to one of the
specified formats.
 ... agate            A->A     Audio gate.
 .S. aiir             A->N     Apply Infinite Impulse Response filter
with supplied coefficients.
 ...
```

ffmpeg 支持的濾鏡有幾百種之多,限於篇幅,本章僅介紹部分常用濾鏡的使用方法,更多濾鏡的使用方法請參考官方檔案。

8.2 簡單濾鏡圖的應用

使用選項 -filter 即可呼叫簡單濾鏡圖,該選項僅對輸入檔案中的某特定媒體串流生效。如果想要指定針對某一路串流,則可以使用以下方式。

■ -filter:v:同等於 -vf,指定對輸入檔案中的視訊串流進行濾鏡操作。

■ -filter:a:同等於 -af,指定對輸入檔案中的音訊串流進行濾鏡操作。

8.2.1 常用的視訊編輯簡單濾鏡圖

只需在 -vf 選項中傳入適當的參數即可呼叫視訊編輯簡單濾鏡圖。

1. 視訊映像檔翻轉

ffmpeg 中定義了 hflip 和 vflip 兩個簡單濾鏡圖,可以分別實現對一個視訊進行水平映像檔翻轉和垂直映像檔翻轉。這裡我們選用如圖 8-5 所示的視訊截圖操作。

▲ 圖 8-5

水平映像檔翻轉可以用以下命令實現。

```
ffmpeg -i input.mp4 -vf "hflip" output.mp4
```

水平映像檔翻轉後的視訊播放效果如圖 8-6 所示。

▲ 圖 8-6

垂直映像檔翻轉可以用以下命令實現。

```
ffmpeg -i input.mp4 -vf "vflip" output.mp4
```

垂直映像檔翻轉後的視訊播放效果如圖 8-7 所示。

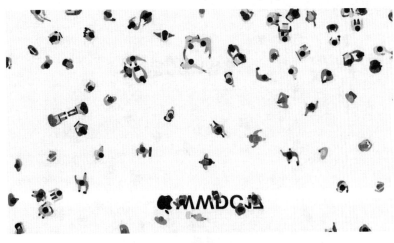

▲ 圖 8-7

2. 視訊縮放

當一個高畫質或超高畫質的視訊檔案或視訊串流需要在多個平台播放和處理時，很可能需要對視訊的解析度進行轉換。舉例來說，適用於個人電腦或大螢幕電視的高畫質或超高畫質視訊如果直接在手機上播放，則可能遇到以下問題。

- 高畫質或超高畫質視訊在小螢幕裝置上播放時會造成解析度和串流速率的浪費。
- 部分裝置的運算力不足，成為解碼和繪製高畫質、超高畫質視訊的性能瓶頸。

在這種情況下，對原視訊進行縮放成為一種常見的需求。使用 scale 濾鏡可以很容易地完成對視訊的縮放功能，執行以下命令即可。

```
ffmpeg -i input.mp4 -vf scale=640x480 -y output.mp4
```

縮放後的視訊播放效果如圖 8-8 所示。

▲ 圖 8-8

上述命令中的參數 scale 有多種等值寫法，例如：

- scale=w=640:h=480。
- scale=640:480。

參數 scale 提供了多種預先定義參數來表示輸入視訊檔案的參數，舉例來說，用 iw 和 ih 表示輸入檔案的寬和高，並用來計算縮放後的輸出檔案的寬和高。

- 將輸入圖型的寬和高各增加一倍：scale=w=2*iw:h=2*ih
- 將輸入圖型的寬和高各減少一半：scale=w=iw/2:h=ih/2

另外，在 ffmpeg 命令中直接指定輸出檔案的圖型尺寸也可以達到類似的效果。

```
ffmpeg -i input.mp4 -s 640x480 -y output.mp4
```

指定輸出檔案的圖型尺寸是指在 ffmpeg 濾鏡圖中增加一個 scale 濾鏡，以實現縮放的功能。需要注意的是，使用這種方式增加的 scale 濾鏡位於濾鏡圖的最後，它會直接將濾鏡結果傳給輸出視訊檔案。如果想要在縮放後進行其他編輯操作，則應手動將 scale 濾鏡增加到指定位置。

3. 視訊畫面旋轉

當前，行動智慧裝置已經成為大眾日常生活的必備品，使用智慧型手機等拍攝的視訊總量已遠遠超過專業攝影裝置拍攝的視訊總量。智慧型手機等手持裝置拍攝的視訊有一個明顯特點，即可以方便地使用水平模式或垂直模式拍攝。因此在後端處理時，經常出現這種需求，即把垂直模式的視訊旋轉為水平模式的，或把水平模式的視訊旋轉為垂直模式的。transpose 濾鏡可以輕鬆完成對視訊的旋轉，如果想把輸入視訊按順時鐘方向旋轉 90°，則可以使用以下命令。

```
ffmpeg -i input.mp4 -vf transpose=dir=clock -y output.mp4
```

原始視訊截圖如圖 8-5 所示，旋轉後的視訊播放效果如圖 8-9 所示。

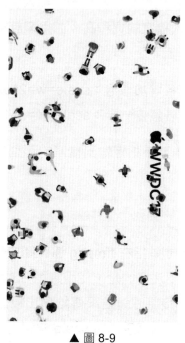

▲ 圖 8-9

濾鏡 transpose 中的參數 dir 決定了旋轉的角度，參數 dir 的參數如下。

- 0 或 cclock_flip：逆時鐘旋轉 90°，並垂直翻轉。
- 1 或 clock：順時鐘旋轉 90°。
- 2 或 cclock：逆時鐘旋轉 90°。
- 3 或 clock_flip：順時鐘旋轉 90°，並垂直翻轉。

播效果如圖 8-10 所示。

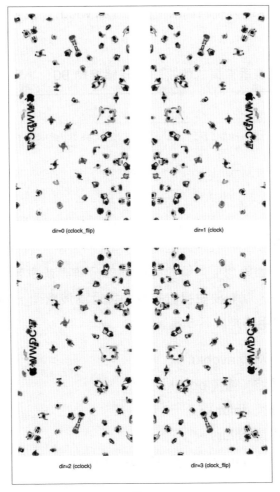

dir=0 (cclock_flip)

dir=1 (clock)

dir=2 (cclock)

dir=3 (clock_flip)

▲ 圖 8-10

除旋轉角度外，濾鏡 transpose 還支援按方向旋轉，使用參數 passthrough 即可。參數 passthrough 的參數如下。

- none：無條件進行旋轉。
- portrait：當輸入視訊為垂直模式（即 width 大於或等於 height）時不進行旋轉。

■ landscape：當輸入視訊為水平模式（即 width 小於或等於 height）時不進行旋轉。

舉例來說，想要將垂直模式的視訊順時鐘旋轉 90°，則可以使用以下命令。

```
ffmpeg -i input.mp4 -vf transpos=dir=clock:passthrough=landscape -y
output.mp4
ffmpeg -i input.mp4 -vf transpos=1:landscape -y output.mp4 # 與上一筆命令
等效
```

4. 視訊圖型濾波

在部分場景下，如果想要消除畫面中的部分雜訊或對包含敏感資訊的圖型進行模糊處理，就需要對視訊的畫面進行濾波處理。ffmpeg 支援多種圖型濾波器，常用的是以下 5 種。

■ 平均值濾波（濾鏡 avgblur）。
■ 快速平均值濾波（濾鏡 boxblur）。
■ 方向濾波（濾鏡 dblur）。
■ 高斯濾波（濾鏡 gblur）。
■ 保邊濾波（濾鏡 smartblur 或濾鏡 yaepblur）。

由於演算法的差異，選擇不同的濾波器需要指定不同的參數。本節以最簡單的平均值濾波為例，演示視訊濾波的效果，其他濾波器的參數設定可以參考官方檔案。

想要使用平均值濾波可以使用以下命令。

```
ffmpeg -i input.mp4 -vf avgblur=sizeX=10 -y output.mp4
```

原始視訊圖型與濾波視訊圖型的比較如圖 8-11 所示。

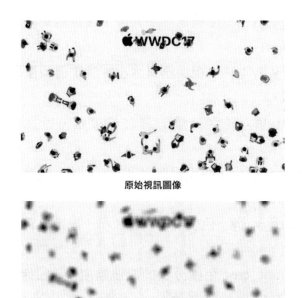

原始視訊圖像

濾波視訊圖像

▲ 圖 8-11

濾鏡 avgblur 支援的參數如下。

- sizeX：濾波視窗的水平大小。
- planes：視訊濾波的圖型分量，預設對所有圖型進行濾波。
- sizeY：濾波視窗的垂直大小，預設為 0，表示與水平大小一致。

5. 視訊圖型銳化

如果想要對模糊的圖型進行銳化，則可以使用濾鏡 unsharp 實現。

```
ffmpeg -i input.mp4 -vf unsharp -y output.mp4
```

濾鏡 unsharp 支援的參數如下。

- luma_msize_y, lx：亮度視窗水平大小，設定值範圍為 [3,23] 中的奇數，預設為 5。
- luma_msize_y, ly：亮度視窗垂直大小，設定值範圍為 [3,23] 中的奇數，預設為 5。
- luma_amount, la：亮度分量的濾波幅度值，設定值範圍為 [-1.5, 1.5]，預設為 1.0。
- chroma_msize_x, cx：色度視窗水平大小，設定值範圍為 [3,23] 中的奇數，預設為 5。
- chroma_msize_y, cy：色度視窗垂直大小，設定值範圍為 [3,23] 中的奇數，預設為 5。
- chroma_amount, ca：色度分量的濾波幅度值，設定值範圍為 [-1.5, 1.5]，預設為 0.0。

濾鏡 unsharp 根據設定參數的不同可以實現銳化或平滑操作。當 luma_amount 和 chroma_amount 為正值時實現銳化操作，當它們為負值時實現平滑操作。舉例來說，想要對亮度和色度分量進行平滑操作，則可以使用以下命令。

```
ffmpeg -i input.mp4 -vf unsharp=7:7:-1.5:7:7:-1.5 -y output.mp4
```

6. 視訊畫面裁剪

如果想要從輸入視訊的畫面中截取指定區域的內容，並將截取的子畫面寫入輸出檔案，則可以使用 crop 濾鏡實現。crop 濾鏡支援的參數如下。

- w 或 out_w：截取的輸出視訊檔案的寬度。
- h 或 out_h：截取的輸出視訊檔案的高度。

- x：截取內容在輸入檔案的左上座標水平位置。
- y：截取內容在輸入檔案的左上座標垂直位置。
- keep_aspect：維持輸入檔案的縱橫比，預設為 0。
- exact：精準裁剪，預設為 0。

如果想要從輸入視訊檔案的畫面位置（100,150）處截取大小為 640 像素
×480 像素的子畫面，則可以使用以下命令。

```
ffmpeg -i input.mp4 -vf crop=w=640:h=480:x=100:y=150 -y output.mp4
ffmpeg -i input.mp4 -vf crop=640:480:100:150 -y output.mp4 # 與上一筆命令
等效
```

截取後的視訊檔案播放效果如圖 8-12 所示。

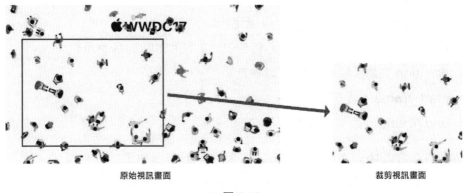

原始視訊畫面　　　　　　　　　　　　裁剪視訊畫面

▲ 圖 8-12

crop 濾鏡的參數還可以設定為以下常數，參與計算每一幀 w/h/x/y 的值。

- x/y：裁剪的位置，針對每一幀圖型進行計算。
- in_w/in_h/iw/ih：輸入視訊圖型的寬和高。
- out_w/out_h/ow/oh：輸出視訊圖型的寬和高。
- a：輸入視訊的寬、高比例，等於 iw/ih。
- sar：輸入視訊像素的縱橫比。

- dar：輸出視訊像素的縱橫比，等於 sar× a。
- hsub/vsub：水平方向與垂直方向的色度次取樣比例。
- n：輸入視訊幀數，初值為 0。
- pos：輸入視訊幀在視訊檔案中的位置。
- t：當前的顯示時間戳記。

在命令中引入上述常數值進行運算，可以實現更加複雜的裁剪操作。

7. 視訊時間裁剪

trim 濾鏡可以對輸入視訊按時間進行裁剪。trim 濾鏡支援的參數如下。

- start：裁剪起始時間，以秒為單位。
- end：裁剪截止時間（不包含），以秒為單位。
- start_pts：裁剪起始時間，以指定的時間基為單位。
- end_pts：裁剪截止時間（不包含），以指定的時間基為單位。
- duration：最長輸出時間，以秒為單位。
- start_frame：裁剪起始幀。
- end_frame：裁剪截止幀（不包含）。

如果想要截取輸入視訊中第 2min 的內容，則可以使用以下命令。

```
ffmpeg -i input.mp4 -vf trim=start=60:end=120 -an -y output.mp4
```

如果只想保留第 1s 的內容，則可以使用以下命令。

```
ffmpeg -i input.mp4 -vf trim=duration=1 -an -y output.mp4
```

需要注意的是，trim 濾鏡僅實現了資料裁剪操作，並未改變輸入視訊的時間戳記資訊。如果想讓輸出視訊的時間戳記從 0 開始，則需要在 trim 濾鏡後增加 setpts 濾鏡。

```
ffmpeg -i input.mp4 -vf "trim=60:120, setpts=PTS-STARTPTS" -an -y
output.mp4
```

8. 為視訊增加漸入漸出效果

fade 濾鏡可以在視訊的開始和結束部分實現漸入漸出效果。fade 濾鏡支援的參數如下。

- type 或 t：特效類型，預設為 in，表示漸入；out 表示漸出。
- start_frame 或 s：特效開始的幀序號，預設為 0。
- nb_frames 或 n：特效包含的總幀數，預設為 25。
- alpha：僅對 alpha 通道增加漸入漸出效果，預設為 0。
- start_time 或 st：特效開始的時間，預設為 0。
- duration 或 d：特效持續時長，預設為 0。
- color：特效顏色，預設為 black，即黑色。

如果想要在輸入視訊的前 3s 增加漸入效果，並且特效顏色為藍色，則可以使用以下命令。

```
ffmpeg -i input.mp4 -vf fade=d=3:color=blue -y output.mp4
```

播放效果如圖 8-13 所示。

原視訊播放效果

編輯後的視訊播放效果

▲ 圖 8-13

9. 設定視訊每秒顯示畫面

濾鏡 fps 可以設定輸入視訊的每秒顯示畫面。當輸入視訊的每秒顯示畫面與設定每秒顯示畫面不一致時，ffmpeg 將透過丟幀或複製當前幀的方式確保輸出視訊每秒顯示畫面的穩定性。濾鏡 fps 支援的參數如下。

- fps：指定輸出視訊的每秒顯示畫面，預設為 25。
- start_time：指定起始時間戳記。
- round：時間戳記近似方法。
- eof_action：尾端幀的處理方法。

透過以下命令可以將輸入視訊的每秒顯示畫面設定為 30 。

```
ffmpeg -i input.mp4 -vf fps=fps=30 -y output.mp4
```

10. 間隔取出子視訊幀

濾鏡 framestep 可以實現每隔許多幀取出一幀圖型並編碼到輸出視訊的功能。濾鏡 framestep 僅支持 1 個參數，即 step，表示取出圖型幀的間隔，預設為 0。如果希望從輸入視訊中每隔 3 幀取出 1 幀圖型並編碼到輸出視訊，則可以使用以下命令。

```
ffmpeg -i input.mp4 -vf framestep=step=3 -y output.mp4
```

11. 給視訊增加浮水印

給視訊增加浮水印是最常見的需求之一，廣泛應用於內容編輯、智慧財產權保護等場景。給視訊增加的浮水印通常有兩種，即文字浮水印和圖形浮水印。視訊畫面中的時間顯示、版權方宣告等資訊通常使用文字浮水印；電視台台標等資訊通常使用圖形浮水印。在 ffmpeg 中，文字浮水印和圖形浮水印可以使用不同的濾鏡實現。

▶ 文字浮水印

濾鏡 drawtext 可以給視訊增加文字浮水印。想要使用濾鏡 drawtext 及其附加功能,則需要確保當前 ffmpeg 在編譯時開啟了以下選項。

- --enable-libfreetype。
- --enable-libfontconfig。
- --enable-libfribidi。

濾鏡 drawtext 的常用參數如表 8-1 所示。

表 8-1

參數名稱	類 型	說 明	預設值
box	bool	是否給文字增加背景框	0
boxborderw	int	文字背景框寬度	0
boxcolor	color	文字背景框顏色	white
line_spacing	int	文字背景框邊距	0
borderw	int	邊框寬度	0
bordercolor	color	邊框顏色	black
expansion	列舉	文字對齊方式	normal
fontcolor	color	文字顏色	black
font	string	文字字型	Sans
fontfile	string	字型原始檔案	-
alpha	float	文字透明度	1.0
fontsize	int	文字大小	16
text_shaping	bool	文字銳化	1
shadowcolor	color	文字陰影顏色	black
shadowx/shadowy	int	文字陰影相對於文字的位置	0
start_number	int	增加文字浮水印的起始幀序號	0
tabsize	int	定位字元間距	4

參數名稱	類型	說明	預設值
text	string	文字內容	-
textfile	string	文字檔	-
reload	bool	重新載入文字檔	0
x/y	int	文字浮水印位置	0

如果想要在畫面左上角增加文字浮水印 "Hello world!"，字型大小為 56，
顏色為綠色，則可以使用以下命令。

```
ffmpeg -i input.mp4 -vf drawtext="fontsize=56:fontcolor=green:text='Hel
lo World'" -y output.mp4
```

播放效果如圖 8-14 所示。

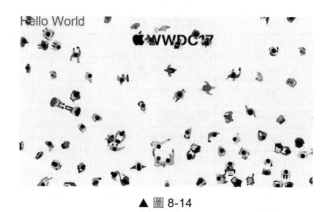

▲ 圖 8-14

下面在畫面的正中央顯示輸出視訊編碼的時間，設定字型顏色為藍色，
並增加黃色背景的文字標籤。

```
ffmpeg -i input.mp4 -vf drawtext="fontsize=80:fontcolor=blue:fontfile=Fr
eeSerif.ttf:box=1:boxcolor=yellow:text='%{localtime\:%a %b %d %Y}:x=(w-
text_w)/2:y=(h-text_h)/2" -y output.mp4
```

播放效果如圖 8-15 所示。

▲ 圖 8-15

更多關於濾鏡 drawtext 的使用方法可以參考官方檔案。

▶ 圖型浮水印

除文字外，ffmpeg 還可以將圖型甚至視訊檔案的幀作為浮水印增加到視訊畫面中，可以使用資料來源 movie 和濾鏡 overlay 實現。

資料來源 movie 可以從一個媒體檔案中讀取音訊串流資料和視訊串流資料，濾鏡 overlay 可以將讀取的資料與輸入的影音流進行疊加。實際上，透過資料來源 movie 和濾鏡 overlay 可以實現多種類型的浮水印，如圖型、視訊等。限於篇幅，本節僅討論如何增加圖型浮水印。

資料來源 movie 的常用參數如表 8-2 所示。

表 8-2

參 數 名 稱	類 型	說 明	預 設 值
filename	string	浮水印媒體檔案路徑	-
format_name	string	浮水印媒體檔案類型	-
seek_point	int	seek 時間	0
streams	string	選擇從原始檔案讀取的媒體串流	dv
loop	int	循環次數	1
discontinuity	timestamp	允許的時間戳記間隔	-

濾鏡 overlay 的常用參數如表 8-3 所示。

表 8-3

參 數 名 稱	類 型	說 明	預 設 值
x/y	int	在目標圖像上疊加的位置座標	0
eof_action	string	在疊加後操作	repeat
eval	string	計算浮水印座標	frame
shortest	bool	在最短的串流結束時停止	0
format	string	像素格式	yuv420
repeatlast	bool	重複疊加串流的最後一幀	1

在計算濾鏡 overlay 疊加座標 *x/y* 時可選用表 8-4 中的參數參與計算。

表 8-4

參 數 名 稱	說 明
main_w 或 W	主輸入視訊寬度
main_h 或 H	主輸入視訊高度
overlay_w 或 w	疊加輸入視訊寬度
overlay_h 或 h	疊加輸入視訊高度
hsub/vsub	水平與垂直方向的色度次取樣比例
n	輸入幀序號，從 0 開始遞增
pos	輸入幀在檔案中的位置
t	以秒為單位的時間戳記

想要把浮水印圖型直接增加在輸入檔案的每一幀上，則可以使用以下命令。

```
ffmpeg -i input.mp4 -vf "movie=/Users/name/Downloads/ffmpeg.
png[watermark];[in][watermark]overlay" -y output.mp4
```

播放效果如圖 9-16 所示。

▲ 圖 8-16

透過修改濾鏡 overlay 的參數，可以改變浮水印增加的位置。舉例來說，想要把浮水印增加在視訊的右下角，則可以使用以下命令。

```
ffmpeg -i input.mp4 -vf "movie=/Users/name/Downloads/ffmpeg.
png[watermark]; [in][watermark]overlay=main_w-overlay_w-10:main_
h-overlay_h-10" -y output.mp4
```

播放效果如圖 8-17 所示。

▲ 圖 8-17

我們在 8.3.1 節中繼續討論濾鏡 overlay 的更多用法。

8.2.2 常用的音訊編輯簡單濾鏡圖

只需在 -af 選項中傳入適當的參數即可呼叫音訊編輯簡單濾鏡圖。

1. 音訊回聲

濾鏡 aecho 可以在音訊中增加回聲特效，濾鏡 aecho 支援的參數如下。

- in_gain：回聲輸入增益，預設為 0.6。
- out_gain：回聲輸出增益，預設為 0.3。
- delays：回聲延遲，設定值範圍為 (0 - 90000.0]，預設為 1000。
- decays：回聲強度，設定值範圍為 (0 - 1.0]，預設為 0.5。

按照預設參數為音訊增加回聲，可以使用以下命令。

```
ffmpeg -i input.mp3 -af aecho -y output.mp3
```

設定多個 delay 值和 decays 值可以模擬多重回聲的場景。

```
ffmpeg -i input.mp3 -af "aecho=0.8:0.9:1000|1800:0.3|0.25" -y output.mp3
```

2. 音訊淡入淡出效果

淡入淡出是音訊轉場常用的特效之一，濾鏡 afade 可以實現音訊的淡入淡出效果，它支持的參數如下。

- type 或 t：in 為淡入效果，out 為淡出效果，預設為 in。
- start_sample 或 ss：設定淡入淡出的起始取樣點，預設為 0。
- nb_samples 或 ns：設定淡入淡出編輯的取樣點總數，預設為 44100。
- start_time 或 st：設定淡入淡出的開始時間，預設為 0。
- duration 或 d：設定淡入淡出的總編輯時長，預設由 nb_samples 決定。

■ curve：設定音訊變化曲線，預設為 tri。

如果想要給音訊檔案的前 15s 增加淡入效果，則可以使用以下命令。

```
ffmpeg -i input.mp3 -af afade=d=15 -y output.mp3
```

如果想要截出音訊檔案的前 20s，同時為最後 10s 增加淡出效果，則可以使用以下命令。

```
ffmpeg -t 20 -i input.mp3 -af afade=t=out:st=10:d=10 -y output.mp3
```

3. 音訊循環

濾鏡 aloop 可以循環播放音訊，它支援的參數如下。

■ loop：循環次數，預設為 1；-1 表示無限循環。
■ size：最大取樣點數，預設為 0。
■ start：循環起始取樣點，預設為 0。

如果想要讓音訊循環播放 5 次再退出，則可以使用以下命令。

```
ffmpeg -i input.mp3 -af aloop=loop=4:size=100000 -y output.mp3
```

在完成第 1 次播放後，該音訊將繼續循環播放 4 次後才會退出。

4. 音訊裁剪

裁剪音訊串流可以使用濾鏡 atrim。濾鏡 atrim 支援的參數如下。

■ start：裁剪起始時間，以秒為單位。
■ end：裁剪截止時間（不包含），以秒為單位。
■ start_pts：裁剪起始時間，以音訊取樣點的時間戳記為單位。

- end_pts：裁剪截止時間（不包含），以音訊取樣點的時間戳記為單位。
- duration：最長輸出時間，以秒為單位。
- start_frame：裁剪起始幀。
- end_frame：裁剪截止幀（不包含）。

濾鏡 atrim 不會改變音訊封包的時間戳記。如果想讓輸出的音訊檔案的時間戳記從 0 開始，則應在濾鏡 atrim 的後面增加濾鏡 asetpts。舉例來說，對輸入音訊進行裁剪並輸出第 2min 的內容，可以使用以下命令。

```
ffmpeg -i input.mp3 -af "atrim=60:120, asetpts=PTS-STARTPTS" -y output.mp3
```

5. 音訊音量的檢測與調節

濾鏡 volumedetect 可以檢測音訊的音量。濾鏡 volumedetect 的使用方法非常簡單，不僅沒有任何輸入參數，而且不需要指定輸出檔案，例如：

```
ffmpeg -i input.mp3 -af volumedetect -f null -
```

在上述命令中，輸出格式指定為空，並且不增加任何輸出檔案。該命令會輸出音訊的音量，如下。

```
[Parsed_volumedetect_0 @ 0x7fd1676042c0] n_samples: 15690192
[Parsed_volumedetect_0 @ 0x7fd1676042c0] mean_volume: -18.8 dB
[Parsed_volumedetect_0 @ 0x7fd1676042c0] max_volume:  -0.5 dB
[Parsed_volumedetect_0 @ 0x7fd1676042c0] histogram_0db: 7
[Parsed_volumedetect_0 @ 0x7fd1676042c0] histogram_1db: 65
[Parsed_volumedetect_0 @ 0x7fd1676042c0] histogram_2db: 499
[Parsed_volumedetect_0 @ 0x7fd1676042c0] histogram_3db: 2667
[Parsed_volumedetect_0 @ 0x7fd1676042c0] histogram_4db: 8478
[Parsed_volumedetect_0 @ 0x7fd1676042c0] histogram_5db: 20339
```

如果想要調節音訊的音量，則可以使用濾鏡 volume，該濾鏡支援的參數如下。

- volume：設定目標音訊音量，預設為 1.0。
- precision：設定調節精度，可選 fixed、float（預設）或 double。
- eval：按一次或每個畫面設定音量，可選 once（預設）或 frame。

將輸入檔案的音量調節至原來的一半，可以使用以下命令。

```
ffmpeg -i input.mp3 -af volume=0.5 -y output.mp3
```

使用濾鏡 volumedetect 檢測輸出檔案的音量，輸出結果如下。

```
[Parsed_volumedetect_0 @ 0x7f9a9b204080] n_samples: 15690192
[Parsed_volumedetect_0 @ 0x7f9a9b204080] mean_volume: -25.2 dB
[Parsed_volumedetect_0 @ 0x7f9a9b204080] max_volume:  -6.8 dB
[Parsed_volumedetect_0 @ 0x7f9a9b204080] histogram_6db:  2
[Parsed_volumedetect_0 @ 0x7f9a9b204080] histogram_7db:  32
[Parsed_volumedetect_0 @ 0x7f9a9b204080] histogram_8db:  240
[Parsed_volumedetect_0 @ 0x7f9a9b204080] histogram_9db:  1518
[Parsed_volumedetect_0 @ 0x7f9a9b204080] histogram_10db:   5459
[Parsed_volumedetect_0 @ 0x7f9a9b204080] histogram_11db:   14399
```

以下命令可以將輸入檔案的音量提升 **6dB** 並寫入輸出檔案。

```
ffmpeg -i input.mp3 -af volume=volume=6dB:precision=fixed -y output.mp3
```

檢測新的輸出檔案的音量，結果如下。

```
[Parsed_volumedetect_0 @ 0x7fa96471e9c0] n_samples: 15690192
[Parsed_volumedetect_0 @ 0x7fa96471e9c0] mean_volume: -13.2 dB
[Parsed_volumedetect_0 @ 0x7fa96471e9c0] max_volume:  0.0 dB
[Parsed_volumedetect_0 @ 0x7fa96471e9c0] histogram_0db:  47398
```

8.3 複合濾鏡圖的應用

在 ffmpeg 中，透過選項 -filter_complex 即可使用複合濾鏡圖，該選項可以相容音訊串流和視訊串流。

如果在對影音進行編輯的同時需要操作超過一路的輸入串流或輸出串流，則必須使用複合濾鏡圖，因為使用簡單濾鏡圖將導致程式錯誤。與簡單濾鏡圖相比，複合濾鏡圖可以合併、分割影音檔案的多路資料流程，實現更加複雜的特效，在實際開發中應用十分廣泛。

8.3.1 常用的視訊編輯複合濾鏡圖

1. 視訊畫面融合

- 濾鏡 blend 可以實現視訊畫面融合的功能，即將兩路輸入視訊的圖型融合並輸出為一路視訊。濾鏡 blend 支援的參數如下。
- all_mode：像素融合模式。
- all_opacity：設定融合的不透明度。
- all_expr：指定像素融合計算運算式。

在 all_expr 中，有多個值可以參與計算。

- N：視訊幀序號，從 0 開始遞增。
- X/Y：當前像素的座標。
- W/H：當前視訊幀顏色分量的寬和高。
- SW/SH：當前視訊幀顏色分量與亮度分量的長寬比。
- T：當前幀的時間，以秒為單位。
- TOP/A：頂層視訊幀的像素值。
- BOTTOM/B：底層視訊幀的像素值。

下面的命令可以將輸入檔案 "input1.mp4" 和 "input2.mp4" 的畫面融合到
輸出檔案 "output.mp4" 中，輸出畫面為兩個輸入視訊畫面自左向右的線
性平滑過渡。

```
ffmpeg -t 15 -i input1.mp4 -t 15 -i input2.mp4 -filter_complex
blend=all_expr='A*(X/W)+B*(1-X/W)' -y output.mp4
```

兩個輸入視訊畫面如圖 8-18 所示。

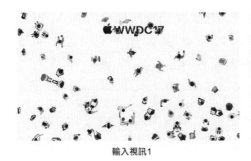

輸入視訊1

輸入視訊2

▲ 圖 8-18

融合後的輸出視訊畫面如圖 8-19 所示。

▲ 圖 8-19

2. 視訊圖型疊加

前面曾簡單介紹過濾鏡 overlay 的用法。除了浮水印，濾鏡 overlay 還可以實現很多複雜的功能，其中，疊加兩個輸入視訊的圖型為最常見的操作之一。

如果想要對視訊進行上下疊加操作，就必須為輸出視訊創建一個畫布，把參與疊加的畫面都繪製在該畫布中。

首先，在濾鏡圖中創建畫布。舉例來説，想要疊加兩個尺寸均為 1280 像素 ×720 像素的視訊，則可以使用以下參數創建一個 1280 像素 ×1440 像素的空畫布，並將輸出介面命名為 "background"。

```
nullsrc=size=1280x1440 [background];
```

其次，從兩個輸入檔案中提取視訊串流，使用濾鏡 setpts 設定時間戳記從 0 開始，並把輸出介面分別命名為 [up] 和 [down]。

```
[0:v] setpts=PTS-STARTPTS [up];
[1:v] setpts=PTS-STARTPTS [down];
```

最後，使用濾鏡 overlay 依次將兩個輸入視訊的畫面疊加到畫布上。

```
[background][up] overlay=shortest=1 [bg+up];
[bg+up][down] overlay=shortest=1:y=720;
```

完整實現視訊畫面上下疊加的命令如下所示。

```
ffmpeg -i input1.mp4 -i input2.mp4 -filter_complex
"nullsrc=size=1280x1440 [background];[0:v] setpts=PTS-STARTPTS
[up];[1:v] setpts=PTS-STARTPTS [down];[background][up] overlay=shortest=1
[bg+up];[bg+up][down] overlay=shortest=1:y=720" -map 1:a -y output.mp4
```

依然使用圖 8-18 所示的兩個輸入視訊畫面，疊加後的輸出視訊畫面如圖
8-20 所示。

▲ 圖 8-20

3. 視訊拼接

為了便於保存和處理，我們時常需要將多個短視訊檔案按順序拼接為一
個長視訊檔案。在 ffmpeg 中，濾鏡 concat 可以實現視訊拼接功能，它
支援的參數如下。

- n：指定輸入短視訊部分的個數，預設為 2。
- v：指定輸出檔案中視訊串流的路數，該值等於每個短視訊部分中的視
  訊串流路數，預設為 1。
- a：指定輸出檔案中音訊串流的路數，該值等於每個短視訊部分中的音
  訊串流路數，預設為 0。

濾鏡 concat 共包含 n×(v+a) 個輸入介面和 v+a 個輸出介面,輸入介面和輸出介面的排列順序與輸入短視訊部分的順序一致。如果想要將三個短視訊部分拼接為一個長視訊,並且每個部分都包含一路音訊串流和一路視訊串流,則可以使用以下命令。

```
ffmpeg -i input1.mp4 -i input2.mp4 -i input3.mp4 -filter_complex "[0:0]
[0:1] [1:0] [1:1] [2:0] [2:1] concat=n=3:a=1 [v] [a]" -map '[v]' -map
'[a]' -y output.mp4
```

8.3.2 常用的音訊編輯複合濾鏡圖

1. 音訊混合

音訊混合是最常見的操作之一,舉例來說,為拍攝素材增加背景音樂、在 KTV 錄製時融合歌聲與伴奏等。在 ffmpeg 中,濾鏡 amix 可以實現音訊混合功能,它支援的參數如下。

- inputs:輸入串流個數,預設為 2。
- duration:判斷輸出時長,可選的值如下。
  - longest:預設值,以最長時長的輸入串流為基準。
  - shortest:以最短時長的輸入串流為基準。
  - first:以第 1 路輸入串流的時長為基準。
- dropout_transition:某一路串流結束後的過渡時長,預設為 2s。
- weights:各路音訊串流的權重,以空格分隔,預設所有串流的權重相同。

如果想要將兩個音訊檔案混合,則可以使用以下命令。

```
ffmpeg -i input1.mp3 -i input2.mp3 -filter_complex amix=duration=first
-y output.mp3
```

2. 音訊聲道的混合運算和提取

在 ffmpeg 中，濾鏡 pan 可以實現音訊聲道的混合、運算和提取等功能，它支援的參數如下。

- l：輸出的聲道數或聲道佈局。
- outdef：輸出聲道的運算式，各個運算式之間以 "|" 分隔。
- out_name：輸出聲道識別符號，以聲道名稱或序號表示。
- gain：輸出聲道增益值，1 表示保持該聲道原有音量不變。
- in_name：輸入聲道名稱，與 out_name 類似，以聲道名稱或序號表示。

使用以下命令可以將一個身歷聲音訊檔案的左右聲道分離，並分別寫入兩個音訊檔案。

```
ffmpeg -i input.mp3 -filter_complex "[0:0] pan=1c|c0=c0 [channel0];
[0:0]pan=1c|c0=c1 [channel1]" -map "[channel0]" ./channel0.mp3 -map
"[channel1]" ./channel1.mp3
```

透過 ffprobe 對輸入檔案 input.mp3 和兩個輸出檔案 channel0.mp3 與 channel1.mp3 進行格式檢測可知，身歷聲音訊檔案 input.mp3 被分割為兩個單聲道檔案 channel0.mp3 與 channel1.mp3。

input.mp3 的輸出結果如下。

```
Duration: 00:02:57.92, start: 0.025057, bitrate: 128 kb/s
    Stream #0:0: Audio: mp3, 44100 Hz, stereo, fltp, 128 kb/s
    Metadata:
      encoder         : LAME3.99r
    Side data:
      replaygain: track gain - -5.000000, track peak - unknown, album
gain - unknown,
          album peak - unknown,
```

channel0.mp3 和 channel1.mp3 的輸出結果如下。

```
Duration: 00:02:57.92, start: 0.025057, bitrate: 64 kb/s
    Stream #0:0: Audio: mp3, 44100 Hz, mono, fltp, 64 kb/s
Duration: 00:02:57.92, start: 0.025057, bitrate: 64 kb/s
    Stream #0:0: Audio: mp3, 44100 Hz, mono, fltp, 64 kb/s
```

串流媒體應用

在 對串流媒體進行相關操作之前，需要建構串流媒體伺服器，以接收推串流端發送的資料，並對資料進行轉發等操作。經過多年的發展，已經有多種開放原始碼的串流媒體服務框架在業界得到應用，其中比較著名的有 SRS、live555、EasyDarwin 和 Nginx+nginx-rtmp-module。

除上述開放原始碼專案外，還有多種商務軟體可供選擇，它們穩定可靠、使用友善，並且服務保障更加完善。其中，常用的是 Adobe Media Server 和 Wowza Streaming Engine。考慮到經濟成本和便利性，本章分別使用 SRS 和 Nginx + nginx-rtmp-module 來實現簡單的串流媒體服務，並使用 FFmpeg 進行轉碼和推拉串流操作。

9.1 建構 SRS 串流媒體服務

SRS 的全稱為 Simple Realtime Streaming Server。從它的名稱可以看出，SRS 的最初目的是開發一個簡單、高效且好用的即時串流媒體伺服器。經過許多年的演進，SRS 已經成為國產開放原始碼專案的傑出代表之一。

SRS 的下載與編譯

獲取 SRS 的專案程式及附加資源。

```
git clone https://github.com/ossrs/srs.git
cd srs/trunk
```

對 SRS 進行編譯。

```
./configure # 在 mac 系統上編譯時需要增加參數 --osx
make
```

在編譯後，在命令列中將顯示以下資訊。

```
The build summary:
    +-----------------------------------------------------------
    For SRS benchmark, gperf, gprof and valgrind, please read:
        http://blog.csdn.XXX/win_lin/article/details/53503869
    +-----------------------------------------------------------
    |The main server usage: ./objs/srs -c conf/srs.conf, start the srs
server
    |      About HLS, please read
             https://github.XXX/ossrs/srs/wiki/v2_CN_DeliveryHLS
    |      About DVR, please read https://github.com/ossrs/srs/wiki/v3_
CN_DVR
    |      About SSL, please read
             https://github.XXX/ossrs/srs/wiki/v1_CN_RTMPHandshake
```

```
|      About transcoding, please read
          https://github.XXX/ossrs/srs/wiki/v3_CN_FFMPEG
|      About ingester, please read
          https://github.XXX/ossrs/srs/wiki/v1_CN_Ingest
|      About http-callback, please read
          https://github.XXX/ossrs/srs/wiki/v3_CN_HTTPCallback
|      Aoubt http-server, please read
          https://github.XXX/ossrs/srs/wiki/v2_CN_HTTPServer
|      About http-api, please read
          https://github.XXX/ossrs/srs/wiki/v3_CN_HTTPApi
|      About stream-caster, please read
          https://github.XXX/ossrs/srs/wiki/v2_CN_Streamer
|      (Disabled) About VALGRIND, please read
          https://github.XXX/ossrs/state-threads/issues/2
+---------------------------------------------------------------
binaries, please read https://github.XXX/ossrs/srs/wiki/v2_CN_Build
You can:
    ./objs/srs -c conf/srs.conf
              to start the srs server, with config conf/srs.conf.
```

根據上述提示，執行 **./objs/srs -c conf/srs.conf** 即可啟動 SRS，日誌如下。

```
[2020-09-18 18:40:15.922][Trace][98086][0] XCORE-SRS/3.0.143(OuXuli)
[2020-09-18 18:40:15.923][Trace][98086][0] config parse complete
[2020-09-18 18:40:15.923][Trace][98086][0] write log to file ./objs/srs.log
[2020-09-18 18:40:15.923][Trace][98086][0] you can: tailf ./objs/srs.log
[2020-09-18 18:40:15.923][Trace][98086][0] @see: https://github.com/
ossrs/srs/wiki/v1_CN_SrsLog
```

此時，在瀏覽器中輸入 http://127.0.0.1:8080/nginx.html，頁面將顯示對應的 HTML 檔案中的內容："Nginx is ok."。

9.1.1 部署 RTMP 串流媒體服務

在編譯 SRS 後,在啟動時透過指定不同的設定檔,即可使用 SRS 的不同功能。舉例來說,想要部署 SRS 的 RTMP 串流媒體服務,則在啟動時需要指定設定檔 rtmp.conf 。該設定檔的預設內容如下。

```
# the config for srs to delivery RTMP
# @see https://github.com/ossrs/srs/wiki/v1_CN_SampleRTMP
# @see full.conf for detail config.

listen              1935;
max_connections     1000;
daemon              off;
srs_log_tank        console;
vhost __defaultVhost__ {
}
```

啟動 SRS。

```
./objs/srs -c conf/rtmp.conf
```

在啟動 SRS 時,有可能會遇到以下錯誤訊息。

```
[2020-12-23 11:54:54.935][Error][68596][0][0] invalid max_
connections=1000,
    required=1106, system limit to 256, total=1006(max_connections=1000,
    nb_consumed_fds=6). you can change max_connections from 1000 to
249, or you can
    login as root and set the limit: ulimit -HSn 1106
[2020-12-23 11:54:54.947][Error][68596][0][0] Failed, code=1023 : check
config :
    check connections : 1006 exceed max open files=256
thread [68596][0]: do_main() [src/main/srs_main_server.cpp:175][errno=0]
thread [68596][0]: check_config() [src/app/srs_app_config.cpp:3459]
[errno=0]
thread [68596][0]: check_number_connections() [src/app/srs_app_config.
cpp:3901][errno=0]
```

根 據 錯 誤 訊 息 可 知，該 錯 誤 產 生 的 原 因 是 設 定 檔 中 的 參 數 max_connections 與 系 統 當 前 的 設 定 不 相 容，將 該 值 修 改 為 249 以 下 的 值 即可。此 處 我 們 將 其 修 改 為 100 並 重 新 啟 動。啟 動 後，終 端 輸 出 的 日 誌 如下。

```
[2020-12-23 16:12:55.905][Trace][78297][0] srs checking config...
[2020-12-23 16:12:55.905][Trace][78297][0] ips, iface[0] en0 ipv4 0x8863
10.151.124.79, iface[1] en0 ipv6 0x8863
fe80::413:accd:eaef:78fe6.953121e-310n0, iface[2] llw0 ipv6 0x8863
fe80::f0fe:2ff:feee:812w0, iface[3] en5 ipv6 0x8863
fe80::aede:48ff:fe00:11226.938193e-310n5
......
[2020-12-23 16:12:55.909][Trace][78297][0] http: root mount
to ./objs/nginx/html
[2020-12-23 16:12:55.910][Trace][78297][0] st_init success, use kqueue
[2020-12-23 16:12:55.910][Trace][78297][860] server main cid=860,
pid=78297,
ppid=85356, asprocess=0
[2020-12-23 16:12:55.911][Trace][78297][860] write pid=78297 to ./objs/
srs.pid
success!
[2020-12-23 16:12:55.912][Trace][78297][860] RTMP listen at
tcp://0.0.0.0:1935,
fd=7
[2020-12-23 16:12:55.912][Trace][78297][860] signal installed, reload=1,
reopen=30, fast_quit=15, grace_quit=3
[2020-12-23 16:12:55.912][Trace][78297][860] http: api mount /console
to ./objs/nginx/html/console
```

在 部 署 後，在 推 串 流 端 即 可 向 SRS 推 串 流。我 們 可 以 使 用 以 下 命 令 將 一個 本 地 視 訊 檔 案 透 過 ffmpeg 推 串 流 到 SRS，命 令 如 下。

```
ffmpeg -re -i ./input.mp4 -codec copy -f flv -y rtmp://10.151.124.79/
live/livestream
```

在該命令中，IP 位址 10.151.124.79 為 SRS 的位址，在實踐中，應當根據實際的 IP 位址進行替換。比較之前使用 **ffmpeg** 進行本地檔案的轉碼、轉封裝操作，在使用 **ffmpeg** 將本地視訊檔案推送到 SRS 時，我們增加了 1 個參數 **-re**。該參數的作用是模擬媒體檔案的正常播放順序，讀取其中的影音流資料並將其向 SRS 推串流。如果不使用該參數，則 **ffmpeg** 會以最快的速度讀取並向 SRS 推送影音封包，而這會導致播放速度異常。

在 推 串 流 成 功 後 ， 就 可 以 透 過 使 用 者 端 從 指 定 的 URL（rtmp://10.151.124.79/live/livestream）獲取推串流端發送的串流媒體資料了。舉例來説，想要透過 **ffplay** 播放串流媒體資訊，只需將該 URL 作為輸入資訊傳入即可。

```
ffplay -i rtmp://10.151.124.79/live/livestream
```

9.1.2 部署 HLS 串流媒體服務

與部署 RTMP 串流媒體服務類似，在部署 HLS 串流媒體服務時可以選擇對應的設定檔 hls.conf。該設定檔的預設內容如下。

```
# the config for srs to delivery hls
# @see https://github.com/ossrs/srs/wiki/v1_CN_SampleHLS
# @see full.conf for detail config.

listen              1935;
max_connections     1000;
daemon              off;
srs_log_tank        console;
http_server {
    enabled         on;
    listen          8080;
    dir             ./objs/nginx/html;
```

```
    }
vhost __defaultVhost__ {
    hls {
        enabled         on;
        hls_fragment    10;
        hls_window      60;
        hls_path        ./objs/nginx/html;
        hls_m3u8_file   [app]/[stream].m3u8;
        hls_ts_file     [app]/[stream]-[seq].ts;
    }
}
```

將 max_connections 參數改為 100，然後使用以下命令啟動 SRS。

```
./objs/srs -c conf/hls.conf
```

在使用 ffmpeg 推串流時，推串流的方式與 RTMP 推串流的方式一致，命令如下。

```
ffmpeg -re -i ./input.mp4 -codec copy -f flv -y rtmp://10.151.124.79/
live/livestream
```

在推串流成功後，即可播放 HLS 格式的媒體串流。

```
ffplay -i http://192.168.0.108:8080/live/livestream.m3u8
```

9.1.3 部署 HTTP-FLV 串流媒體服務

在啟動 SRS 時指定設定檔 http.flv.live.conf，即可使 SRS 支援以 HTTP-FLV 格式分發直播串流。設定檔 http.flv.live.conf 的預設內容如下。

```
# the config for srs to remux rtmp to flv live stream.
# @see https://github.com/ossrs/srs/wiki/v2_CN_DeliveryHttpStream
# @see full.conf for detail config.
```

```
listen                  1935;
max_connections         1000;
daemon                  off;
srs_log_tank            console;
http_server {
    enabled             on;
    listen              8080;
    dir                 ./objs/nginx/html;
}
vhost __defaultVhost__ {
    http_remux {
        enabled         on;
        mount           [vhost]/[app]/[stream].flv;
    }
}
```

將 max_connections 參數修改為 100，然後使用以下命令啟動 SRS。

```
./objs/srs -c conf/http.flv.live.conf
```

在使用 ffmpeg 推串流時，推串流的方式與以 RTMP 推串流的方式一致，
具體如下。

```
ffmpeg -re -i ./input.mp4 -codec copy -f flv -y rtmp://10.151.124.79/
live/livestream
```

在推串流成功後，即可播放 HTTP- FLV 格式的媒體串流。

```
ffplay -i http://192.168.0.108:8080/live/livestream.flv
```

9.2 建構 Nginx RTMP 串流媒體服務

Nginx 是當前業界應用最廣泛的伺服器軟體之一，在 Web 服務、代理服務和郵件服務領域都佔據大量百分比。與 Apache 等同類型的伺服器軟體相比，Nginx 具有更高的性能和更低的系統資源消耗，並且提供了多種強大的功能模組及優異的擴充性。除此之外，Nginx 還支援跨平台開發與部署，設定操作簡單，為使用 Nginx 的開發者提供了較大的便利。

在撰寫本章時，Nginx 的主線開發版本為 1.19.6 版，穩定版本為 1.18.0 版，同時提供了多個歷史版本的存檔。在無特殊需求的情況下，推薦使用當前的穩定版本，即 1.18.0 版。

9.2.1 Nginx 的編譯和部署

本節以 Ubuntu 系統為例，講解 Nginx 的編譯和部署過程。在 Nginx 的官方網站上提供了原始程式碼的下載連結，因此可以透過 wget 等命令方便地獲取並解壓縮。

```
mkdir ~/Code/open_source/Nginx
cd ~/Code/open_source/Nginx
wget https://nginx.org/download/nginx-1.18.0.tar.gz
tar -xzvf nginx-1.18.0.tar.gz
```

在解壓縮後，所有原始程式碼目錄中的內容都將存放在目前的目錄的 nginx-1.18.0 資料夾中。

在編譯 Nginx 原始程式碼之前，應當安裝編譯所需的許多依賴函數庫，如 libpcre、openssl、zlib。以 Ubuntu 系統為例，可以透過以下命令安裝上述依賴函數庫。

```
sudo apt-get update
sudo apt-get install libpcre3 libpcre3-dev
sudo apt-get install openssl libssl-dev
sudo apt-get install zlib1g zlib1g-dev
```

1. Nginx 原始程式碼編譯

與其他許多針對類 UNIX 系統的 C/C++ 開放原始碼專案類似，Nginx 的
主要編譯流程同樣由 configure—make—make install 三步實現。首先，
進入原始程式碼目錄，查看 configure 檔案提供的設定選項。

```
cd nginx-1.18.0
configure --help
```

在命令列視窗，configure 檔案將輸出以下說明資訊（僅展示一部分）。

```
# configure help
--help                              print this message

--prefix=PATH                       set installation prefix
--sbin-path=PATH                    set nginx binary pathname
--modules-path=PATH                 set modules path
--conf-path=PATH                    set nginx.conf pathname
--error-log-path=PATH               set error log pathname
--pid-path=PATH                     set nginx.pid pathname
--lock-path=PATH                    set nginx.lock pathname

# ......
```

透過在 configure 檔案中指定對應的參數，即可對 Nginx 的編譯過程進行
一定程度的訂製化，如設定安裝目錄、可執行程式名稱和預設引用的設
定檔等。在原始程式碼檔案的同級目錄中新建目錄 nginx_output，將其
作為編譯輸出目錄，並對專案進行設定和編譯。

```
mkdir ../nginx_output
./configure --prefix=../nginx_output
make
make install
```

完成後，在目標目錄 **../nginx_output** 中可以看到已經成功生成的檔案目錄。

```
conf  html  logs  sbin
```

2. Nginx 的設定與部署

Nginx 在執行時期會從指定的檔案中讀取設定資訊，其中最核心的檔案是 nginx.conf，即 Nginx 預設引用的設定檔。透過該檔案可以設定 Nginx 的絕大部分常用功能。在編譯 Nginx 原始程式碼後，在 nginx_output/conf 目錄中可以找到自動生成的 nginx.conf 檔案，其預設內容如下。

```
#user  nobody;
worker_processes  1;

events {
    worker_connections  1024;
}

http {
    include         mime.types;
    default_type    application/octet-stream;

    sendfile        on;
    #tcp_nopush     on;

    #keepalive_timeout  0;
    keepalive_timeout   65;
```

```
    #gzip   on;

    server {
        listen              80;
        server_name  localhost;

        #charset koi8-r;

        #access_log   logs/host.access.log   main;

        location / {
            root    html;
            index   index.html index.htm;
        }

        #error_page   404               /404.html;

        # redirect server error pages to the static page /50x.html
        #
        error_page   500 502 503 504   /50x.html;
        location = /50x.html {
            root    html;
        }
    }
}
```

檔案 nginx.conf 中各個設定項目的含義如表 9-1 所示。

表 9-1

設 定 項	預 設 值	含 義
user	nobody	執行使用者名
worker_processes	1	工作處理程式數
error_log	logs/error.log	錯誤記錄檔
pid	logs/nginx.pid	pid 檔案
worker_connections	1024	單一服務可接收的最大連接數
http 區塊	-	HTTP 服務設定

設 定 項	預 設 值	含 義
include	mime.types	設定檔案類型，透過 mime.type 指定
default_type	application/octet-stream	預設檔案類型
log_format	-	設定日誌格式
sendfile	on	是否透過 sendfile 傳輸檔案
keepalive_timeout	65	連接逾時時間
gzip	on	是否開啟 gzip 壓縮
server 塊	-	虛擬主機設定
listen	80	預設監聽通訊埠
server_name	localhost	預設服務名稱
location /	-	預設請求
root	html	預設存取根目錄
index	index.html index.htm	首頁索引檔案
error_page	/50x.html	錯誤頁面

在 Nginx 編譯完成後，生成的可執行程式位於 nginx_output/sbin 目錄中。Nginx 的可執行程式內建了簡單的說明資訊，透過參數 -h 即可查看。

```
./sbin/nginx -h
```

輸出的說明資訊如下。

```
-?,-h: this help
-v:   show version and exit
-V:   show version and configure options then exit
-t:   test configuration and exit
-T:   test configuration, dump it and exit
-q:   suppress non-error messages during configuration testing
-s signal:  send signal to a master process: stop, quit, reopen, reload
-p prefix:  set prefix path (default: ../nginx_output/)
-c filename:  set configuration file (default: conf/nginx.conf)
-g directives:  set global directives out of configuration file
```

根據提示，使用以下命令可以輸出當前 Nginx 的版本編號。

```
./sbin/nginx -v
```

輸出如下。

```
nginx version: nginx/1.18.0
```

在輸出的説明資訊中最常用的參數是 -s，範例如下。

```
./sbin/nginx -s quit    # 退出 Nginx
./sbin/nginx -s stop    # 強行停止 Nginx
./sbin/nginx -s reload  # 重新啟動 Nginx
```

如果不加任何參數，直接呼叫生成的可執行程式，則可按照預設設定啟動 Nginx 服務。

```
./sbin/nginx   # 若遇到許可權限制則可使用 sudo 模式啟動
```

啟動後在瀏覽器網址列輸入 localhost，如果顯示 "Welcome to nginx"，則表示啟動成功。

9.2.2 Nginx 的串流媒體模組 nginx-rtmp-module

除代理服務等基本功能外，Nginx 依靠其優秀的性能和廣泛的市場應用百分比在當前線上影音相關業務中越來越受到重視。其中，視訊直播和點播作為全網流量最大、應用最廣泛的業務模式之一，也希望可以充分利用 Nginx 的各項優勢。為此，nginx-rtmp-module 這一影響力最大的 Nginx 串流媒體模組應運而生。

nginx-rtmp-module 採用了限制較為寬鬆的 BSD 開放原始碼協定，因而各大商用解決方案廠商可以基於 nginx-rtmp-module 進行延伸開發和發行。不僅如此，nginx-rtmp-module 還衍生了多個分支版本，舉例來說，nginx-htp-flv-module 在 nginx-rtmp-module 的基礎上實現了 http-flv 的直播功能。

1. nginx-rtmp-module 的編譯

nginx-rtmp-module 的完整原始程式碼保存在 GitHub 的程式庫中，與其他專案類似，透過以下命令可以將 nginx-rtmp-module 複製到本地。

```
git clone https://github.com/arut/nginx-rtmp-module.git
```

下載後，nginx-rtmp-module 可以作為 Nginx 的元件整合到 Nginx 中。編譯方法是進入 Nginx 原始程式碼目錄，並執行以下命令。

```
./configure --prefix=../nginx_output --add-module=../nginx-rtmp-module
make
make install
```

編譯後，新生成的可執行程式保存在 ../nginx_output 目錄中，可以透過以下命令啟動 Nginx 服務。

```
./sbin/nginx
```

2. 設定 NginxRTMP 直播服務

Nginx 服務的絕大部分功能都可以在 nginx.conf 檔案中進行設定，直播服務也不例外。在 nginx.conf 檔案中增加 rtmp 設定模組。

```
rtmp {
    server {
        listen 1935;
        chunk_size 4960;
```

```
        application live {
            live on;
        }
    }
}
```

nginx.conf 檔案中的全部內容如下所示。

```
#user  nobody;
worker_processes  1;

#error_log  logs/error.log;
#error_log  logs/error.log  notice;
#error_log  logs/error.log  info;

#pid        logs/nginx.pid;


events {
    worker_connections  1024;
}

rtmp {
    server {
        listen 1935;
        chunk_size 4960;

    application live {
        live on;
    }
    }
}

http {
    include       mime.types;
    default_type  application/octet-stream;
```

```
    #log_format  main  '$remote_addr - $remote_user [$time_local]
"$request" '
    #                    '$status $body_bytes_sent "$http_referer" '
    #                    '"$http_user_agent" "$http_x_forwarded_for"';

    #access_log        logs/access.log  main;

    sendfile           on;
    #tcp_nopush        on;

    #keepalive_timeout   0;
    keepalive_timeout   65;

    #gzip  on;

    server {
        listen           80;
        server_name  localhost;

        #charset koi8-r;

        #access_log  logs/host.access.log  main;

        location / {
            root    html;
            index   index.html index.htm;
        }

        location /stat {
                rtmp_stat all;
                rtmp_stat_stylesheet stat.xsl;
            }

        location /stat.xsl {
                root ../../nginx-rtmp-module/;
            }
        }
}
```

執行以下命令即可檢測修改後的設定檔的合法性。

```
sudo ./sbin/nginx -t
```

如果設定檔修改正確,則輸出以下資訊。

```
nginx: the configuration file ../nginx_output/conf/nginx.conf syntax is
ok
nginx: configuration file ../nginx_output/conf/nginx.conf test is
successful
```

在修改設定檔後,執行以下命令可以重新啟動 Nginx。

```
sudo ./sbin/nginx -s reload
```

重新啟動 Nginx 後,在瀏覽器中輸入 http://server_ip/stat,如果顯示如圖 9-1 所示的頁面,則表示設定成功。

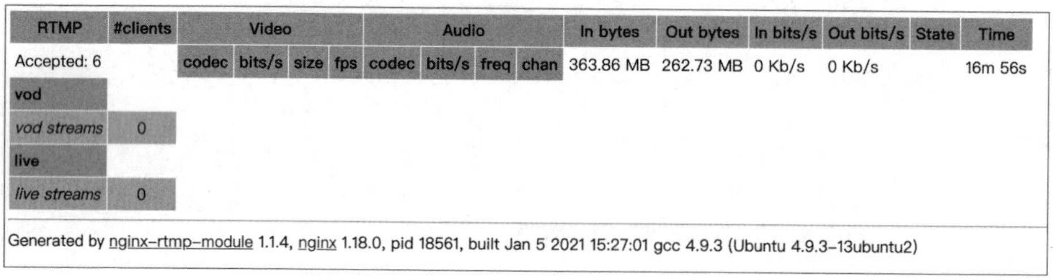

RTMP	#clients	Video				Audio				In bytes	Out bytes	In bits/s	Out bits/s	State	Time
Accepted: 6		codec	bits/s	size	fps	codec	bits/s	freq	chan	363.86 MB	262.73 MB	0 Kb/s	0 Kb/s		16m 56s
vod															
vod streams	0														
live															
live streams	0														

Generated by nginx–rtmp–module 1.1.4, nginx 1.18.0, pid 18561, built Jan 5 2021 15:27:01 gcc 4.9.3 (Ubuntu 4.9.3–13ubuntu2)

▲ 圖 9-1

在啟動 NginxRTMP 服務後,可以使用以下命令向其推串流。

```
ffmpeg -re -i ./503.flv -codec copy -f flv -y rtmp://10.151.174.24/
live/livestream
```

還可以使用 ffplay 拉串流。

```
ffplay -i rtmp://10.151.174.24/live/livestream
```

在推串流和拉流過程中，stat 頁面會顯示當前與 Nginx 服務連接的使用
者端狀況，以及對應媒體串流的音訊參數和視訊參數，如圖 9-2 所示。

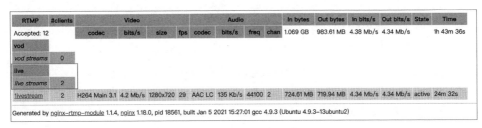

RTMP	#clients	Video				Audio				In bytes	Out bytes	In bits/s	Out bits/s	State	Time
Accepted: 12		codec	bits/s	size	fps	codec	bits/s	freq	chan	1.069 GB	983.61 MB	4.38 Mb/s	4.34 Mb/s		1h 43m 36s
vod															
vod streams	0														
live															
live streams	2														
livestream	2	H264 Main 3.1	4.2 Mb/s	1280x720	29	AAC LC	135 Kb/s	44100	2	724.61 MB	719.94 MB	4.34 Mb/s	4.34 Mb/s	active	24m 32s

Generated by nginx–rtmp–module 1.1.4, nginx 1.18.0, pid 18561, built Jan 5 2021 15:27:01 gcc 4.9.3 (Ubuntu 4.9.3–13ubuntu2)

▲ 圖 9-2

3. 設定 Nginx HLS 直播服務

Nginx 的串流媒體服務不僅支援 RTMP 拉串流，還支持 HLS 等其他主流
協定，設定方式同樣是修改 nginx.conf 檔案。首先在全域的 rtmp 區塊中
增加名為 hls 的 application，參數如下所示。

```
rtmp {
    server {
        listen 1935;
        chunk_size 4960;

        application live {
            live on;
        }

        application hls {
            live on;

            hls on; # 開啟 HLS 協定
            hls_path /data/video/hls; # 指定 .ts 檔案和 .m3u8 檔案的保存位置
            hls_fragment 6s; # TS 檔案分片的時長
        }
    }
}
```

在 http 區塊中增加一個 location 設定。

```
location /hls {
    types {
        application/vnd.apple.mpegurl m3u8;
        video/mp2t ts;
    }
    alias /data/video/hls/; # 指定存取 /hls 目錄
    expires -1;
    add_header Cache-Control no-cache;
}
```

執行以下命令重新啟動 Nginx。

```
sudo ./sbin/nginx -s reload
```

執行以下命令，使用 ffmpeg 推串流。

```
ffmpeg -re -i ./503.flv -codec copy -f flv -y rtmp://10.151.174.24/hls/
hlsstream
```

此時在設定檔中指定的 hls 檔案的保存位置，可以看到生成的與推串流對應的 .m3u8 檔案及各個 TS 檔案分片，如圖 9-3 所示。

在推串流成功後，即可使用以下命令播放 HLS 視訊串流了。

```
ffplay -i http://10.151.174.24/hls/hlsstream.m3u8
```

```
drwxrwxrwx 2 nobody  root           4096 1月   7 15:03 /
drwxrwxrwx 3 root    root           4096 1月   6 16:26 /
-rw-r--r-- 1 nobody  nogroup  3309740 1月   7 15:03 hlsstream-10.ts
-rw-r--r-- 1 nobody  nogroup  3187728 1月   7 15:03 hlsstream-11.ts
-rw-r--r-- 1 nobody  nogroup  3207844 1月   7 15:03 hlsstream-12.ts
-rw-r--r-- 1 nobody  nogroup  3078876 1月   7 15:03 hlsstream-13.ts
-rw-r--r-- 1 nobody  nogroup  3298460 1月   7 15:03 hlsstream-14.ts
-rw-r--r-- 1 nobody  nogroup  3166296 1月   7 15:03 hlsstream-15.ts
-rw-r--r-- 1 nobody  nogroup  2951788 1月   7 15:03 hlsstream-16.ts
-rw-r--r-- 1 nobody  nogroup  3183968 1月   7 15:03 hlsstream-17.ts
-rw-r--r-- 1 nobody  nogroup   319788 1月   7 15:03 hlsstream-18.ts
-rw-r--r-- 1 nobody  nogroup  3359936 1月   7 15:02 hlsstream-1.ts
-rw-r--r-- 1 nobody  nogroup  3015896 1月   7 15:02 hlsstream-2.ts
-rw-r--r-- 1 nobody  nogroup  3644192 1月   7 15:02 hlsstream-3.ts
-rw-r--r-- 1 nobody  nogroup  3117604 1月   7 15:02 hlsstream-4.ts
-rw-r--r-- 1 nobody  nogroup  3162348 1月   7 15:02 hlsstream-5.ts
-rw-r--r-- 1 nobody  nogroup  3131516 1月   7 15:02 hlsstream-6.ts
-rw-r--r-- 1 nobody  nogroup  3158964 1月   7 15:02 hlsstream-7.ts
-rw-r--r-- 1 nobody  nogroup  3099180 1月   7 15:02 hlsstream-8.ts
-rw-r--r-- 1 nobody  nogroup  3161784 1月   7 15:02 hlsstream-9.ts
-rw-r--r-- 1 nobody  nogroup      229 1月   7 15:03 hlsstream.m3u8
```

▲ 圖 9-3

第三部分

開發實戰

· ·

本部分主要講解如何使用 libavcodec、libavformat 等 FFmpeg SDK 進行編碼與解碼、封裝與解封裝等影音基本功能的開發方法。本部分內容具有較強的實踐意義，推薦所有讀者閱讀並多加實踐。

FFmpeg SDK 的使用

在前面的章節中我們用大量的篇幅介紹了如何使用 FFmpeg 的命令列工具 ffmpeg、ffprobe 和 ffplay 實現影音的編輯、檢測和播放等功能,然而從實際應用的角度考慮,二進位可執行程式格式的 FFmpeg 命令列工具很難完全滿足開發的需求,主要在於很難以用程式的形式整合到第三方專案中,這就給其應用場景帶來了諸多限制。因此,在實際應用中,更多的是以 SDK 的形式使用 FFmpeg 提供的各種元件,透過呼叫介面實現其提供的各種功能,而上層的業務實現則由開發者根據實際需求自行開發。

在第 7 章中,我們下載了不同版本的 FFmpeg SDK 的靜態程式庫檔案與動態函數庫檔案。從本章開始,我們繼續深入研究 FFmpeg 的應用,以呼叫 FFmpeg SDK 的方式實現諸如封裝、解封裝、編碼和解碼等功能。

在官方檔案的 examples 目錄（範例目錄）中有 FFmpeg SDK 的使用範例和 Makefile 檔案，我們可以直接編譯其中的範例程式。

除此之外，一種功能更強大、應用更廣泛的方法是使用 CMake 建構專案。與直接撰寫 Makefile 檔案相比，CMake 不僅可以跨平台，生成適用於 Windows 系統上的 Visual Studio、macOS X 系統上的 Xcode 專案，而且撰寫與修改也更加簡單，更易於擴充。本章我們介紹如何使用 CMake 建構 FFmpeg SDK 的範例程式並實現對應的功能。本章中的指令稿和命令主要是在 macOS X 系統中操作的，在 Linux 系統的各個版本中基本可以通用。如果希望在 Windows 系統中實現，則可以使用對應的 CMD 命令列，或安裝支援 bash 指令碼語言的開發環境（如 git bash 或 Mingw + msys 等）。

10.1 使用 CMake 建構專案

CMake 強大的功能依賴於 CMakeLists.txt 檔案，因此如何撰寫 CMakeLists.txt 檔案便成為關鍵所在。本章我們從一個最簡單的 CMake 專案開始，由淺入深地講解使用 CMake 建構專案的方法。由於 CMake 在使用過程中涉及的細節極為煩瑣，因此本節我們只討論核心基礎知識。關於 CMake 的更多內容可以查看官方檔案。

10.1.1 使用 CMake 建構 Hello World 專案

本節我們使用 CMake 建構一個僅包含一個 C++ 原始檔案的專案，並將其編譯成一個可執行程式。首先，在指定的位置創建專案目錄 HelloWorldTest，並在該目錄下新建原始檔案 hello-world.cpp。

```
mkdir HelloWorldTest
cd HelloWorldTest
touch hello-world.cpp
```

在 hello-world.cpp 中撰寫以下程式，這段程式的功能極為簡單，即輸出一個字串 "Hello world!"。

```cpp
#include <cstdlib>
#include <iostream>
#include <string>

std::string say_hello() {
    return std::string("Hello world!");
}

int main(int argc, char** argv) {
    std::cout << say_hello() << std::endl;
    return EXIT_SUCCESS;
}
```

如前文所述，使用 CMake 建構專案的關鍵在於撰寫 CMakeLists.txt 檔案，因此接下來在專案目錄中創建 CMakeLists.txt 檔案。

```
touch CMakeLists.txt
```

在 CMakeLists.txt 檔案中撰寫以下內容。

```
cmake_minimum_required(VERSION 3.5 FATAL_ERROR)

project(hello-world-01 LANGUAGES CXX)

add_executable(hello-world hello-world.cpp)
```

說明如下。

- cmake_minimum_required(VERSION 3.5 FATAL_ERROR)：指定建構平台所安裝的 CMake 的最低版本為 3.5。若當前使用的版本過低，則建構過程將終止並報告錯誤。
- project(hello-world-01 LANGUAGES CXX)：指定專案名稱為 hello-world-01，並說明程式使用的語言為 C++。
- add_executable(hello-world hello-world.cpp)：表示在該專案中將原始檔案 hello-world.cpp 生成名為 hello-world 的可執行程式。

在撰寫 CMakeLists.txt 檔案後，為了方便編譯執行，我們繼續為專案增加編譯執行指令稿，將其命名為 build.sh，並增加可執行許可權。

```
touch build.sh
chmod +x ./build.sh
```

編譯執行指令稿的內容如下。

```
#! /bin/bash
rm -rf output      # 清理臨時目錄
mkdir output       # 創建臨時目錄
cd output

cmake ..           # 在臨時目錄中建構專案
make
./hello-world
```

在創建並進入臨時目錄 output 後，執行以下命令。

```
cmake ..
```

該命令表示在目前的目錄的上層目錄中尋找 CMakeLists.txt 檔案，並在目前的目錄中建構專案。在建構專案過程中將檢查當前編譯環境的可用性，如各種編譯器是否可獲得，並且在終端介面中輸出以下資訊。

```
-- The CXX compiler identification is AppleClang 11.0.3.11030032
-- Check for working CXX compiler: /Applications/Xcode.app/Contents/
Developer/Toolchains/XcodeDefault.xctoolchain/usr/bin/c++
-- Check for working CXX compiler: /Applications/Xcode.app/Contents/
Developer/
Toolchains/XcodeDefault.xctoolchain/usr/bin/c++ -- works
-- Detecting CXX compiler ABI info
-- Detecting CXX compiler ABI info - done
-- Detecting CXX compile features
-- Detecting CXX compile features - done
-- Configuring done
-- Generating done
-- Build files have been written to: /Users/yinwenjie/Code/test/
HelloWorldTest/output
```

在臨時目錄 output 中將生成 4 個暫存檔案或目錄。

```
CMakeCache.txt       CMakeFiles       Makefile       cmake_install.cmake
```

可以看到，CMake 已經生成了編譯所需的 **Makefile** 檔案，執行 **make** 命令即可編譯。編譯過程與執行結果如下。

```
Scanning dependencies of target hello-world
[ 50%] Building CXX object CMakeFiles/hello-world.dir/hello-world.cpp.o
[100%] Linking CXX executable hello-world
[100%] Built target hello-world
Hello world!
```

至此，一個最簡單的使用 CMake 建構的 Hello World 專案就完成了。

10.1.2 在專案中編譯並輸出多個檔案

在實際開發過程中，任何一個專案的複雜性都比上述只包含一個原始檔案的專案要複雜得多。為了向實踐接近，本節我們對 HelloWorldTest 專案目錄做一些升級，使其支持編譯輸出多個可執行程式。

在 HelloWorldTest 專案目錄中創建子目錄 demo，並將 hello-world.cpp 移入其中。

```
mkdir demo
mv ./hello-world.cpp ./demo
```

在 demo 目錄下創建另一個原始檔案 cmd-dir.cpp，並輸入以下程式。

```cpp
#include <cstdlib>
#include <iostream>
#include <string>

int main(int argc, char** argv) {
    std::cout << "This is cmd_dir." << std::endl;
    return EXIT_SUCCESS;
}
```

現在在 demo 目錄中有兩個測試原始檔案，為了同時編譯這兩個測試原始檔案，我們需要對 CMakeLists.txt 檔案進行修改，修改後的 CMakeLists.txt 檔案內容如下所示。

```
cmake_minimum_required(VERSION 3.5 FATAL_ERROR)
project(hello-world-01 LANGUAGES CXX)

set(demo_dir ${PROJECT_SOURCE_DIR}/demo)
file(GLOB demo_codes ${demo_dir}/*.cpp)

foreach (demo ${demo_codes})
    string(REGEX MATCH "[^/]+$" demo_file ${demo})
    string(REPLACE ".cpp" "" demo_basename ${demo_file})
    add_executable(${demo_basename} ${demo})
endforeach()
```

首先，透過 set 命令定義 demo 原始檔案的目錄為 CMakeLists.txt 檔案同級目錄下的 demo 子目錄。

然後，透過 file 命令按照指定格式在 demo 子目錄中尋找原始檔案，並將所有原始檔案保存在陣列 demo_codes 中。在創建可執行程式階段，原本獨立的 add_executable 命令被置於一組 foreach 迴圈中。在迴圈本體中透過正規標記法獲取測試原始檔案的副檔名，並將其作為可執行程式的檔案名稱分別輸出。

最後，在編譯指令稿 build.sh 的尾端增加新的可執行程式，執行以下命令。

```
./cmd-dir
```

重新執行編譯指令稿，輸出結果如下。

```
-- The CXX compiler identification is AppleClang 11.0.3.11030032
-- Check for working CXX compiler: /Applications/Xcode.app/Contents/
Developer/ Toolchains/XcodeDefault.xctoolchain/usr/bin/c++
-- Check for working CXX compiler: /Applications/Xcode.app/Contents/
Developer/Toolchains/XcodeDefault.xctoolchain/usr/bin/c++ -- works
-- Detecting CXX compiler ABI info
-- Detecting CXX compiler ABI info - done
-- Detecting CXX compile features
-- Detecting CXX compile features - done
-- Configuring done
-- Generating done
-- Build files have been written to: /Users/yinwenjie/Code/FFMpeg/
FFMpeg_book/HelloWorldTest/output
Scanning dependencies of target hello-world
[ 25%] Building CXX object CMakeFiles/hello-world.dir/demo/hello-world.
cpp.o
[ 50%] Linking CXX executable hello-world
[ 50%] Built target hello-world
Scanning dependencies of target cmd-dir
[ 75%] Building CXX object CMakeFiles/cmd-dir.dir/demo/cmd-dir.cpp.o
[100%] Linking CXX executable cmd-dir
[100%] Built target cmd-dir
```

```
Hello world!
This is cmd_dir.
```

在升級 CMakeLists.txt 檔案後，我們可以隨時向 demo 程式中增加測試程式，無須修改編譯 CMakeLists.txt 檔案即可編譯生成新的 demo 程式。

10.1.3　在專案中增加標頭檔和原始檔案目錄

在開發過程中，原始程式碼的標頭檔和原始檔案通常是按照指定的目錄分別存放的，如 inc 目錄和 src 目錄等。demo 目錄中的範例程式的主要作用是實現並測試對應的功能。如何透過修改 CMakeLists.txt 檔案實現對標頭檔和原始檔案目錄的引用便成為關鍵。

在 HelloWorldTest 專案目錄中增加兩個目錄。

- inc：保存專案的標頭檔。
- src：保存專案的原始檔案。

```
mkdir inc src
```

在 inc 目錄中加入標頭檔 test.h，在 src 目錄中加入原始檔案 test.cpp。

```
// inc/test.h
#ifndef TEST_H
#define TEST_H
int test_log();
#endif

// src/test.cpp
#include <iostream>
#include "test.h"

int test_log() {
```

```
    std::cout << "This is test_log." << std::endl;
    return 0;
}
```

如果想要在 demo 原始檔案 cmd-dir.cpp 中引用標頭檔 test.h 中定義的函數 test_log，則需要對 CMakeLists.txt 檔案做一定的修改，主要有以下兩個方面。

■ 增加標頭檔路徑，使原始檔案在包含指定的標頭檔時可以成功引用。
■ 指定原始檔案及其位置，在最終編譯時一併編譯輸出到可執行程式，避免出現找不到符號的問題。

在 CMake 中增加標頭檔路徑可以使用命令 include_directories(${path}) 實現，只需將標頭檔目錄作為參數增加到該命令中即可。在本例中，是在 CMakeLists.txt 檔案中增加以下命令。

```
include_directories(${PROJECT_SOURCE_DIR}/inc)
```

可以仿照獲取 demo 程式檔案的方式獲取原始程式碼檔案。首先，指定原始程式碼檔案目錄；然後，透過 file 目錄遍歷其中的原始程式碼檔案，並將這些原始程式碼檔案保存到指定變數中。

```
set(src_dir ${PROJECT_SOURCE_DIR}/src)
file(GLOB src_codes ${src_dir}/*.cpp)
```

最後，在輸出每一個可執行程式時，將獲取的原始程式碼檔案增加到 add_executable 命令中。

```
add_executable(${demo_basename} ${demo} ${src_codes})
```

升級後的 CMakeLists.txt 檔案內容如下所示。

```
cmake_minimum_required(VERSION 3.5 FATAL_ERROR)
project(hello-world-01 LANGUAGES CXX)

include_directories(${PROJECT_SOURCE_DIR}/inc)

set(src_dir ${PROJECT_SOURCE_DIR}/src)
file(GLOB src_codes ${src_dir}/*.cpp)

set(demo_dir ${PROJECT_SOURCE_DIR}/demo)
file(GLOB demo_codes ${demo_dir}/*.cpp)

foreach (demo ${demo_codes})
    string(REGEX MATCH "[^/]+$" demo_file ${demo})
    string(REPLACE ".cpp" "" demo_basename ${demo_file})
    add_executable(${demo_basename} ${demo} ${src_codes})
endforeach()
```

為了驗證效果，簡單修改 cmd-dir.cpp 的原始程式碼，呼叫 test.h 中定義
的函數 test_log。

```
#include <cstdlib>
#include <iostream>
#include <string>

#include "test.h"

int main(int argc, char **argv)
{
    std::cout << "This is cmd_dir." << std::endl;
    test_log();
    return EXIT_SUCCESS;
}
```

在編譯執行後，終端輸出結果如下。

```
- The CXX compiler identification is AppleClang 11.0.3.11030032
-- Check for working CXX compiler: /Applications/Xcode.app/Contents/
Developer/ Toolchains/XcodeDefault.xctoolchain/usr/bin/c++
-- Check for working CXX compiler: /Applications/Xcode.app/Contents/
Developer/Toolchains/XcodeDefault.xctoolchain/usr/bin/c++ -- works
-- Detecting CXX compiler ABI info
-- Detecting CXX compiler ABI info - done
-- Detecting CXX compile features
-- Detecting CXX compile features - done
-- Configuring done
-- Generating done
-- Build files have been written to: /Users/yinwenjie/Code/FFMpeg/
FFMpeg_book/HelloWorldTest/output
Scanning dependencies of target hello-world
[ 16%] Building CXX object CMakeFiles/hello-world.dir/demo/hello-world.
cpp.o
[ 33%] Building CXX object CMakeFiles/hello-world.dir/src/test.cpp.o
[ 50%] Linking CXX executable hello-world
[ 50%] Built target hello-world
Scanning dependencies of target cmd-dir
[ 66%] Building CXX object CMakeFiles/cmd-dir.dir/demo/cmd-dir.cpp.o
[ 83%] Building CXX object CMakeFiles/cmd-dir.dir/src/test.cpp.o
[100%] Linking CXX executable cmd-dir
[100%] Built target cmd-dir
Hello world!
This is cmd_dir.
This is test_log.
```

從結果可見，This is test_log. 已成功輸出，說明 inc 目錄和 src 目錄已經引入到專案中。

10.1.4 在專案中引入動態函數庫

想要在程式中使用 FFmpeg SDK 相關的功能，就必須把對應的函數庫檔案增加到專案中，只有這樣才能呼叫對應的 API 來執行相關的操作。這裡我們下載 shared 和 dev 兩個版本，並從中獲取動態函數庫檔案和標頭檔目錄，如圖 10-1 所示。

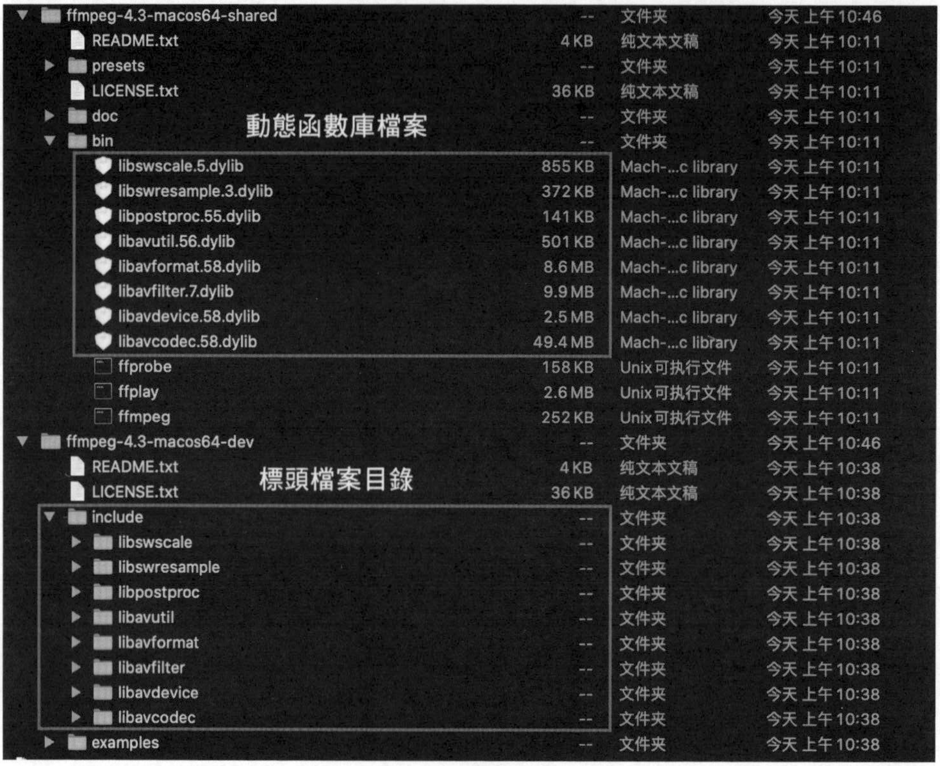

▲ 圖 10-1

在 HelloWorldTest 專案目錄下新建子目錄 dep，以用於保存第三方依賴函數庫。在目錄 dep 中新建 FFmpeg 目錄，並將獲取的標頭檔目錄和動態函數庫檔案保存其中。dep/FFmpeg 目錄中的結構如圖 10-2 所示。

繼續修改 CMakeLists.txt 檔案。首先，將 FFmpeg 的標頭檔目錄增加到專案中。

```
include_directories(${PROJECT_SOURCE_DIR}/dep/FFmpeg/include)
```

▲ 圖 10-2

然後，將 **FFmpeg SDK** 的動態函數庫目錄增加到專案中，可以使用 CMake 提供的 link_directories(${path}) 命令實現。

```
set(ffmpeg_libs_dir ${PROJECT_SOURCE_DIR}/dep/FFmpeg/libs)
link_directories(${ffmpeg_libs_dir})
```

與增加原始程式碼檔案和測試程式檔案類似，使用 **file** 命令在動態函數庫目錄中尋找動態函數庫檔案。

```
file(GLOB ffmpeg_dylibs ${ffmpeg_libs_dir}/*.dylib)
```

最後，將所需的函數庫檔案連結到可執行程式中，透過 CMake 提供的 target_link_libraries 命令即可實現。將下面的命令增加到 add_executable 命令之後。

```
target_link_libraries(${demo_basename} ${ffmpeg_dylibs})
```

修改後的 **CMakeLists.txt** 檔案內容如下所示。

```
cmake_minimum_required(VERSION 3.5 FATAL_ERROR)
project(hello-world-01 LANGUAGES CXX)

include_directories(${PROJECT_SOURCE_DIR}/inc)
include_directories(${PROJECT_SOURCE_DIR}/dep/FFmpeg/include)

set(ffmpeg_libs_dir ${PROJECT_SOURCE_DIR}/dep/FFmpeg/libs)
link_directories(${ffmpeg_libs_dir})
file(GLOB ffmpeg_dylibs ${ffmpeg_libs_dir}/*.dylib)

set(src_dir ${PROJECT_SOURCE_DIR}/src)
file(GLOB src_codes ${src_dir}/*.cpp)

set(demo_dir ${PROJECT_SOURCE_DIR}/demo)
file(GLOB demo_codes ${demo_dir}/*.cpp)

foreach (demo ${demo_codes})
    get_filename_component(demo_basename ${demo} NAME_WE)
    add_executable(${demo_basename} ${demo} ${src_codes})
    target_link_libraries(${demo_basename} ${ffmpeg_dylibs})
endforeach()
```

10.2 FFmpeg SDK 基本使用方法範例： 獲取目錄下的檔案資訊

10.2.1 顯示指定目錄資訊

在設定好專案的目錄結構和 CMakeLists.txt 檔案後，就可以在程式中根據需求呼叫 FFmpeg 的 API 實現相關功能了。本節我們參考並簡單修改官方檔案中的參考範例 example/avio_list _dir.c，實現顯示指定目錄資訊的功能。

定義 main 函數和輸出提示函數，如下。

```cpp
static void usage(const char *program_name) {
    std::cout << "usage: " << std::string(program_name) << " input_dir"
<< std::endl;
    std::cout << "API example program to show how to list files in
directory accessed through AVIOContext." << std::endl;
}

int main(int argc, char *argv[]) {
    int ret;
    av_log_set_level(AV_LOG_DEBUG); // 設定日誌等級為 debug
    if (argc < 2) {
        // 輸出說明資訊
        usage(argv[0]);
        return 1;
    }

    avformat_network_init(); // 初始化網路函數庫
    ret = list_op(argv[1]);
    avformat_network_deinit(); // 反初始化

    return ret < 0 ? 1 : 0;
}
```

主要功能由 list_op 實現。

```cpp
static int list_op(const char *input_dir) {
    AVIODirEntry *entry = NULL;
    AVIODirContext *ctx = NULL;
    int cnt, ret;
    char filemode[4], uid_and_gid[20];

    if ((ret = avio_open_dir(&ctx, input_dir, NULL)) < 0) {
        av_log(NULL, AV_LOG_ERROR, "Cannot open directory: %s.\n",
            av_err2str(ret));
        goto fail;
```

```
        }

    cnt = 0;
    for (;;) {
        if ((ret = avio_read_dir(ctx, &entry)) < 0) {
            av_log(NULL, AV_LOG_ERROR, "Cannot list directory: %s.\n",
                av_err2str(ret));
            goto fail;
        }
        if (!entry)
            break;
        if (entry->filemode == -1) {
            snprintf(filemode, 4, "???");
        }
        else {
            snprintf(filemode, 4, "%3" PRIo64, entry->filemode);
        }
        snprintf(uid_and_gid, 20, "%" PRId64 "(%" PRId64 ")", entry-
>user_id,
            entry->group_id);
        if (cnt == 0)
            av_log(NULL, AV_LOG_INFO, "%-9s %12s %30s %10s %s %16s %16s
%16s\n",
                    "TYPE", "SIZE", "NAME", "UID(GID)", "UGO", "MODIFIED",
                    "ACCESSED", "STATUS_CHANGED");
        av_log(NULL, AV_LOG_INFO, "%-9s %12" PRId64 " %30s %10s %s %16"
PRId64
            " %16"PRId64 " %16" PRId64 "\n",
                type_string(entry->type).c_str(),
                entry->size,
                entry->name,
                uid_and_gid,
                filemode,
                entry->modification_timestamp,
                entry->access_timestamp,
                entry->status_change_timestamp);
        avio_free_directory_entry(&entry);
        cnt++;
```

```
    };

fail:
    avio_close_dir(&ctx);
    return ret;
}
```

在編譯指令稿 build.sh 的尾端,在呼叫可執行程式時增加目前的目錄作
為參數。

```
./cmd-dir .
```

執行編譯指令稿,終端輸出如下。

```
TYPE             SIZE                    NAME   UID(GID) UGO
MODIFIED         ACCESSED    STATUS_CHANGED
<DIR>             416                CMakeFiles   501(20) 755
1596613655000000 1596613654000000 1596613655000000
<FILE>            7477                 Makefile   501(20) 644
1596613653000000 1596613654000000 1596613653000000
<FILE>            1424       cmake_install.cmake   501(20) 644
1596613654000000 1596613654000000 1596613654000000
<FILE>            37232             hello-world   501(20) 755
1596613654000000 1596613655000000 1596613654000000
<FILE>            42364                 cmd-dir   501(20) 755
1596613655000000 1596613655000000 1596613655000000
<FILE>            12692           CMakeCache.txt   501(20) 644
1596613653000000 1596613654000000 1596613653000000
```

10.2.2 解析 API 和結構

在 10.2.1 節實現的程式內部呼叫了以下幾個 FFmpeg API,相關函數定
義在 libavformat 函數庫的 avio.h 中。

- avio_open_dir。
- avio_read_dir。
- avio_free_directory_entry。
- avio_close_dir。

涉及上述 API 的還有以下兩類結構。

- AVIODirContext。
- AVIODirEntry。

1. 打開目標目錄

FFmpeg 提供了打開目標目錄的 API：avio_open_dir，其完整宣告方式如下。

```
int avio_open_dir(AVIODirContext **s, const char *url, AVDictionary
**options);
```

avio_open_dir 傳入一個指定的路徑位址作為輸入，在打開目標完成後保存為 AVIODirContext 類型的結構。在 avio.h 中，AVIODirContext 的內部包含了一個 URLContext 指標。

```
typedef struct AVIODirContext {
    struct URLContext *url_context;
} AVIODirContext;
```

2. 遍歷目錄中的檔案

在打開目標目錄後，透過 avio_read_dir 可以讀取目錄中的檔案，宣告方式如下。

```
int avio_read_dir(AVIODirContext *s, AVIODirEntry **next);
```

avio_open_dir 以 AVIODirContext 作為輸入,以 AVIODirEntry 作為輸出。在目標目錄中,每讀到一個檔案或目錄,都將其中的資訊保存到 AVIODirEntry 中並返回。在讀取全部檔案或目錄後,該參數返回空值。

AVIODirEntry 的定義如下。

```
typedef struct AVIODirEntry {
    char *name;                   /**< 檔案名稱 */
    int type;                     /**< 類型(檔案或目錄)*/
    int utf8;                     /**< 設定為 1 表示檔案名稱採用 UTF-8 編碼 */
    int64_t size;                 /**< 檔案大小,以位元組為單位 */
    int64_t modification_timestamp;   /**< 修改時間戳記 */
    int64_t access_timestamp;         /**< 存取時間戳 */
    int64_t status_change_timestamp;  /**< 狀態改變時間戳記 */
    int64_t user_id;                  /**< 所屬使用者標識 */
    int64_t group_id;                 /**< 所群組標識 */
    int64_t filemode;                 /**< 是否採用 UNIX 檔案模式 */
} AVIODirEntry;
```

從每一個返回的 AVIODirEntry 中可以獲得檔案的名稱、類型、大小和修改時間等資訊。

限於篇幅,該功能的完整程式請參考線上程式庫中的範例。

使用 FFmpeg SDK
進行視訊編解碼

對 視訊媒體資料進行解碼獲得圖型,以及將圖型壓縮編碼並輸出為指定格式的壓縮編碼串流是開發中的基本操作,也是實現其他進階功能(如轉碼、濾鏡、編輯等操作)的基礎。由於功能強大、使用場景廣泛,FFmpeg 中的編解碼函數庫 libavcodec 成為影音專案中最常用的編解碼元件之一。

本章我們重點介紹如何使用 libavcodec 將圖型序列編碼為 H.264 的視訊編碼串流,以及如何將視訊編碼串流解碼為 YUV 格式的圖型,並介紹 libavcodec 中常用的關鍵資料結構的定義與作用。

從本章開始,我們正式講解如何使用 FFmpeg SDK 進行視訊開發,建議讀者按照第 10 章介紹的方法重新創建一個名為 FFmpegTutorial 或其他近似名稱的專案,用於管理、編譯和測試所撰寫的程式,或直接將第 10 章創建的 HelloWorldTest 重新命名為 FFmpegTutorial,以便於後續的學習。

11.1 libavcodec 視訊編碼

在 FFmpeg 提供的範例程式 encode_video.c 中顯示了呼叫 FFmpeg SDK 進行視訊編碼的基本方法,本章我們以此為參考建構一個基於 libavcodec 的 H.264 視訊轉碼器。

11.1.1 主函數與資料 I/O 實現

在 FFmpegTutorial 專案的 demo 目錄中新建測試程式 video_encoder.cpp。

```
touch demo/video_encoder.cpp
```

在 inc 目錄中創建標頭檔 io_data.h,在 src 目錄中創建原始檔案 io_data.h。

```
touch inc/io_data.h
touch src/io_data.cpp
```

在 io_data.h 和 io_data.cpp 中實現打開和關閉輸入檔案及輸出檔案的操作。

```cpp
// io_data.h
#ifndef IO_DATA_H
#define IO_DATA_H
extern "C" {
    #include <libavcodec/avcodec.h>
}
#include <stdint.h>

int32_t open_input_output_files(const char* input_name, const char*
output_name);
```

```cpp
void close_input_output_files();
#endif

// io_data.cpp
#include "io_data.h"
#include <iostream>
#include <stdlib.h>
#include <string.h>

static FILE *input_file = nullptr;
static FILE *output_file = nullptr;

int32_t open_input_output_files(const char* input_name, const char*
output_name) {
    if (strlen(input_name) == 0 || strlen(output_name) == 0) {
        std::cerr << "Error: empty input or output file name." <<
std::endl;
        return -1;
    }
    close_input_output_files();

    input_file = fopen(input_name, "rb");
    if (input_file == nullptr) {
        std::cerr << "Error: failed to open input file." << std::endl;
        return -1;
    }
    output_file = fopen(output_name, "wb");
    if (output_file == nullptr) {
        std::cerr << "Error: failed to open output file." << std::endl;
        return -1;
    }
    return 0;
}

void close_input_output_files() {
    if (input_file != nullptr) {
        fclose(input_file);
        input_file = nullptr;
```

```
    }
    if (output_file != nullptr) {
        fclose(output_file);
        output_file = nullptr;
    }
}
```

main 函數的功能是判斷輸入參數，以及打開輸入檔案和輸出檔案。

```
#include <cstdlib>
#include <iostream>
#include <string>

#include "io_data.h"

static void usage(const char *program_name) {
    std::cout << "usage: " << std::string(program_name) << " input_yuv
output_file codec_name" << std::endl;
}

int main(int argc, char **argv) {
    if (argc < 4) {
        usage(argv[0]);
        return 1;
    }

    char *input_file_name = argv[1];
    char *output_file_name = argv[2];
    char *codec_name = argv[3];

    std::cout << "Input file:" << std::string(input_file_name) <<
std::endl;
    std::cout << "output file:" << std::string(output_file_name) <<
std::endl;
    std::cout << "codec name:" << std::string(codec_name) << std::endl;
```

```
    int32_t result = open_input_output_files(input_file_name, output_
file_name);
    if (result < 0) {
        return result;
    }

    // ......

    close_input_output_files();
    return 0;
}
```

11.1.2 視訊轉碼器初始化

在編碼之前，首先需要對編碼器實例進行初始化，並設定對應的參數。
在 inc 目錄中創建標頭檔 video_encoder_core.h，在 src 目錄中創建原
始檔案 video_encoder_core.cpp，並撰寫以下程式。

```
// video_encoder_core.h
#ifndef VIDEO_ENCODER_CORE_H
#define VIDEO_ENCODER_CORE_H
#include <stdint.h>

// 初始化視訊轉碼器
int32_t init_video_encoder(const char *codec_name);

// 銷毀視訊轉碼器
void destroy_video_encoder();

#endif

// video_encoder_core.cpp
extern "C"
{
    #include <libavcodec/avcodec.h>
```

```
    #include <libavutil/opt.h>
    #include <libavutil/imgutils.h>
}
#include <iostream>
#include <string.h>
#include "video_encoder_core.h"

static AVCodec *codec = nullptr;
static AVCodecContext *codec_ctx = nullptr;
static AVFrame *frame = nullptr;
static AVPacket *pkt = nullptr;

int32_t init_video_encoder(const char *codec_name) {
    // 驗證輸入編碼器名稱不可為空
    if (strlen(codec_name) == 0) {
        std::cerr << "Error: empty codec name." << std::endl;
        return -1;
    }

    // 尋找編碼器
    codec = avcodec_find_encoder_by_name(codec_name);
    if (!codec) {
        std::cerr << "Error: could not find codec with codec name:" <<
std::string(codec_name) << std::endl;
        return -1;
    }

    // 創建編碼器上下文結構
    codec_ctx = avcodec_alloc_context3(codec);
    if (!codec_ctx) {
        std::cerr << "Error: could not allocate video codec context." <<
std::endl;
        return -1;
    }

    // 設定編碼參數
    codec_ctx->profile = FF_PROFILE_H264_HIGH;
    codec_ctx->bit_rate = 2000000;
```

```cpp
    codec_ctx->width = 1280;
    codec_ctx->height = 720;
    codec_ctx->gop_size = 10;
    codec_ctx->time_base = (AVRational){ 1, 25 };
    codec_ctx->framerate = (AVRational){ 25, 1 };
    codec_ctx->max_b_frames = 3;
    codec_ctx->pix_fmt = AV_PIX_FMT_YUV420P;

    if (codec->id == AV_CODEC_ID_H264) {
        av_opt_set(codec_ctx->priv_data, "preset", "slow", 0);
    }

    // 使用指定的 codec 初始化編碼器上下文結構
    int32_t result = avcodec_open2(codec_ctx, codec, nullptr);
    if (result < 0) {
        std::cerr << "Error: could not open codec:" << std::string(av_
err2str(result)) << std::endl;
        return -1;
    }

    pkt = av_packet_alloc();
    if (!pkt) {
        std::cerr << "Error: could not allocate AVPacket." << std::endl;
        return -1;
    }

    frame = av_frame_alloc();
    if (!frame) {
        std::cerr << "Error: could not allocate AVFrame." << std::endl;
        return -1;
    }
    frame->width = codec_ctx->width;
    frame->height = codec_ctx->height;
    frame->format = codec_ctx->pix_fmt;

    result = av_frame_get_buffer(frame, 0);
    if (result < 0) {
        std::cerr << "Error: could not get AVFrame buffer." << std::endl;
```

```
        return -1;
    }

    return 0;
}


void destroy_video_encoder() {
    // 釋放編碼器上下文結構
    avcodec_free_context(&codec_ctx);
}
```

接下來介紹在初始化編碼器結構時所呼叫的 API 與使用的結構。

1. 尋找編碼器

在 init_video_encoder 中呼叫的第一個 FFmpeg API 為 avcodec_find_ encoder_by_name，其宣告方式如下。

```
/**
 * 透過指定名稱尋找編碼器實例
 */
AVCodec *avcodec_find_encoder_by_name(const char *name);
```

透過向 avcodec_find_encoder_by_name 傳入一個字串類型的編碼器名稱即可尋找對應的編碼器實例。舉例來說，傳入參數 libx264 表示使用 x264 編碼器編碼；傳入參數 h264_nvenc 表示使用 NVIDIA H.264 編碼器編碼。需要注意的是，此處傳入的編碼器必須在 FFmpeg SDK 編譯前的 configure 階段開啟，否則該 API 將無法找到對應的編碼器，並返回一個空指標（nullptr）。

從 avcodec.h 中的函數宣告可知，avcodec_find_encoder_by_name 還會有一個功能類似的函數 avcodec_find_encoder，其宣告方式如下。

```
/**
 * 透過指定編碼器 ID 尋找編碼器實例
 */
AVCodec *avcodec_find_encoder(enum AVCodecID id);
```

從上述函數宣告可知，**avcodec_find_encoder** 所接收的參數不再是字串格式的編碼器名稱，而是一個列舉類型的 AVCodecID。在 FFmpeg 中，不同的編碼格式用不同的 CodecID 表示。舉例來説，AV_CODEC_ID_H264 表 示 H.264 編 碼，AV_CODEC_ID_HEVC 或 AV_CODEC_ID_H265 表示 H.265 編碼等，均定義在標頭檔 avcodec.h 中。

顯然，使用 avcodec_find_encoder_by_name 尋找編碼器可以使開發者對系統的控制性更強，但是整體相容性較弱，因為一旦當前使用的 FFmpeg SDK 不支援指定的編碼器，則整個流程將以錯誤結束。如果使用 avcodec_find_encoder，則呼叫者將無法指定使用特定的編碼器進行編碼，只能由系統根據優先順序自動選擇，因此整體相容性更好。整體來説，開發者應根據實際業務場景和需求的不同評估選擇。

上述兩個尋找編碼器的 API 在成功找到指定的編碼器後，將返回一個 AVCodec 類型的結構實例。AVCodec 類型的結構包含了 FFmpeg libavcodec 對一個編碼器底層實現的封裝，其內部定義的部分結構如下。

```
typedef struct AVCodec {
    /**
     * 編碼器名稱。在編碼器和解碼器兩大類別中分別具有唯一性，使用者可依據該
    名稱尋找編碼器或解碼器實例
     */
    const char *name;
    /**
     * 編碼器實例的完整名稱
     */
    const char *long_name;
```

```
    enum AVMediaType type;
    enum AVCodecID id;
    /**
     * 當前編碼器所支援的能力
     */
    int capabilities;
    const AVRational *supported_framerates;      ///< 支持的每秒顯示畫面
    const enum AVPixelFormat *pix_fmts;          ///< 支援的圖型像素格式
    const int *supported_samplerates;            ///< 支援的音訊取樣速率
    const enum AVSampleFormat *sample_fmts;      ///< 支援的音訊取樣格式
    const uint64_t *channel_layouts;             ///< 支援的聲道佈局
    uint8_t max_lowres;                          ///< 支持的降解析度解碼
    const AVClass *priv_class;
    const AVProfile *profiles;                   ///< 支持的編碼等級

    /**
     * 編碼器實現的元件或封裝名稱，主要用於標識該編碼器的外部實現者。
     * 當該欄位為空時，該編碼器由 libavcodec 函數庫內部實現；當該欄位不為
     * 空時，該編碼器由硬體或作業系統等外部實現，並在該欄位保存 AVCodec.nam
     * 的縮寫
     */
    const char *wrapper_name;

    // ......
}
```

在 AVCodec 結構中，常用的資料成員如下。

▶ 編碼器名稱

AVCodec 中保存了用於尋找編碼器的簡要名稱和完整名稱，分別用 name 和 long_name 表示。舉例來說，編碼器 libx264 的名稱如下。

- name：libx264。
- long_mame：libx264 H.264/AVC/MPEG-4 AVC/MPEG-4 part 10。

▶ 媒體類型

在 AVCodec 中，名為 AVMediaType 的列舉類型表示當前編碼器處理的媒體類型。AVMediaType 的定義如下。

```
enum AVMediaType {
    AVMEDIA_TYPE_UNKNOWN = -1,
    AVMEDIA_TYPE_VIDEO,
    AVMEDIA_TYPE_AUDIO,
    AVMEDIA_TYPE_DATA,
    AVMEDIA_TYPE_SUBTITLE,
    AVMEDIA_TYPE_ATTACHMENT,
    AVMEDIA_TYPE_NB
};
```

對於 libx264 等解碼器，該值應為 AVMEDIA_TYPE_VIDEO，即 0。

▶ 編碼類型

編碼類型表示當前編碼器可以輸出哪一種格式的編碼串流。舉例來說，libx264 作 為 H.264 編 碼 器， 其 Codec ID 應 當 為 AV_CODEC_ID_H264，即 27。

▶ 編碼器特性

不同的編碼器在實現編碼功能時有不同的特性。AVCodec 中的 capabilities 可以透過每個 bit 的設定值判斷編碼器的能力。libx264 的 capabilities 由以下三個選項群組成。

- AV_CODEC_CAP_DELAY：轉碼器在輸入資料結束後需要傳入空值，以獲取未輸出的快取資料。
- AV_CODEC_CAP_AUTO_THREADS：支援自動多執行緒判斷。

- AV_CODEC_CAP_ENCODER_REORDERED_OPAQUE：記錄每一幀的 reordered_opaque 結構。

▶ 編碼器封裝名稱

在 libavcodec 函數庫中，經常出現多個編碼器類型保存在一個封裝中的情況。舉例來說，libavcodec 函數庫中的 libx264、libx264rgb 和 libx262 分別屬於不同的編碼器類型，但是三者均定義在原始程式碼 libx264 中。只要選擇三者中的任意一個編碼器，AVCodec 中的 wrapper_name 值就返回 libx264。

2. 分配編碼器上下文

在 FFmpeg 中，每一個編碼器實例均對應一個上下文結構，在編碼開始前，可以透過該上下文件結構設定對應的編碼參數。若編碼器上下文結構定義為 AVCodecContext，則可以透過 avcodec_alloc_context3 創建。avcodec_alloc_context3 的宣告方式如下。

```
/**
 * 透過找到的 AVCodec 結構分配編碼器控制碼 AVCodecContext
 */
AVCodecContext *avcodec_alloc_context3(const AVCodec *codec);
```

avcodec_alloc_context3 以 AVCodec 結構作為輸入，創建上下文結構 AVCodecContext，並將對應的參數設定為預設值。AVCodecContext 結構的主要作用是設定開發過程的參數。該結構定義在標頭檔 avcodec.h 中，十分龐大，限於篇幅，本節只列出該結構的部分定義。

```
typedef struct AVCodecContext {
    const AVClass *av_class;
    int log_level_offset;
```

```
    enum AVMediaType codec_type; /* see AVMEDIA_TYPE_xxx */
    const struct AVCodec    *codec;
    enum AVCodecID      codec_id; /* see AV_CODEC_ID_xxx */

    unsigned int codec_tag;

    void *priv_data;

    // ......
    /**
     * 平均串流速率
     */
    int64_t bit_rate;

    /**
     * 容許的串流速率誤差
     */
    int bit_rate_tolerance;

    int width, height;
    int coded_width, coded_height;
    int gop_size;
    enum AVPixelFormat pix_fmt;
    int max_b_frames;
    // ......
} AVCodecContext;
```

在編碼之前，部分參數可以直接透過 AVCodecContext 結構中的成員變
數進行設定，如編碼的 **profile**、圖型的寬和高、關鍵幀間隔、串流速率
和每秒顯示畫面等。對於其他編碼器的私有參數，AVCodecContext 結
構使用成員 priv_data 保存轉碼器的設定資訊，可以透過 av_opt_set 等
方法進行設定。**FFmpeg** 中定義了多種設定轉碼器參數的方法，主要如
下。

```
int av_opt_set(void *obj, const char *name, const char *val, int search_
flags);
int av_opt_set_int(void *obj, const char *name, int64_t    val, int
    search_flags);
int av_opt_set_double(void *obj, const char *name, double    val, int
    search_flags);
int av_opt_set_q(void *obj, const char *name, AVRational  val, int
search_flags);
int av_opt_set_bin(void *obj, const char *name, const uint8_t *val, int
size, int search_flags);
int av_opt_set_image_size(void *obj, const char *name, int w, int h, int
    search_flags);
int av_opt_set_pixel_fmt(void *obj, const char *name, enum AVPixelFormat
fmt, int search_flags);
int av_opt_set_sample_fmt(void *obj, const char *name, enum
AVSampleFormat fmt, int search_flags);
int av_opt_set_video_rate(void *obj, const char *name, AVRational val, int
    search_flags);
int av_opt_set_channel_layout(void *obj, const char *name, int64_t ch_
layout, int search_flags);
int av_opt_set_dict_val(void *obj, const char *name, const AVDictionary
*val, int search_flags);
```

從本節開始，在我們撰寫的程式中，以下部分即為設定編碼參數。

```
// 設定編碼參數
codec_ctx->profile = FF_PROFILE_H264_HIGH;
codec_ctx->bit_rate = 2000000;
codec_ctx->width = 1280;
codec_ctx->height = 720;
codec_ctx->gop_size = 10;
codec_ctx->time_base = (AVRational){ 1, 25 };
codec_ctx->framerate = (AVRational){ 25, 1 };
codec_ctx->max_b_frames = 3;
codec_ctx->pix_fmt = AV_PIX_FMT_YUV420P;

if (codec->id == AV_CODEC_ID_H264) {
```

```
    av_opt_set(codec_ctx->priv_data, "preset", "slow", 0);
}
```

在上述程式中,我們指定編碼的 profile 為 High profile,輸出串流速率為 2Mbps,輸入圖型的寬、高為 1280 像素 ×720 像素,關鍵幀間隔為 10,輸出每秒顯示畫面為 25fps,在每個 I 幀和 P 幀之間插入 3 個 B 幀,指定輸入圖型的格式為 YUV420P。如果使用 H.264 編碼,則設定 preset 為 slow。

3. 初始化編碼器

在設定好編碼器的參數後,接下來呼叫 avcodec_open2 函數對編碼器上下文進行初始化,avcodec_open2 函數的宣告方式如下。

```
/**
 * 透過指定的 AVCodec 實例初始化 AVCodecContext 控制碼。該控制碼必須提前使用
 * avcodec_alloc_context3 創建
 */
int avcodec_open2(AVCodecContext *avctx, const AVCodec *codec,
AVDictionary **options);
```

從上述宣告中可知,avcodec_open2 函數支援傳入以下 3 個參數。

- AVCodecContext *avctx:透過函數 avcodec_alloc_context3 創建待初始化的編碼器上下文結構。
- const AVCodec *codec:透過編碼器名稱或 Codec ID 獲取編碼器。
- AVDictionary **options:使用者自訂編碼器選項。

在 avcodec_open2 函數中將給 AVCodecContext 內部的資料成員分配記憶體空間,以進行編碼參數的驗證,並呼叫編碼器內部的 init 函數進行初始化操作。

從本節開始，在我們撰寫的程式中，以下部分即為打開編碼器、初始化編碼上下文。

```
int32_t result = avcodec_open2(codec_ctx, codec, nullptr);
if (result < 0) {
    std::cerr << "Error: could not open codec:" << std::string(av_
err2str(result)) << std::endl;
    return -1;
}
```

4. 創建圖型幀與編碼串流封包結構

在 FFmpeg 中，未壓縮的圖型和壓縮的視訊編碼串流分別使用 AVFrame 結構和 AVPacket 結構保存。針對視訊轉碼器，其流程為從資料來源獲取圖型格式的輸入資料，保存為 AVFrame 物件並傳入編碼器，從編碼器中輸出 AVPacket 結構。

▶ AVFrame 結構

AVFrame 結構定義在 libavutil/frame.h 中，該結構包含相當多的成員，限於篇幅，此處僅列出部分成員，AVFrame 結構的完整定義請參考 libavutil/frame.h 的原始程式碼。

```
typedef struct AVFrame {
#define AV_NUM_DATA_POINTERS 8
    uint8_t *data[AV_NUM_DATA_POINTERS];
    int linesize[AV_NUM_DATA_POINTERS];
    uint8_t **extended_data;
    int width, height;
    int nb_samples;
    int format;
    int key_frame;
    enum AVPictureType pict_type;
```

```
AVRational sample_aspect_ratio;
int64_t pts;
int64_t pkt_dts;
// ......
```

在 AVFrame 結構中，它所包含的最重要的結構即圖像資料的快取區。待編碼圖型的像素資料保存在 AVFrame 結構的 data 指標所保存的記憶體區中。從上述定義可知，一個 AVFrame 結構最多可以保存 8 個圖型分量，各圖型分量的像素資料保存在 AVFrame::data[0] ～ AVFrame::data[7] 所指向的記憶體區中。

在保存圖型像素資料時，儲存區的寬度有時會大於圖型的寬度，這時可以在每一行像素的尾端填充位元組。此時，儲存區的寬度（通常稱作步進值 stride）可以透過 AVFrame 的 linesize 獲取。與 data 類似，linesize 也是一個陣列，透過 AVFrame::linesize[0] ～AVFrame::linesize[7] 可以獲取每個分量的儲存區寬度。

AVFrame 結構中的其他常用成員如下。

- width, height：AVFrame 結構中保存的圖型的寬和高。
- format：圖型的顏色格式，最常用的是 AV_PIX_FMT_YUV420P。
- key_frame：當前幀的關鍵幀標識位元，1 表示該幀為關鍵幀，0 表示該幀為非關鍵幀。
- pict_type：當前幀的類型，0、1、2 分別表示 I 幀、P 幀和 B 幀。
- pts：當前幀的顯示時間戳記。

▶ AVPacket 結構

AVPacket 結構用於保存未解碼的二進位編碼串流的資料封包，它定義在 avcodec.h 中，其結構如下。

```
typedef struct AVPacket {

    AVBufferRef *buf;

    int64_t pts;

    int64_t dts;
    uint8_t *data;
    int     size;
    int     stream_index;

    int     flags;

    AVPacketSideData *side_data;
    int side_data_elems;

    int64_t duration;

    int64_t pos;        /// 當前 packet 在資料流程中的二進位位置，-1 表示未知

} AVPacket;
```

在一個 AVPacket 結構中，編碼串流資料保存在 data 指標指向的記憶體
區中，資料長度為 size 位元組。在從編碼器獲取到輸出的 AVPacket 結
構後，可以透過 data 指標和 size 值讀取編碼後的編碼串流。

在 AVPacket 結構中，其他常用的成員如下。

- dts：當前 packet 的解碼時間戳記，以 AVStream 中的 time_base 為
  單位。
- pts：當前 packet 的顯示時間戳記，必須大於或等於 dts 值。
- stream_idx：當前 packet 所從屬的 stream 序號。
- duration：當前 packet 的顯示時長，即按順序顯示下一幀 pts 與當前
  pts 的差值。

▶ 創建 AVFrame 結構和 AVPacket 結構

從本節開始，我們均透過以下方式創建 AVFrame 結構和 AVPacket 結構。

```
pkt = av_packet_alloc();
if (!pkt) {
    std::cerr << "Error: could not allocate AVPacket." << std::endl;
    return -1;
}

frame = av_frame_alloc();
if (!frame) {
    std::cerr << "Error: could not allocate AVFrame." << std::endl;
    return -1;
}
frame->width = codec_ctx->width;
frame->height = codec_ctx->height;
frame->format = codec_ctx->pix_fmt;
```

函數 av_packet_alloc 可以創建一個空的 packet 物件，並將其內部欄位按照預設值初始化。函數 av_packet_alloc 的宣告方式如下。

```
  /**
   * 創建 AVPacket 結構的實例並初始化
   */
AVPacket *av_packet_alloc(void);
```

除函數 av_packet_alloc 外，FFmpeg 還提供了多個函數用來創建 AVPacket 結構，常用的如下。

- av_packet_clone：依照一個已存在的 packet 創建新 packet，新 packet 是對原 packet 的引用。
- av_packet_free：釋放一個 packet；如果該 packet 存在引用計數，則其引用計數減 1。

- av_init_packet：對一個 packet 內部的成員指定預設值。
- av_new_packet：按照指定大小分配一個 packet 的儲存空間，並初始化該 packet。
- av_packet_ref：根據傳入的 packet 創建新的引用 packet。
- av_packet_unref：回收該 packet。

創建 AVFrame 結構可以透過函數 av_frame_alloc 實現，其宣告方式如下。

```
/**
 * 創建 AVFrame 結構的實例並初始化
 */
AVFrame *av_frame_alloc(void);
```

函數 av_frame_alloc 實現的僅是創建 AVFrame 結構的實例，以及初始化其內部各個欄位的值，並未分配用於儲存其內部圖型的記憶體空間。如果想要分配記憶體空間，就需要呼叫函數 av_frame_get_buffer，其宣告方式如下。

```
/**
 * 給 AVFrame 結構中的影音資料分配記憶體空間
 */
int av_frame_get_buffer(AVFrame *frame, int align);
```

從本節開始，我們均透過以下方式創建和初始化圖型幀和編碼串流封包。

```
pkt = av_packet_alloc();
if (!pkt) {
    std::cerr << "Error: could not allocate AVPacket." << std::endl;
    return -1;
}

frame = av_frame_alloc();
```

```
if (!frame) {
    std::cerr << "Error: could not allocate AVFrame." << std::endl;
    return -1;
}
frame->width = codec_ctx->width;
frame->height = codec_ctx->height;
frame->format = codec_ctx->pix_fmt;

result = av_frame_get_buffer(frame, 0);
if (result < 0) {
    std::cerr << "Error: could not get AVFrame buffer." << std::endl;
    return -1;
}
```

11.1.3 編碼迴圈本體

在編碼迴圈本體部分，至少需要實現以下三個功能。

（1）從視訊來源中迴圈獲取輸入圖型（如從輸入檔案中讀取）。

（2）將當前幀傳入編碼器進行編碼，獲取輸出的編碼串流封包。

（3）輸出編碼串流封包中的壓縮編碼串流（如寫出到輸出檔案）。

首先實現圖像資料的讀取和編碼串流資料的寫出功能。

1. 讀取圖像資料和寫出編碼串流資料

在 **io_data.h** 和 **io_data.cpp** 中分別實現對 YUV 圖像資料的讀取和對編碼串流資料的寫出功能。

```
// io_data.h
#ifndef IO_DATA_H
#define IO_DATA_H

// ......
```

```
int32_t read_yuv_to_frame(AVFrame *frame);
void write_pkt_to_file(AVPacket *pkt);

#endif

// io_data.cpp
// ......
int32_t read_yuv_to_frame(AVFrame *frame) {
    int32_t frame_width = frame->width;
    int32_t frame_height = frame->height;
    int32_t luma_stride = frame->linesize[0];
    int32_t chroma_stride = frame->linesize[1];
    int32_t frame_size = frame_width * frame_height * 3 / 2;
    int32_t read_size = 0;

    if (frame_width == luma_stride) {
        // 如果 width 等於 stride，則說明 frame 中不存在 padding 位元組，可整
體讀取
        read_size += fread(frame->data[0], 1, frame_width * frame_
height,
            input_file);
        read_size += fread(frame->data[1], 1, frame_width * frame_height
/ 4,
            input_file);
        read_size += fread(frame->data[2], 1, frame_width * frame_height
/ 4,
            input_file);
    }
    else {
        // 如果 width 不等於 stride，則說明 frame 中存在 padding 位元組，
        // 對三個分量應當逐行讀取
        for (size_t i = 0; i < frame_height; i++) {
            read_size += fread(frame->data[0]+i*luma_stride, 1, frame_
width,
                input_file);
        }
        for (size_t uv = 1; uv < 2; uv++)
```

```
        {
            for (size_t i = 0; i < frame_height/2; i++) {
                read_size += fread(frame->data[uv]+i*chroma_stride, 1,
                    frame_width/2, input_file);
            }
        }
    }

    // 驗證讀取資料是否正確
    if (read_size != frame_size)
    {
        std::cerr << "Error: Read data error, frame_size:" << frame_size
<< ",
            read_size:" << read_size << std::endl;
        return -1;
    }

    return 0;
}

void write_pkt_to_file(AVPacket *pkt) {
    fwrite(pkt->data, 1, pkt->size, output_file);
}
```

如果輸入圖型不是標準格式的寬度（如 16 像素的整數倍），則為了相容
編碼要求，AVFrame 結構中的圖型儲存區寬度（即 stride 值）可能會超
過圖型的實際寬度。透過 AVFrame::linesize 陣列中的值可獲取每個顏色
分量的 stride 值。

2. 編碼一幀圖像資料

在 src/video_encoder_core.cpp 中，函數 encode_frame 可 以 將 1 幀
YUV 圖像資料編碼為編碼串流。

```
static int32_t encode_frame(bool flushing) {
    int32_t result = 0;
    if (!flushing) {
        std::cout << "Send frame to encoder with pts: " << frame->pts <<
std::endl;
    }

    result = avcodec_send_frame(codec_ctx, flushing ? nullptr : frame);
    if (result < 0) {
        std::cerr << "Error: avcodec_send_frame failed." << std::endl;
        return result;
    }

    while (result >= 0) {
        result = avcodec_receive_packet(codec_ctx, pkt);
        if (result == AVERROR(EAGAIN) || result == AVERROR_EOF) {
            return 1;
        }
        else if (result < 0) {
            std::cerr << "Error: avcodec_receive_packet failed." <<
std::endl;
            return result;
        }

        if (flushing) {
            std::cout << "Flushing:";
        }
        std::cout << "Got encoded package with dts:" << pkt->dts << ",
pts:" <<
            pkt->pts << ", " << std::endl;
        write_pkt_to_file(pkt);
    }
    return 0;
}
```

從上述程式可知，編碼 1 幀圖像資料需要呼叫兩個關鍵的 API：函數 avcodec_send_frame 和 函 數 avcodec_receive_packet，分 別 實

現將圖型送入編碼器和從編碼器中獲取視訊編碼串流的功能。二者在
avcodec.h 中的宣告方式如下。

```
/**
 * 將保存了圖像資料的 AVFrame 結構傳入編碼器
 */
int avcodec_send_frame(AVCodecContext *avctx, const AVFrame *frame);

/**
 * 從編碼器中獲取保存了壓縮編碼串流資料的 AVPacket 結構
 */
int avcodec_receive_packet(AVCodecContext *avctx, AVPacket *avpkt);
```

函數 avcodec_send_frame 用於將 AVFrame 結構所封裝的圖像資料傳入
編碼器。該函數接收 2 個參數。

- AVCodecContext *avctx：當前編碼器的上下文結構。
- AVFrame *frame：待編碼的圖型結構。當該參數為空時表示編碼結
  束，此時應刷新編碼器快取的編碼串流。

我們可以透過函數 avcodec_send_frame 的返回值判斷執行狀態。當返
回值為 0 時，表示正常執行。如果返回負值（負值為錯誤碼），則可能是
以下原因造成的。

- AVERROR(EAGAIN)：輸出快取區已滿，應先呼叫函數 avcodec_
  receive_packet 獲取輸出資料後再嘗試輸入。
- AVERROR_EOF：編碼器已收到刷新指令，不再接收新的圖型輸入。
- AVERROR(EINVAL)：編碼器狀態錯誤。
- AVERROR(ENOMEM)：記憶體空間不足。

函數 avcodec_receive_packet 用於從編碼器中獲取輸出的編碼串流，並
保存在傳入的 AVPacket 結構中。該函數接收 2 個參數。

- AVCodecContext *avctx：當前編碼器的上下文結構。
- AVPacket *avpkt：輸出的編碼串流封包結構，包含編碼器輸出的視訊編碼串流。

與函數 avcodec_send_frame 類似，我們可以透過函數 avcodec_receive_packet 的返回值判斷執行狀態。當返回值為 0 時，表示正常執行。如果返回負值，則可能是以下原因造成的。

- AVERROR(EAGAIN)：編碼器尚未完成對新 1 幀的編碼，應繼續透過函數 avcodec_send_frame 傳入後續圖型。
- AVERROR_EOF：編碼器已完全輸出內部快取的編碼串流，編碼完成。
- AVERROR(EINVAL)：編碼器狀態錯誤。

3. 編碼迴圈本體的整體實現

在讀取圖型並編碼 1 幀圖像資料後，接下來可以透過 encode 函數對 YUV 輸入圖型進行迴圈編碼。

```cpp
// video_encoder_core.h
int32_t encoding(int32_t frame_cnt);

// video_encoder_core.cpp
int32_t encoding(int32_t frame_cnt) {
    int result = 0;
    for (size_t i = 0; i < frame_cnt; i++) {
        result = av_frame_make_writable(frame);
        if (result < 0) {
            std::cerr << "Error: could not av_frame_make_writable." <<
std::endl;
            return result;
        }
```

```
        result = read_yuv_to_frame(frame);
        if (result < 0) {
            std::cerr << "Error: read_yuv_to_frame failed." <<
std::endl;
            return result;
        }
        frame->pts = i;

        result = encode_frame(false);
        if (result < 0) {
            std::cerr << "Error: encode_frame failed." << std::endl;
            return result;
        }
    }
    result = encode_frame(true);
    if (result < 0) {
        std::cerr << "Error: flushing failed." << std::endl;
        return result;
    }

    return 0;
}
```

11.1.4 關閉編碼器

在編碼完 YUV 圖型，並保存或轉發編碼的編碼串流後，應關閉編碼器，釋放先前分配的圖型幀和編碼串流封包結構。該部分內容在函數 destroy_video_encoder 中實現。

```
void destroy_video_encoder() {
    avcodec_free_context(&codec_ctx);
    av_frame_free(&frame);
    av_packet_free(&pkt);
}
```

最終，main 函數的實現如下。

```
int main(int argc, char **argv) {
    if (argc < 4) {
        usage(argv[0]);
        return 1;
    }

    char *input_file_name = argv[1];
    char *output_file_name = argv[2];
    char *codec_name = argv[3];

    std::cout << "Input file:" << std::string(input_file_name) <<
std::endl;
    std::cout << "output file:" << std::string(output_file_name) <<
std::endl;
    std::cout << "codec name:" << std::string(codec_name) << std::endl;

    int32_t result = open_input_output_files(input_file_name, output_
file_name);
    if (result < 0) {
        return result;
    }

    result = init_video_encoder(codec_name);
    if (result < 0) {
        goto failed;
    }

    result = encoding(50);
    if (result < 0) {
        goto failed;
    }

failed:
    destroy_video_encoder();
    close_input_output_files();
    return 0;
}
```

編譯完成後,使用以下方法執行測試程式。

```
video_encoder ~/Video/input_1280x720.yuv output.h264 libx264
```

執行完成後,**video_encoder** 編碼會生成輸出視訊編碼串流檔案 **output. h264**。使用 **ffplay** 可播放輸出編碼串流檔案,查看編碼結果。

```
ffplay -i output.h264
```

11.1.5 FFmpeg 視訊編碼延遲分析

1. 預設編碼設定——高輸出延遲

如果按照前文的程式實現和編碼器設定直接編譯、執行,則可以得到以下輸出結果。

```
Input file:/Users/yinwenjie/Video/input_1280x720.yuv
output file:./output.h264
codec name:libx264
[libx264 @ 0x7fc33a012200] using cpu capabilities: MMX2 SSE2Fast SSSE3
SSE4.2 AVX FMA3 BMI2 AVX2
[libx264 @ 0x7fc33a012200] profile High, level 3.1
Send frame to encoder with pts: 0
Send frame to encoder with pts: 1
Send frame to encoder with pts: 2
Send frame to encoder with pts: 3
Send frame to encoder with pts: 4
Send frame to encoder with pts: 5
Send frame to encoder with pts: 6
Send frame to encoder with pts: 7
Send frame to encoder with pts: 8
Send frame to encoder with pts: 9
......
Flushing:Got encoded package with dts:-2, pts:0,
Flushing:Got encoded package with dts:-1, pts:2,
```

```
Flushing:Got encoded package with dts:0, pts:1,
Flushing:Got encoded package with dts:1, pts:3,
Flushing:Got encoded package with dts:2, pts:7,
Flushing:Got encoded package with dts:3, pts:5,
Flushing:Got encoded package with dts:4, pts:4,
Flushing:Got encoded package with dts:5, pts:6,
Flushing:Got encoded package with dts:6, pts:11,
Flushing:Got encoded package with dts:7, pts:9,
Flushing:Got encoded package with dts:8, pts:8,
Flushing:Got encoded package with dts:9, pts:10,
......
```

從上面的輸出日誌資訊可以看出，在向編碼器循環輸入圖型幀的過程中，編碼器並沒有輸出任何視訊編碼串流，直到圖型輸入完成並刷新編碼器後，所有圖型幀對應的視訊編碼串流才從編碼器中輸出。這種情況在專案中的表現是，編碼器在開發過程中產生較大延遲，即輸入第 1 幀後需要等待較長時間才會獲得第 1 幀的編碼串流。

使用 libx264 編碼產生的延遲通常是由多方面導致的，具體如下。

■ 平台算力不足：libx264 是純軟體編碼方案，部分低端裝置在對高每秒顯示畫面、高解析度的視訊進行編碼時可能存在算力不足的問題。

■ 編碼設定問題：如編碼前瞻設定、B 幀數量和多執行緒平行編碼設定。

2. x264 編碼低延遲最佳化設定

透過修改編碼設定可以解決延遲過高的問題，即在編碼器初始化階段，在 AVCodecContext 結構中增加以下設定。

```
codec_ctx->profile = FF_PROFILE_H264_HIGH;
codec_ctx->bit_rate = 2000000;
codec_ctx->width = 1280;
codec_ctx->height = 720;
```

```
codec_ctx->gop_size = 10;
codec_ctx->time_base = (AVRational){ 1, 25 };
codec_ctx->framerate = (AVRational){ 25, 1 };
codec_ctx->pix_fmt = AV_PIX_FMT_YUV420P;

if (codec->id == AV_CODEC_ID_H264) {
    av_opt_set(codec_ctx->priv_data, "preset", "slow", 0);
    av_opt_set(codec_ctx->priv_data, "tune", "zerolatency", 0);
}
```

透過上述程式，我們為編碼器增加了 tune 參數，值為 zerolatency。傳入該參數後，在編碼時可以禁用 B 幀編碼、幀級多執行緒編碼和前瞻串流速率控制等特性，以降低延遲。此時編碼器的輸出日誌如下。

```
Send frame to encoder with pts: 0
Got encoded package with dts:0, pts:0,
Send frame to encoder with pts: 1
Got encoded package with dts:1, pts:1,
Send frame to encoder with pts: 2
Got encoded package with dts:2, pts:2,
Send frame to encoder with pts: 3
Got encoded package with dts:3, pts:3,
Send frame to encoder with pts: 4
Got encoded package with dts:4, pts:4,
Send frame to encoder with pts: 5
Got encoded package with dts:5, pts:5,
Send frame to encoder with pts: 6
Got encoded package with dts:6, pts:6,
Send frame to encoder with pts: 7
Got encoded package with dts:7, pts:7,
Send frame to encoder with pts: 8
Got encoded package with dts:8, pts:8,
Send frame to encoder with pts: 9
Got encoded package with dts:9, pts:9,
Send frame to encoder with pts: 10
Got encoded package with dts:10, pts:10,
```

```
Send frame to encoder with pts: 11
Got encoded package with dts:11, pts:11,
Send frame to encoder with pts: 12
Got encoded package with dts:12, pts:12,
Send frame to encoder with pts: 13
Got encoded package with dts:13, pts:13,
Send frame to encoder with pts: 14
Got encoded package with dts:14, pts:14,
Send frame to encoder with pts: 15
Got encoded package with dts:15, pts:15,
Send frame to encoder with pts: 16
Got encoded package with dts:16, pts:16,
Send frame to encoder with pts: 17
Got encoded package with dts:17, pts:17,
Send frame to encoder with pts: 18
Got encoded package with dts:18, pts:18,
Send frame to encoder with pts: 19
Got encoded package with dts:19, pts:19,
```

由此可見，編碼器在獲得圖型輸入後可以直接輸出編碼後的編碼串流，不再因為將圖型快取在編碼器內部而產生輸出延遲。進一步分析輸出編碼串流的框架類型，可知每一個編碼串流封包對應的框架類型如下。

```
I P P I P P P P P P P P I P P P P I
```

需要注意的是，由於禁用了幀級多執行緒編碼，所以雖然可以獲得較低的延遲，但是會影響編碼速度，因此在使用時應多加留意。

3. 加入 B 幀的低延遲編碼

在使用 zerolatency 進行低延遲編碼時，通常是無法生成 B 幀的。但是由於 B 幀可以較高地壓縮串流速率，所以在某些場景下又希望加入 B 幀，此時便可以在編碼參數設定中進行設定。

```
codec_ctx->profile = FF_PROFILE_H264_HIGH;
codec_ctx->bit_rate = 2000000;
codec_ctx->width = 1280;
codec_ctx->height = 720;
codec_ctx->gop_size = 10;
codec_ctx->time_base = (AVRational){ 1, 25 };
codec_ctx->framerate = (AVRational){ 25, 1 };
// 在 I 幀和 P 幀之間最多插入 3 個 B 幀
codec_ctx->max_b_frames = 3;
codec_ctx->pix_fmt = AV_PIX_FMT_YUV420P;

if (codec->id == AV_CODEC_ID_H264) {
    av_opt_set(codec_ctx->priv_data, "preset", "slow", 0);
    av_opt_set(codec_ctx->priv_data, "tune", "zerolatency", 0);
}
```

編碼器的日誌資訊如下。

```
Send frame to encoder with pts: 0
Send frame to encoder with pts: 1
Send frame to encoder with pts: 2
Send frame to encoder with pts: 3
Got encoded package with dts:-2, pts:0,
Send frame to encoder with pts: 4
Got encoded package with dts:-1, pts:2,
Send frame to encoder with pts: 5
Got encoded package with dts:0, pts:1,
Send frame to encoder with pts: 6
Got encoded package with dts:1, pts:3,
Send frame to encoder with pts: 7
Got encoded package with dts:2, pts:7,
Send frame to encoder with pts: 8
Got encoded package with dts:3, pts:5,
Send frame to encoder with pts: 9
Got encoded package with dts:4, pts:4,
Send frame to encoder with pts: 10
Got encoded package with dts:5, pts:6,
```

```
Send frame to encoder with pts: 11
Got encoded package with dts:6, pts:11,
......
Got encoded package with dts:14, pts:14,
Flushing:Got encoded package with dts:15, pts:16,
Flushing:Got encoded package with dts:16, pts:18,
Flushing:Got encoded package with dts:17, pts:19,
```

框架類型順序如下。

```
I B P I B B B P B B B P P I B B B P P P
```

由於單獨指定了 max_b_frames 參數為 3，因此替換了 zerolatency 中禁用 B 幀編碼的選項。

11.2 libavcodec 視訊解碼

在 FFmpeg 提供的範例程式 decode_video.c 中顯示了呼叫 FFmpeg SDK 進行視訊解碼的基本方法。本節我們以此為參考建構一個基於 FFmpeg libavcodec 的 H.264 視訊解碼器。

11.2.1 主函數實現

在 demo 目錄中新建測試程式 video_decoder.cpp。

```
touch demo/video_decoder.cpp
```

在 11.1 節實現的 FFmpeg 編碼器中，我們已經在 io_data.h 和 io_data.cpp 中實現了相關的資料讀寫功能，此處可以重複使用其功能。在 video_decoder.cpp 中撰寫以下程式。

```cpp
#include <cstdlib>
#include <iostream>
#include <string>

#include "io_data.h"

static void usage(const char *program_name) {
    std::cout << "usage: " << std::string(program_name) << " input_file
output_file" << std::endl;
}

int main(int argc, char **argv) {
    if (argc < 3) {
        usage(argv[0]);
        return 1;
    }

    char *input_file_name = argv[1];
    char *output_file_name = argv[2];

    std::cout << "Input file:" << std::string(input_file_name) <<
std::endl;
    std::cout << "output file:" << std::string(output_file_name) <<
std::endl;

    int32_t result = open_input_output_files(input_file_name, output_
file_name);
    if (result < 0) {
        return result;
    }

    // ......

    close_input_output_files();
    return 0;
}
```

11.2.2 視訊解碼器初始化

與創建編碼器類似，在視訊解碼之前應先初始化視訊解碼器。在 inc 目
錄中創建標頭檔 video_encoder_core.h，在 src 目錄中創建原始檔案
video_encoder_core.cpp，並實現以下程式。

```
// video_encoder_core.h
#ifndef VIDEO_DECODER_CORE_H
#define VIDEO_DECODER_CORE_H
#include <stdint.h>

int32_t init_video_decoder();
void destroy_video_decoder();

int32_t decoding();

#endif
// video_encoder_core.cpp
extern "C"{
    #include <libavcodec/avcodec.h>
}
#include <iostream>

#include "video_decoder_core.h"
#include "io_data.h"

static AVCodec *codec = nullptr;
static AVCodecContext *codec_ctx = nullptr;
static AVCodecParserContext *parser = nullptr;

static AVFrame *frame = nullptr;
static AVPacket *pkt = nullptr;

int32_t init_video_decoder() {
    codec = avcodec_find_decoder(AV_CODEC_ID_H264);
    if (!codec) {
        std::cerr << "Error: could not find codec." << std::endl;
```

```
        return -1;
    }

    parser = av_parser_init(codec->id);
    if (!parser) {
        std::cerr << "Error: could not init parser." << std::endl;
        return -1;
    }

    codec_ctx = avcodec_alloc_context3(codec);
    if (!codec_ctx) {
        std::cerr << "Error: could not alloc codec." << std::endl;
        return -1;
    }

    int32_t result = avcodec_open2(codec_ctx, codec, nullptr);
    if (result < 0) {
        std::cerr << "Error: could not open codec." << std::endl;
        return -1;
    }

    frame = av_frame_alloc();
    if (!frame) {
        std::cerr << "Error: could not alloc frame." << std::endl;
        return -1;
    }

    pkt = av_packet_alloc();
    if (!pkt)
    {
        std::cerr << "Error: could not alloc packet." << std::endl;
        return -1;
    }

    return 0;
}

void destroy_video_decoder() {
```

```
    av_parser_close(parser);
    avcodec_free_context(&codec_ctx);
    av_frame_free(&frame);
    av_packet_free(&pkt);
}
```

從上述程式可知，解碼器的初始化與編碼器的初始化類似，區別僅在於需要多創建一個 AVCodecParserContext 類型的物件。AVCodecParserContext 是編碼串流解析器的控制碼，其作用是從一串二進位資料串流中解析出符合某種編碼標準的編碼串流封包。使用函數 av_parser_init 可以根據指定的 codec_id 創建一個編碼串流解析器，該函數的宣告方式如下。

```
/**
 * 根據指定的 codec_id 創建編碼串流解析器
 */
AVCodecParserContext *av_parser_init(int codec_id);
```

11.2.3 解碼迴圈本體

解碼迴圈本體至少需要實現以下三個功能。

- 從輸入源中迴圈獲取編碼串流封包（如從輸入檔案中讀取編碼串流封包）。
- 將當前幀傳入解碼器，獲取輸出的圖型幀。
- 輸出解碼獲取的圖型幀（如將圖型幀寫入輸出檔案）。

1. 讀取並解析輸入編碼串流

在資料 I/O 部分，將從輸入檔案中讀取的資料增加到快取，並判斷輸入檔案到達結尾的方法。

```
// io_data.h

// ......
int32_t end_of_input_file();

int32_t read_data_to_buf(uint8_t *buf, int32_t size, int32_t& out_size);

// io_data.cpp
int32_t end_of_input_file() {
    return feof(input_file);
}

int32_t read_data_to_buf(uint8_t *buf, int32_t size, int32_t& out_size)
{
    int32_t read_size = fread(buf, 1, size, input_file);
    if (read_size == 0) {
        std::cerr << "Error: read_data_to_buf failed." << std::endl;
        return -1;
    }
    out_size = read_size;
    return 0;
}
```

在 video_decoder_core.h 和 video_decoder_core.cpp 中 增 加 函 數
decoding 的實現。

```
// video_decoder_core.h
// ......
int32_t decoding();

// video_decoder_core.cpp

// ......
int32_t decoding() {
    uint8_t inbuf[INBUF_SIZE] ={ 0 };
    int32_t result = 0;
```

```
    uint8_t *data = nullptr;
    int32_t data_size = 0;
    while (!end_of_input_file()) {
        result = read_data_to_buf(inbuf, INBUF_SIZE, data_size);
        if (result < 0) {
            std::cerr << "Error: read_data_to_buf failed." << std::endl;
            return -1;
        }

        data = inbuf;
        while (data_size > 0) {
            result = av_parser_parse2(parser, codec_ctx, &pkt->data,
&pkt->size,
                data, data_size, AV_NOPTS_VALUE, AV_NOPTS_VALUE, 0);
            if (result < 0) {
                std::cerr << "Error: av_parser_parse2 failed." <<
std::endl;
                return -1;
            }

            data += result;
            data_size -= result;

            if (pkt->size) {
                std::cout << "Parsed packet size:" << pkt->size <<
std::endl;
            }
        }
    }

    return 0;
}
```

如上述程式所示，想要從資料快取區中解析出 **AVPacket** 結構，就必須呼叫 **av_parser_parse2** 函數。該函數的宣告方式如下。

```
/**
 * 從一串連續的二進位編碼串流中按照指定格式解析出一個編碼串流封包結構
 */
int av_parser_parse2(AVCodecParserContext *s,
    AVCodecContext *avctx,
    uint8_t **poutbuf, int *poutbuf_size,
    const uint8_t *buf, int buf_size,
    int64_t pts, int64_t dts,
    int64_t pos);
```

當呼叫函數 av_parser_parse2 時，首先透過參數指定保存某一段編碼串流資料的快取區及其長度，然後透過輸出 poutbuf 指標或 poutbuf_size 的值來判斷是否讀取了一個完整的 AVPacket 結構。當 *poutbuf 指標為 NULL 或 poutbuf_size 的值為 0 時，表示解析編碼串流封包的過程尚未完成；當 *poutbuf 指標為不可為空或 poutbuf_size 的值為正時，表示已完成一次完整的解析過程。

2. 解碼視訊編碼串流封包

下面在 src/video_decoder_core.cpp 中實現解碼一個 AVPacket 編碼串流封包的功能。

```
static int32_t decode_packet(bool flushing) {
    int32_t result = 0;
    result = avcodec_send_packet(codec_ctx, flushing ? nullptr : pkt);
    if (result < 0) {
        std::cerr << "Error: faile to send packet, result:" << result
<<std::endl;
        return -1;
    }

    while (result >= 0) {
        result = avcodec_receive_frame(codec_ctx, frame);
        if (result == AVERROR(EAGAIN) || result == AVERROR_EOF)
```

```
            return 1;
        else if (result < 0) {
            std::cerr << "Error: faile to receive frame, result:" << result
                <<std::endl;
            return -1;
        }
        if (flushing) {
            std::cout << "Flushing:";
        }
        std::cout << "Write frame pic_num:" << frame->coded_picture_
number << std::endl;
    }
    return 0;
}
```

解碼階段使用的兩個關鍵 API 為 avcodec_send_packet 函數 和 avcodec_receive_frame 函數，二者的宣告方式如下。

```
/**
 * 將保存壓縮編碼串流的 AVPacket 結構傳入解碼器
 */
int avcodec_send_packet(AVCodecContext *avctx, const AVPacket *avpkt);

/**
 * 從解碼器中獲取保存解碼輸出圖型的 AVFrame 結構
 */
int avcodec_receive_frame(AVCodecContext *avctx, AVFrame *frame);
```

函數 avcodec_send_packet 用於將 AVPacket 結構所封裝的二進位編碼串流傳入解碼器，它可以接收 2 個參數。

- AVCodecContext *avctx：當前解碼器的上下文結構。
- AVPacket *avpkt：輸入的編碼串流封包結構，當該參數為空時，表示解碼結束，開始刷新解碼器快取的圖型。

我們可以透過函數 avcodec_send_packet 的返回值判斷執行狀態。當返回值為 0 時，表示正常執行。如果返回負值，則可能的原因如下。

■ AVERROR(EAGAIN)：輸出快取區已滿，應先呼叫函數 avcodec_receive_frame 獲取輸出資料，之後再嘗試輸入。

■ AVERROR_EOF：解碼器已收到刷新指令，不再接收新的圖型輸入。

■ AVERROR(EINVAL)：解碼器狀態錯誤。

■ AVERROR(ENOMEM)：記憶體空間不足。

函數 avcodec_receive_frame 可以從解碼器中獲取解碼輸出的圖型幀結構，該函數接收 2 個參數。

■ AVCodecContext *avctx：當前編碼器的上下文結構。

■ AVFrame *frame：解碼輸出的圖型結構。

與函數 avcodec_send_packet 類似，我們可以透過函數 avcodec_receive_frame 的返回值判斷執行狀態。當返回值為 0 時，表示正常執行。如果返回負值（錯誤碼），則可能是以下原因造成的。

■ AVERROR(EAGAIN)：解碼器尚未完成對新 1 幀的解碼，應繼續透過函數 avcodec_send_packet 傳入後續編碼串流。

■ AVERROR_EOF：解碼器已完全輸出內部快取的編碼串流，解碼完成。

■ AVERROR(EINVAL)：解碼器狀態錯誤。

■ AVERROR_INPUT_CHANGED：當前解碼幀的參數發生了改變。

在實現視訊轉碼器後，可以發現，解碼一個 AVPacket 結構的方法與在編碼器中編碼一個 AVFrame 結構的方法類似。當將圖型編碼為視訊串流時，首先，應向編碼器發送圖型幀（send_frame）；其次，在編碼完成後

從編碼器接收編碼串流封包（receive_packet）。反過來，當將視訊串流
解碼為圖型時，首先，應向解碼器發送編碼串流封包（send_packet）；
其次，在解碼完成後從解碼器接收圖型幀（receive_frame）。

3. 輸出解碼圖像資料

在前文講解的 AVFrame 結構中，我們知道解碼輸出的圖像資料是按各個
分量儲存在 AVFrame 結構的 data 陣列中的，每個分量的寬度在 linesize
陣列中保存。因此，需要在 io_data.h 與 io_data.cpp 中實現 write_
frame_to_yuv 函數，將 AVFrame 結構中保存的圖像資料寫入輸出檔案。

```cpp
// io_data.h
// ......
int32_t write_frame_to_yuv(AVFrame *frame);

// io_data.cpp
// ......
int32_t write_frame_to_yuv(AVFrame *frame) {
    uint8_t **pBuf = frame->data;
    int *pStride = frame->linesize;
    for (size_t i = 0; i < 3; i++) {
        int32_t width = (i == 0 ? frame->width : frame->width / 2);
        int32_t height = (i == 0 ? frame->height : frame->height / 2);
        for (size_t j = 0; j < height; j++) {
            fwrite(pBuf[i], 1, width, output_file);
            pBuf[i] += pStride[i];
        }
    }
    return 0;
}
```

為了在解碼一個 AVPacket 結構後就能輸出 YUV 資料到輸出檔案，我們
必須對 decode_packet 進行修改，具體如下。

```
static int32_t decode_packet(bool flushing) {
    int32_t result = 0;
    result = avcodec_send_packet(codec_ctx, flushing ? nullptr : pkt);
    if (result < 0) {
        std::cerr << "Error: faile to send packet, result:" << result
<<std::endl;
        return -1;
    }

    while (result >= 0) {
        result = avcodec_receive_frame(codec_ctx, frame);
        if (result == AVERROR(EAGAIN) || result == AVERROR_EOF)
            return 1;
        else if (result < 0) {
            std::cerr << "Error: faile to receive frame, result:" << result
                    <<std::endl;
            return -1;
        }
        if (flushing) {
            std::cout << "Flushing:";
        }
        std::cout << "Write frame pic_num:" << frame->coded_picture_
number << std::endl;
        write_frame_to_yuv(frame);
    }
    return 0;
}
```

解碼迴圈函數 decoding 的最終實現如下。

```
int32_t decoding() {
    uint8_t inbuf[INBUF_SIZE] ={ 0 };
    int32_t result = 0;
    uint8_t *data = nullptr;
    int32_t data_size = 0;
    while (!end_of_input_file()) {
        result = read_data_to_buf(inbuf, INBUF_SIZE, data_size);
```

```
        if (result < 0) {
            std::cerr << "Error: read_data_to_buf failed." << std::endl;
            return -1;
        }

        data = inbuf;
        while (data_size > 0) {
            result = av_parser_parse2(parser, codec_ctx, &pkt->data,
&pkt->size,
                data, data_size, AV_NOPTS_VALUE, AV_NOPTS_VALUE, 0);
            if (result < 0) {
                std::cerr << "Error: av_parser_parse2 failed." <<
std::endl;
                return -1;
            }

            data += result;
            data_size -= result;

            if (pkt->size) {
                std::cout << "Parsed packet size:" << pkt->size <<
std::endl;
                decode_packet(false);
            }
        }
    }
    decode_packet(true);
    return 0;
}
```

11.2.4 關閉解碼器

與清理編碼器的各個物件類似,在完成了對解碼輸出圖型的保存和繪製
顯示後,應關閉解碼器和編碼串流解析器,釋放先前分配的 AVPacket 結
構和 AVFrame 結構。該部分在函數 destroy_video_ decoder 中實現。

```
void destroy_video_decoder() {
    av_parser_close(parser);
    avcodec_free_context(&codec_ctx);
    av_frame_free(&frame);
    av_packet_free(&pkt);
}
```

最終，main 函數的實現如下。

```
int main(int argc, char **argv) {
    if (argc < 3) {
        usage(argv[0]);
        return 1;
    }

    char *input_file_name = argv[1];
    char *output_file_name = argv[2];

    std::cout << "Input file:" << std::string(input_file_name) <<
std::endl;
    std::cout << "output file:" << std::string(output_file_name) <<
std::endl;

    int32_t result = open_input_output_files(input_file_name, output_
file_name);
    if (result < 0) {
        return result;
    }

    result = init_video_decoder();
    if (result < 0) {
        return result;
    }

    result = decoding();
    if (result < 0) {
        return result;
```

```
    }

    destroy_video_decoder();
    close_input_output_files();
    return 0;
}
```

編譯完成後，使用以下方法執行測試程式。

```
video_decoder ~/Video/es.h264 output.yuv
```

解碼完成後，使用 **ffplay** 可播放輸出的 .**yuv** 影像檔。

```
ffplay -f rawvideo -pix_fmt yuv420p -video_size 1280x720 output.yuv
```

使用 FFmpeg SDK 進行音訊編解碼

音訊訊號的編碼和解碼是多媒體應用的重要場景。舉例來說,在視訊會議、遠端教學等場景中,音訊編碼的效率和品質對使用者體驗會產生重要影響。在 FFmpeg 中,對音訊訊號的編碼和解碼也是最基本、最常用的功能之一。與對視訊資訊的編解碼類似,對音訊資訊的編解碼同樣由編解碼函數庫 libavcodec 實現。

在本章中,我們著重介紹如何呼叫 libavcodec 函數庫中的相關 API,將 PCM 格式的原始音訊取樣資料編碼為 MP3 格式或 AAC 格式的音訊檔案,以及將 MP3 格式或 AAC 格式的音訊檔案解碼為 PCM 格式的音訊取樣資料。

12.1 libavcodec 音訊編碼

在 FFmpeg 提 供 的 範 例 程 式 encode_audio.cpp 中，顯 示 了 呼 叫 FFmpeg SDK 進行音訊編碼的基本方法。本章我們以此為參考建構一個基於 libavcodec 函數庫的音訊串流編碼器。範例程式 encode_audio. cpp 編碼的是人工合成的音訊訊號，而本章所建構的編碼器所編碼的是一段音樂的取樣資料。

12.1.1 主函數實現

在 demo 目錄中新建測試程式 audio_encoder.cpp。

```
touch demo/audio_encoder.cpp
```

在第 11 章中，我們實現了基本的讀寫二進位資料的功能，分別宣告和實現於 io_data.h 和 io_data.cpp 中，本章我們直接重複使用其功能。主函數的基本框架如下。

```
#include <cstdlib>
#include <iostream>
#include <string>

#include "io_data.h"

static void usage(const char *program_name) {
    std::cout << "usage: " << std::string(program_name) << " input_yuv
output_file codec_name" << std::endl;
}

int main(int argc, char **argv) {
    if (argc < 4) {
        usage(argv[0]);
```

```
        return 1;
    }

    char *input_file_name = argv[1];
    char *output_file_name = argv[2];
    char *codec_name = argv[3];

    std::cout << "Input file:" << std::string(input_file_name) <<
std::endl;
    std::cout << "output file:" << std::string(output_file_name) <<
std::endl;
    std::cout << "codec name:" << std::string(codec_name) << std::endl;

    int32_t result = open_input_output_files(input_file_name, output_
file_name);
    if (result < 0) {
        return result;
    }

    // ......

    close_input_output_files();
    return 0;
}
```

12.1.2 音訊編碼器初始化

與視訊編碼類似，在編碼音訊訊號之前，應先初始化音訊編碼器。
在 inc 目錄中創建標頭檔 audio_encoder_core.h，在 src 目錄中創建原
始檔案 audio_encoder_core.cpp，並撰寫以下程式。

```
// audio_encoder_core.h
// 初始化音訊編碼器
int32_t init_audio_encoder(const char *codec_name);

// audio_encoder_core.cpp
```

```cpp
#include <stdint.h>
#include <stdio.h>
#include <stdlib.h>
#include <iostream>

extern "C" {
#include <libavcodec/avcodec.h>
#include <libavutil/channel_layout.h>
#include <libavutil/common.h>
#include <libavutil/frame.h>
#include <libavutil/samplefmt.h>
}

#include "audio_encoder_core.h"

static AVCodec *codec = nullptr;
static AVCodecContext *codec_ctx = nullptr;
static AVFrame *frame = nullptr;
static AVPacket *pkt = nullptr;

static enum AVCodecID audio_codec_id;

int32_t init_audio_encoder(const char *codec_name) {
    if (strcasecmp(codec_name, "MP3") == 0) {
        audio_codec_id = AV_CODEC_ID_MP3;
        std::cout << "Select codec id: MP3" << std::endl;
    }
    else if (strcasecmp(codec_name, "AAC") == 0) {
        audio_codec_id = AV_CODEC_ID_AAC;
        std::cout << "Select codec id: AAC" << std::endl;
    }
    else {
        std::cerr << "Error invalid audio format." << std::endl;
        return -1;
    }

    codec = avcodec_find_encoder(audio_codec_id);
    if (!codec) {
```

```cpp
        std::cerr << "Error: could not find codec." << std::endl;
        return -1;
    }

    codec_ctx = avcodec_alloc_context3(codec);
    if (!codec_ctx) {
        std::cerr << "Error: could not alloc codec." << std::endl;
        return -1;
    }
    // 設定音訊編碼器的參數
    codec_ctx->bit_rate = 128000;          // 設定輸出串流速率為 128Kbps
    codec_ctx->sample_fmt = AV_SAMPLE_FMT_FLTP;  // 音訊取樣格式為 fltp
    codec_ctx->sample_rate = 44100;          // 音訊取樣速率為 44.1kHz
    codec_ctx->channel_layout = AV_CH_LAYOUT_STEREO; // 聲道佈局為身歷聲
    codec_ctx->channels = 2;                    // 聲道數為雙聲道

    int32_t result = avcodec_open2(codec_ctx, codec, nullptr);
    if (result < 0) {
        std::cerr << "Error: could not open codec." << std::endl;
        return -1;
    }

    frame = av_frame_alloc();
    if (!frame) {
        std::cerr << "Error: could not alloc frame." << std::endl;
        return -1;
    }

    frame->nb_samples = codec_ctx->frame_size;
    frame->format = codec_ctx->sample_fmt;
    frame->channel_layout = codec_ctx->channel_layout;
    result = av_frame_get_buffer(frame, 0);
    if (result < 0) {
        std::cerr << "Error: AVFrame could not get buffer." <<
std::endl;
        return -1;
    }
```

```
    pkt = av_packet_alloc();
    if (!pkt) {
        std::cerr << "Error: could not alloc packet." << std::endl;
        return -1;
    }
    return 0;
}
```

從以上程式可知，初始化音訊編碼器與初始化視訊轉碼器類似，其區別在於尋找編碼器所需的編碼器 ID 不同，以及為編碼器上下文結構輸入的參數不同。顯然，編碼音訊串流不需要指定圖型的寬、高，以及 GOP 大小等視訊資訊特有的參數，但需要輸入音訊取樣格式、音訊取樣速率、聲道佈局和聲道數等音訊編碼所需的資訊。

12.1.3 編碼迴圈本體

1. PCM 檔案的內部和外部儲存結構

在初始化音訊編碼器時，我們指定了輸入音訊的取樣格式為 AV_SAMPLE_FMT_FLTP。FFmpeg 中定義了多種音訊資訊的取樣格式，具體如下。

```
enum AVSampleFormat {
    AV_SAMPLE_FMT_NONE = -1,
    AV_SAMPLE_FMT_U8,        ///< 無號 8 位元整數，packed
    AV_SAMPLE_FMT_S16,       ///< 有號 16 位元整數，packed
    AV_SAMPLE_FMT_S32,       ///< 有號 32 位元整數，packed
    AV_SAMPLE_FMT_FLT,       ///< 單精度浮點數，packed
    AV_SAMPLE_FMT_DBL,       ///< 雙精度浮點數，packed

    AV_SAMPLE_FMT_U8P,       ///< 無號 8 位元整數 ,planar
    AV_SAMPLE_FMT_S16P,      ///< 有號 16 位元整數 ,planar
    AV_SAMPLE_FMT_S32P,      ///< 有號 32 位元整數 ,planar
```

```
    AV_SAMPLE_FMT_FLTP,      ///< 單精度浮點數 ,planar
    AV_SAMPLE_FMT_DBLP,      ///< 雙精度浮點數 ,planar
    AV_SAMPLE_FMT_S64,       ///< 有號 64 位元整數
    AV_SAMPLE_FMT_S64P,      ///< 有號 64 位元整數 , planar
};
```

根據上述定義，音訊的取樣格式可分為 packed 和 planar 兩大類。在每個大類中，根據保存取樣點的資料類型又可以分為許多細分類型。

對於單聲道音訊，packed 格式和 planar 格式在資料的保存方式上並無實際區別。而對於多聲道、身歷聲音訊，不同格式的取樣資料的保存方式不同。以 packed 格式保存的取樣資料，各個聲道之間按照取樣值交替儲存；以 planar 格式保存的取樣資料，各個取樣值按照不同聲道連續儲存。圖 12-1 分別以 8 bit 和 16 bit 為例展示了 planar 格式和 packed 格式是如何保存音訊取樣資料的。

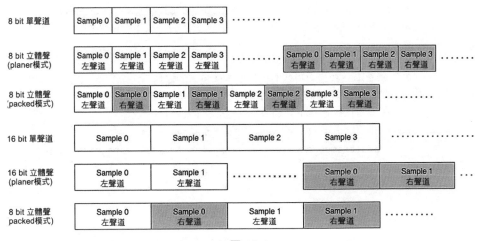

▲ 圖 12-1

在實際使用中，PCM 檔案的取樣格式以 packed 為主，而 FFmpeg 內部使用的格式為 planar。舉例來說，FFmpeg 預設的 MP3 編碼器 libmp3lame 僅支援 planar 格式作為編碼的取樣格式。

2. 讀取 PCM 音訊取樣資料

由於 FFmpeg 內部的音訊取樣資料是以 planar 格式保存在 AVFrame 結構中的，而輸入的 PCM 音訊取樣資料是 packed 格式的，因此從輸入檔案讀取音訊取樣值的重點是將 packed 格式的資料轉為 planar 格式進行保存。

在 io_data.h 和 io_data.cpp 中宣告並實現以下函數。

```
// io_data.h
// ......
int32_t read_pcm_to_frame(AVFrame *frame, AVCodecContext *codec_ctx);

// io_data.cpp
// ......
int32_t read_pcm_to_frame(AVFrame *frame, AVCodecContext *codec_ctx) {
    int data_size = av_get_bytes_per_sample(codec_ctx->sample_fmt);
    if (data_size < 0)      {
        /* This should not occur, checking just for paranoia */
        std::cerr << "Failed to calculate data size" << std::endl;
        return -1;
    }

    // 從輸入檔案中交替讀取一個取樣值的各個聲道的資料,
    // 保存到 AVFrame 結構的儲存分量中
    for (int i = 0; i < frame->nb_samples; i++) {
        for (int ch = 0; ch < codec_ctx->channels; ch++) {
            fread(frame->data[ch] + data_size * i, 1, data_size, input_
file);
        }
    }
    return 0;
}
```

3. 編碼音訊取樣資料

在讀取音訊取樣資料並將其保存到 AVFrame 結構中後，接下來就需要將

AVFrame 結構傳入編碼器，獲取保存了壓縮編碼串流資料的 AVPacket 結構。其實現方式與視訊編碼完全一致。

```
static int32_t encode_frame(bool flushing) {
    int32_t result = 0;
    result = avcodec_send_frame(codec_ctx, flushing ? nullptr : frame);
    if (result < 0)     {
        std::cerr << "Error: avcodec_send_frame failed." << std::endl;
        return result;
    }

    while (result >= 0) {
        result = avcodec_receive_packet(codec_ctx, pkt);
        if (result == AVERROR(EAGAIN) || result == AVERROR_EOF) {
            return 1;
        }
        else if (result < 0) {
            std::cerr << "Error: avcodec_receive_packet failed." <<
std::endl;
            return result;
        }
        write_pkt_to_file(pkt);
    }
    return 0;
}
```

4. 實現編碼迴圈

在 audio_encoder_core.h 和 audio_encoder_core.cpp 中宣告和實現音訊編碼函數。

```
// audio_encoder_core.h
// 音訊編碼
int32_t audio_encoding();

//  audio_encoder_core.cpp
```

```
int32_t audio_encoding() {
    int32_t result = 0;
    while (!end_of_input_file()) {
        result = read_pcm_to_frame(frame, codec_ctx);
        if (result < 0) {
            std::cerr << "Error: read_pcm_to_frame failed." <<
std::endl;
            return -1;
        }

        result = encode_frame(false);
        if (result < 0) {
            std::cerr << "Error: encode_frame failed." << std::endl;
            return result;
        }
    }
    result = encode_frame(true);
    if (result < 0) {
        std::cerr << "Error: flushing failed." << std::endl;
        return result;
    }
    return 0;
}
```

12.1.4 關閉編碼器

在完成整個開發過程後，需要進行收尾操作，關閉編碼器並釋放 AVFrame 結構和 AVPacket 結構。在 audio_encoder_core.h 和 audio_encoder_core.cpp 中宣告和實現以下程式。

```
// audio_encoder_core.h
// 銷毀音訊編碼器
void destroy_audio_encoder();

// audio_encoder_core.cpp
```

```
void destroy_audio_encoder() {
    av_frame_free(&frame);
    av_packet_free(&pkt);
    avcodec_free_context(&codec_ctx);
}
```

最終，main 函數的實現如下。

```
#include <cstdlib>
#include <iostream>
#include <string>

#include "io_data.h"
#include "audio_encoder_core.h"

static void usage(const char *program_name) {
    std::cout << "usage: " << std::string(program_name) << " input_yuv
output_file
        codec_name" << std::endl;
}

int main(int argc, char **argv) {
    if (argc < 4) {
        usage(argv[0]);
        return 1;
    }
    char *input_file_name = argv[1];
    char *output_file_name = argv[2];
    char *codec_name = argv[3];

    std::cout << "Input file:" << std::string(input_file_name) <<
std::endl;
    std::cout << "output file:" << std::string(output_file_name) <<
std::endl;
    std::cout << "codec name:" << std::string(codec_name) << std::endl;

    int32_t result = open_input_output_files(input_file_name, output_
file_name);
```

```
    if (result < 0) {
        return result;
    }
    result = init_audio_encoder(argv[3]);
    if (result < 0) {
        return result;
    }
    result = audio_encoding();
    if (result < 0) {
        goto failed;
    }

failed:
    destroy_audio_encoder();
    close_input_output_files();
    return 0;
}
```

該音訊測試程式的執行方法如下。

```
audio_encoder ~/Video/input_f32le_2_44100.pcm output.mp3 MP3
```

與視訊檔案類似，使用 **ffplay** 可播放輸出的 .mp3 檔案以測試效果。

```
ffplay -i output.mp3
```

12.2 libavcodec 音訊解碼

在 **FFmpeg** 提供的範例程式 decode_audio.cpp 中顯示了呼叫 FFmpeg SDK 進行音訊解碼的基本方法。本節我們以此為參考建構一個基於 libavcodec 函數庫的音訊串流解碼器。

12.2.1 主函數實現

與 12.1 節實現的 **FFmpeg** 音訊編碼器類似，在 **demo** 目錄中創建測試程式 **audio_decoder.cpp**。

```
touch demo/audio_decoder.cpp
```

與音訊編碼器的實現類似，在實現解碼功能時，同樣可以直接重複使用在 **io_data.h** 和 **io_data.cpp** 中實現的資料讀寫功能，基本框架如下。

```cpp
#include <cstdlib>
#include <iostream>
#include <string>

#include "io_data.h"

static void usage(const char *program_name) {
    std::cout << "usage: " << std::string(program_name) << " input_file
output_file audio_format(MP3/AAC)" << std::endl;
}

int main(int argc, char **argv) {
    if (argc < 3) {
        usage(argv[0]);
        return 1;
    }

    char *input_file_name = argv[1];
    char *output_file_name = argv[2];

    std::cout << "Input file:" << std::string(input_file_name) <<
std::endl;
    std::cout << "output file:" << std::string(output_file_name) <<
std::endl;
```

```
    int32_t result = open_input_output_files(input_file_name, output_
file_name);
    if (result < 0) {
        return result;
    }

    // ......
    close_input_output_files();
    return 0;
}
```

12.2.2 音訊解碼器初始化

與視訊解碼的流程類似，首先應實現音訊解碼器的初始化。在 inc 目錄中
創建標頭檔 audio_encoder_core.h，在 src 目錄中創建原始檔案 audio_
encoder_core.cpp，並實現以下程式。

```
// audio_encoder_core.h
#ifndef AUDIO_DECODER_CORE_H
#define AUDIO_DECODER_CORE_H
#include <stdint.h>

int32_t init_audio_decoder(char *audio_codec_id);
void destroy_audio_decoder();

#endif

// audio_encoder_core.cpp

extern "C" {
#include <libavcodec/avcodec.h>
}
#include <iostream>

#include "audio_decoder_core.h"
```

```cpp
#include "io_data.h"

#define AUDIO_INBUF_SIZE 20480
#define AUDIO_REFILL_THRESH 4096

static AVCodec *codec = nullptr;
static AVCodecContext *codec_ctx = nullptr;
static AVCodecParserContext *parser = nullptr;

static AVFrame *frame = nullptr;
static AVPacket *pkt = nullptr;
static enum AVCodecID audio_codec_id;

int32_t init_audio_decoder(char *audio_codec) {
    if (strcasecmp(audio_codec, "MP3") == 0) {
        audio_codec_id = AV_CODEC_ID_MP3;
        std::cout << "Select codec id: MP3" << std::endl;
    }
    else if (strcasecmp(audio_codec, "AAC") == 0) {
        audio_codec_id = AV_CODEC_ID_AAC;
        std::cout << "Select codec id: AAC" << std::endl;
    }
    else {
        std::cerr << "Error invalid audio format." << std::endl;
        return -1;
    }
    codec = avcodec_find_decoder(audio_codec_id);
    if (!codec) {
        std::cerr << "Error: could not find codec." << std::endl;
        return -1;
    }
    parser = av_parser_init(codec->id);
    if (!parser) {
        std::cerr << "Error: could not init parser." << std::endl;
        return -1;
    }
    codec_ctx = avcodec_alloc_context3(codec);
    if (!codec_ctx) {
```

```
            std::cerr << "Error: could not alloc codec." << std::endl;
            return -1;
        }
        int32_t result = avcodec_open2(codec_ctx, codec, nullptr);
        if (result < 0) {
            std::cerr << "Error: could not open codec." << std::endl;
            return -1;
        }

        frame = av_frame_alloc();
        if (!frame) {
            std::cerr << "Error: could not alloc frame." << std::endl;
            return -1;
        }
        pkt = av_packet_alloc();
        if (!pkt) {
            std::cerr << "Error: could not alloc packet." << std::endl;
            return -1;
        }

        return 0;
    }

    void destroy_audio_decoder() {
        av_parser_close(parser);
        avcodec_free_context(&codec_ctx);
        av_frame_free(&frame);
        av_packet_free(&pkt);
    }
```

從上述程式可知，音訊解碼功能的實現與視訊解碼功能的實現幾乎完全一致。唯一的區別在於，我們希望同時支持 MP3 格式和 AAC 格式的解碼，因此需要增加 CODEC_ID 選擇過程。

```
if (strcasecmp(audio_codec, "MP3") == 0) {
    audio_codec_id = AV_CODEC_ID_MP3;
    std::cout << "Select codec id: MP3" << std::endl;
```

```
}
else if (strcasecmp(audio_codec, "AAC") == 0) {
    audio_codec_id = AV_CODEC_ID_AAC;
    std::cout << "Select codec id: AAC" << std::endl;
}
else {
    std::cerr << "Error invalid audio format." << std::endl;
    return -1;
}
```

12.2.3 解碼迴圈本體

與視訊解碼類似，解碼迴圈本體至少需要實現以下三個功能。

- 從輸入源中迴圈獲取編碼串流封包（如從輸入檔案中讀取編碼串流封包）。
- 將當前幀傳入解碼器，獲取輸出的音訊取樣資料。
- 輸出解碼獲取的音訊取樣資料（如將取樣資料寫入輸出檔案）。

1. 讀取並解析輸入編碼串流

在 io_data.h 和 io_data.cpp 中我們已經宣告並實現了從輸入檔案中讀取二進位資料到快取，以及判斷檔案結尾等操作，在這裡可以重複使用這些功能，實現從輸入音訊檔案中讀取編碼串流封包的功能。在 audio_decoder_core.h 和 audio_decoder_core.cpp 中增加 audio_decoding 函數的宣告和實現。

```
// audio_decoder_core.h

// ......
int32_t audio_decoding();

// ......
```

```cpp
// audio_decoder_core.cpp

// ......
int32_t audio_decoding() {
    uint8_t inbuf[AUDIO_INBUF_SIZE + AV_INPUT_BUFFER_PADDING_SIZE] = {0};
    int32_t result = 0;
    uint8_t *data = nullptr;
    int32_t data_size = 0;
    while (!end_of_input_file()) {
        result = read_data_to_buf(inbuf, AUDIO_INBUF_SIZE, data_size);
        if (result < 0) {
            std::cerr << "Error: read_data_to_buf failed." << std::endl;
            return -1;
        }

        data = inbuf;
        while (data_size > 0) {
            result = av_parser_parse2(parser, codec_ctx, &pkt->data,
&pkt->size,
                data, data_size, AV_NOPTS_VALUE, AV_NOPTS_VALUE, 0);
            if (result < 0) {
                std::cerr << "Error: av_parser_parse2 failed." <<
std::endl;
                return -1;
            }

            data += result;
            data_size -= result;

            if (pkt->size) {
                std::cout << "Parsed packet size:" << pkt->size <<
std::endl;
                // ......
            }
        }
    }
    return 0;
```

```
}
// ......
```

從上述程式可知,從音訊串流快取中解析出 AVPacket 結構的方法與從視訊串流快取中解析出 AVPacket 結構的方法類似,均是呼叫 av_parser_parse2 函數實現的。

2. 解碼音訊編碼串流封包

在 src/audio_decoder_core.cpp 中實現解碼一個 AVPacket 編碼串流封包的功能。

```cpp
static int32_t decode_packet(bool flushing) {
    int32_t result = 0;
    result = avcodec_send_packet(codec_ctx, flushing ? nullptr : pkt);
    if (result < 0) {
        std::cerr << "Error: faile to send packet, result:" << result <<
std::endl;
        return -1;
    }
    while (result >= 0) {
        result = avcodec_receive_frame(codec_ctx, frame);
        if (result == AVERROR(EAGAIN) || result == AVERROR_EOF)
            return 1;
        else if (result < 0) {
            std::cerr << "Error: faile to receive frame, result:" <<
result <<
                std::endl;
            return -1;
        }
        if (flushing) {
            std::cout << "Flushing:";
        }

        std::cout << "frame->nb_samples:" << frame->nb_samples << ",
frame->channels:" << frame->channels << std::endl;
```

```
    }
    return result;
}
```

與解碼視訊串流的流程類似，解碼音訊串流同樣需要呼叫兩個關鍵 API：avcodec_send_packet 函 數 和 avcodec_receive_frame 函 數。 透過 avcodec_send_packet 函數將編碼串流解析器輸出的 AVPacket 結構傳入解碼器，並透過 avcodec_receive_frame 函數將解碼器輸出的音訊取樣資料保存到 AVFrame 結構中。

3. 輸出解碼音訊資料

在 io_data.h 與 io_data.cpp 中實現 write_samples_to_pcm 函數，將 AVFrame 結構中保存的音訊取樣資料寫入輸出檔案。

```
// io_data.h
// ......
int32_t write_samples_to_pcm(AVFrame *frame, AVCodecContext *codec_ctx);

// io_data.cpp
// ......
int32_t write_samples_to_pcm(AVFrame *frame, AVCodecContext *codec_ctx)
{
    int data_size = av_get_bytes_per_sample(codec_ctx->sample_fmt);
    if (data_size < 0) {
        /* This should not occur, checking just for paranoia */
        std::cerr << "Failed to calculate data size" << std::endl;
        exit(1);
    }

    for (int i = 0; i < frame->nb_samples; i++) {
        for (int ch = 0; ch < codec_ctx->channels; ch++) {
            fwrite(frame->data[ch] + data_size * i, 1, data_size,
output_file);
        }
```

```
    }

    return 0;
}
```

在 decode_packet 中獲取音訊取樣資料後,透過函數 write_samples_
to_pcm 可以將音訊取樣資料寫入輸出檔案。

```
static int32_t decode_packet(bool flushing) {
    int32_t result = 0;
    result = avcodec_send_packet(codec_ctx, flushing ? nullptr : pkt);
    if (result < 0)      {
        std::cerr << "Error: faile to send packet, result:" << result <<
std::endl;
        return -1;
    }
    while (result >= 0)      {
        result = avcodec_receive_frame(codec_ctx, frame);
        if (result == AVERROR(EAGAIN) || result == AVERROR_EOF)
            return 1;
        else if (result < 0)            {
            std::cerr << "Error: faile to receive frame, result:" <<
result <<
                std::endl;
            return -1;
        }
        if (flushing) {
            std::cout << "Flushing:";
        }

        write_samples_to_pcm(frame, codec_ctx);
        std::cout << "frame->nb_samples:" << frame->nb_samples << ",
            frame->channels:" << frame->channels << std::endl;
    }
    return result;
}
```

為了顯示音訊串流的參數，以測試輸出的音訊取樣檔案，在解碼迴圈函數 audio_decoding 的最後，我們透過日誌輸出解碼音訊訊號的部分參數。

```cpp
static int get_format_from_sample_fmt(const char **fmt,
                                       enum AVSampleFormat sample_fmt) {
    int i;
    struct sample_fmt_entry {
        enum AVSampleFormat sample_fmt;
        const char *fmt_be, *fmt_le;
    } sample_fmt_entries[] = {
        {AV_SAMPLE_FMT_U8, "u8", "u8"},
        {AV_SAMPLE_FMT_S16, "s16be", "s16le"},
        {AV_SAMPLE_FMT_S32, "s32be", "s32le"},
        {AV_SAMPLE_FMT_FLT, "f32be", "f32le"},
        {AV_SAMPLE_FMT_DBL, "f64be", "f64le"},
    };
    *fmt = NULL;

    for (i = 0; i < FF_ARRAY_ELEMS(sample_fmt_entries); i++) {
        struct sample_fmt_entry *entry = &sample_fmt_entries[i];
        if (sample_fmt == entry->sample_fmt) {
            *fmt = AV_NE(entry->fmt_be, entry->fmt_le);
            return 0;
        }
    }

    std::cerr << "sample format %s is not supported as output format\n"
              << av_get_sample_fmt_name(sample_fmt) << std::endl;
    return -1;
}

int32_t get_audio_format(AVCodecContext *codec_ctx) {
    int ret = 0;
    const char *fmt;
    enum AVSampleFormat sfmt = codec_ctx->sample_fmt;
    if (av_sample_fmt_is_planar(sfmt)) {
```

```
        const char *packed = av_get_sample_fmt_name(sfmt);
        std::cout << "Warning: the sample format the decoder produced is
planar
            " << std::string(packed) << ", This example will output the
first
            channel only." << std::endl;
        sfmt = av_get_packed_sample_fmt(sfmt);
    }

    int n_channels = codec_ctx->channels;
    if ((ret = get_format_from_sample_fmt(&fmt, sfmt)) < 0) {
        return -1;
    }

    std::cout << "Play command: ffpay -f " << std::string(fmt) << " -ac
" <<
        n_channels << " -ar " << codec_ctx->sample_rate << " output.
pcm" << std::endl;
    return 0;
}
```

解碼迴圈函數 audio_decoding 的最終實現如下。

```
int32_t audio_decoding() {
    uint8_t inbuf[AUDIO_INBUF_SIZE + AV_INPUT_BUFFER_PADDING_SIZE] =
{0};
    int32_t result = 0;
    uint8_t *data = nullptr;
    int32_t data_size = 0;
    while (!end_of_input_file()) {
        result = read_data_to_buf(inbuf, AUDIO_INBUF_SIZE, data_size);
        if (result < 0) {
            std::cerr << "Error: read_data_to_buf failed." << std::endl;
            return -1;
        }

        data = inbuf;
```

```
        while (data_size > 0) {
            result = av_parser_parse2(parser, codec_ctx, &pkt->data,
&pkt->size,
                data, data_size, AV_NOPTS_VALUE, AV_NOPTS_VALUE, 0);
            if (result < 0) {
                std::cerr << "Error: av_parser_parse2 failed." <<
std::endl;
                return -1;
            }

            data += result;
            data_size -= result;

            if (pkt->size) {
                std::cout << "Parsed packet size:" << pkt->size <<
std::endl;
                decode_packet(false);
            }
        }
    }
    decode_packet(true);
    get_audio_format(codec_ctx);

    return 0;
}
```

12.2.4 關閉解碼器

與視訊串流的解編碼串流程類似,在完成音訊的解碼和取樣資料的輸出後,需要關閉解碼器和編碼串流解析器,並釋放先前分配的 AVPacket 結構和 AVFrame 結構。該部分在 destroy_audio_decoder 函數中實現。

```
void destroy_audio_decoder() {
    av_parser_close(parser);
    avcodec_free_context(&codec_ctx);
```

```
    av_frame_free(&frame);
    av_packet_free(&pkt);
}
```

最終，main 函數的實現如下。

```
#include <cstdlib>
#include <iostream>
#include <string>

#include "io_data.h"
#include "audio_decoder_core.h"

static void usage(const char *program_name) {
    std::cout << "usage: " << std::string(program_name) << " input_file
output_file audio_format(MP3/AAC)" << std::endl;
}

int main(int argc, char **argv) {
    if (argc < 4) {
        usage(argv[0]);
        return 1;
    }

    char *input_file_name = argv[1];
    char *output_file_name = argv[2];

    std::cout << "Input file:" << std::string(input_file_name) <<
std::endl;
    std::cout << "output file:" << std::string(output_file_name) <<
std::endl;

    int32_t result = open_input_output_files(input_file_name, output_
file_name);
    if (result < 0) {
        return result;
    }
```

```
    result = init_audio_decoder(argv[3]);
    if (result < 0) {
        return result;
    }

    result = audio_decoding();
    if (result < 0) {
        return result;
    }

    destroy_audio_decoder();
    close_input_output_files();
    return 0;
}
```

該音訊解碼測試程式的執行方法如下。

```
audio_decoder ~/Video/test.mp3 output.pcm MP3
```

與播放圖像資料類似，在解碼完成後，使用 **ffplay** 可播放解碼完成
的 .pcm 音訊取樣資料。

```
ffplay -f f32le -ac 2 -ar 44100 output.pcm
```

使用 FFmpeg SDK 進行影音檔案的解封裝與封裝

在大多數應用場景下,影音資料並非以分離的音訊檔案和視訊檔案的形式進行保存、傳輸和應用的,而是被封裝為一個完整的,包括所有相關的影音及輔助資料的檔案。該檔案的格式即為影音資料的封裝格式。

對影音資訊進行封裝和解封裝是最為常見的操作,FFmpeg 提供了大量操作媒體封裝格式的方法。在第 5 章中,我們較為詳細地介紹了影音檔案封裝的基本概念和檔案封裝格式 FLV、MPEG-TS 與 MP4。本章我們著重介紹如何呼叫 libavformat 函數庫中的相關 API,對影音檔案進行解封裝和封裝。

13.1 影音檔案的解封裝

FFmpeg 提供的範例程式 demuxing_decoding.c 伸介紹了解封裝的基本操作流程，這裡我們仿照其實現，撰寫一個使用 libavformat 函數庫解封裝影音檔案的範例程式。在該範例程式中，我們以一個 MP4 格式的影音檔案作為輸入，解析出它的音訊串流和視訊串流，並將其輸出為獨立的音訊檔案和視訊檔案。

13.1.1 主函數實現

在 demo 目錄中新建測試程式 demuxer.cpp。

```
touch demo/demuxer.cpp
```

由於 FFmpeg 提供的解重複使用 API 中已經實現了檔案打開和資料讀取功能，因此我們可以直接重複使用這些功能。首先在 demuxer.cpp 中實現主函數。

```cpp
#include <cstdlib>
#include <iostream>
#include <string>

#include "demuxer_core.h"

static void usage(const char *program_name) {
    std::cout << "usage: " << std::string(program_name) << " input_file
        output_video_file output_audio_file" << std::endl;
}

int main(int argc, char **argv) {
    if (argc < 4)    {
        usage(argv[0]);
```

```
        return 1;
    }

    return 0;
}
```

13.1.2 解重複使用器初始化

在使用 libavformat 函數庫對影音檔案解重複使用之前需要進行一系列的初始化操作，主要包括打開輸入檔案、獲取影音流參數和打開對應的解碼器等。在 inc 目錄中創建標頭檔 demuxer_core.h，在 src 目錄中創建原始檔案 demuxer_core.cpp，在標頭檔中撰寫以下程式。

```
// demuxer_core.h
#ifndef DEMUXER_CORE_H
#define DEMUXER_CORE_H
#include <stdint.h>

int32_t init_demuxer(char *input_name, char *video_output, char *audio_output);

#endif
```

在原始檔案中撰寫以下程式。

```
// demuxer_core.cpp
static int open_codec_context(int32_t *stream_idx, AVCodecContext **dec_ctx, AVFormatContext *fmt_ctx, enum AVMediaType type) {
    int ret, stream_index;
    AVStream *st;
    AVCodec *dec = NULL;

    ret = av_find_best_stream(fmt_ctx, type, -1, -1, NULL, 0);
    if (ret < 0) {
        std::cerr << "Error: Could not find " <<
```

```cpp
                    std::string(av_get_media_type_string(type)) << " stream in
    input file." << std::endl;
                return ret;
        }
        else {
            stream_index = ret;
            st = fmt_ctx->streams[stream_index];

            /* find decoder for the stream */
            dec = avcodec_find_decoder(st->codecpar->codec_id);
            if (!dec) {
                std::cerr << "Error: Failed to find codec:" <<
                    std::string(av_get_media_type_string(type)) << std::endl;
                return -1;
            }

            *dec_ctx = avcodec_alloc_context3(dec);
            if (!*dec_ctx) {
                std::cerr << "Error: Failed to alloc codec context:" <<
                    std::string(av_get_media_type_string(type)) << std::endl;
                return -1;
            }

            if((ret = avcodec_parameters_to_context(*dec_ctx, st-
    >codecpar))<0) {
                std::cerr << "Error: Failed to copy codec parameters to decoder
                    context." << std::endl;
                return ret;
            }

            if ((ret = avcodec_open2(*dec_ctx, dec, nullptr)) < 0) {
                std::cerr << "Error: Could not open " <<
                    std::string(av_get_media_type_string(type)) << "
    codec." << std::endl;
                return ret;
            }
            *stream_idx = stream_index;
        }
```

```cpp
    return 0;
}

int32_t init_demuxer(char *input_name, char *video_output_name, char
*audio_output_name) {
    if (strlen(input_name) == 0) {
        std::cerr << "Error: empty input file name." << std::endl;
        exit(-1);
    }

    int32_t result = avformat_open_input(&format_ctx, input_name, nullptr,
nullptr);
    if (result < 0) {
        std::cerr << "Error: avformat_open_input failed." << std::endl;
        exit(-1);
    }

    result = avformat_find_stream_info(format_ctx, nullptr);
    if (result < 0) {
        std::cerr << "Error: avformat_find_stream_info failed." <<
std::endl;
        exit(-1);
    }

    result = open_codec_context(&video_stream_index, &video_dec_ctx,
format_ctx,
        AVMEDIA_TYPE_VIDEO);
    if (result >= 0) {
        video_stream = format_ctx->streams[video_stream_index];
        output_video_file = fopen(video_output_name, "wb");
        if (!output_video_file) {
            std::cerr << "Error: failed to open video output file." <<
std::endl;
            return -1;
        }
    }
    result = open_codec_context(&audio_stream_index, &audio_dec_ctx,
format_ctx,
```

```
         AVMEDIA_TYPE_AUDIO);
    if (result >= 0) {
        audio_stream = format_ctx->streams[audio_stream_index];
        output_audio_file = fopen(audio_output_name, "wb");
        if (!output_audio_file) {
            std::cerr << "Error: failed to open audio output file." <<
std::endl;
            return -1;
        }
    }

    /* dump input information to stderr */
    av_dump_format(format_ctx, 0, input_name, 0);

    if (!audio_stream && !video_stream) {
        std::cerr << "Error: Could not find audio or video stream in the
input,
            aborting" << std::endl;
        return -1;
    }

    av_init_packet(&pkt);
    pkt.data = NULL;
    pkt.size = 0;

    frame = av_frame_alloc();
    if (!frame) {
        std::cerr << "Error: Failed to alloc frame." << std::endl;
        return -1;
    }

    if (video_stream) {
        std::cout << "Demuxing video from file " << std::string(input_
name) << " into " << std::string(video_output_name) << std::endl;
    }
    if (audio_stream) {
        std::cout << "Demuxing audio from file " << std::string(input_
name) << " into " << std::string(audio_output_name) << std::endl;
```

```
    }

    return 0;
}
```

當使用 libavformat 函數庫解重複使用影音時會使用多個新的 API 和結構，下面分別介紹。

1. 打開影音輸入檔案

在使用 libavformat 函數庫打開影音輸入檔案時需要使用新的 API，即函數 avformat_open_input。它宣告在 libavformat/avformat.h 中。

```
/**
 * 打開輸入的影音檔案或媒體串流。注意，對應的影音解碼器並未打開
 */
int avformat_open_input(AVFormatContext **ps, const char *url, ff_
const59 AVInputFormat *fmt, AVDictionary **options);
```

函數 avformat_open_input 共接收四個參數，作用如下。

- ps：輸入檔案的上下文控制碼結構，代表當前打開的輸入檔案或串流，類型為 AVFormatContext 結構。
- url：輸入檔案路徑或串流 URL 的字串。
- fmt：指定輸入檔案的格式，類型為 AVInputFormat 結構。當設為空時，表示根據輸入檔案的內容自動檢測輸入格式。
- options：在打開輸入檔案的過程中未定義的選項，類型為 AVDictionary 指標。

與轉碼器上下文結構 AVCodecContext 相似，檔案上下文結構 AVFormatContext 也是 FFmpeg 提供的關鍵資料結構之一。該結構定義在 avformat.h 中，其中的部分關鍵欄位如下。

```
typedef struct AVFormatContext {
    const AVClass *av_class;
    ff_const59 struct AVInputFormat *iformat;
    ff_const59 struct AVOutputFormat *oformat;
    void *priv_data;
    AVIOContext *pb;
    int ctx_flags;
    unsigned int nb_streams;
    AVStream **streams;
    char *url;
    int64_t start_time;
    int64_t duration;
    int64_t bit_rate;
    unsigned int packet_size;
    int max_delay;
    // ......
} AVFormatContext;
```

由於該結構內部定義過於複雜，所以此處不顯示其全部內容。表 13-1 中
簡要列出了部分常用結構，其餘結構及含義可參考標頭檔中結構的定義。

表 13-1

名 稱	類 型	含 義
iformat	AVInputFormat *	輸入檔案格式，僅用於解重複使用功能
oformat	AVOutputFormat *	輸出檔案格式，僅用於重複使用功能
nb_streams	unsigned int	檔案控制代碼結構中包含的媒體串流數量
streams	AVStream **	保存媒體串流結構的陣列位址
start_time	int64_t	媒體起始時間，以時間基 AV_TIME_BASE 為單位
duration	int64_t	媒體持續時間，以時間基 AV_TIME_BASE 為單位
bit_rate	int64_t	輸入檔案的總串流速率，以 bps 為單位
start_time_realtime	int64_t	真實的開始時間，以毫秒為單位

函數 avformat_open_input 主要執行以下兩個最重要的步驟。

(1)init_input：打開輸入的影音檔案或網路媒體串流，並初步探測輸入資料的格式。

(2)s->iformat->read_header：解析與某個封裝格式對應的標頭檔中的串流資訊。

2. 解析輸入檔案的影音流資訊

在呼叫函數 avformat_open_input 後，接下來需要呼叫函數 avformat_find_stream_info，以解析輸入檔案中的影音流資訊。該函數與函數 avformat_open_input 一樣，宣告在 libavformat/avformat.h 中。

```
/**
 * 讀取輸入影音檔案或媒體串流的部分資料，以推測其格式和參數
 */
int avformat_find_stream_info(AVFormatContext *ic, AVDictionary
**options);
```

該函數共接收兩個參數。

- ic：透過函數 avformat_open_input 打開的輸入影音檔案或串流的控制碼結構指標。

- options：在對應的打開檔案中，每一路媒體串流的轉碼器參數選項，可設定為空。

在函數 avformat_find_stream_info 的內部實現中，主要流程為遍歷輸入影音檔案包含的各路媒體串流。針對輸入檔案的每一路音訊串流、視訊串流或字幕串流，都在該函數內部打開對應的解碼器，讀取部分資料並進行解碼。同時，在解碼的過程中將多個參數保存到 **AVStream** 結構的對應成員中。

AVStream 結構用於表示影音輸入檔案中所包含的一路音訊串流、視訊串流或字幕串流。由於在一個影音檔案中可能包含一路或多路媒體串流，因此影音輸入檔案對應的 AVFormatContext 結構包含了媒體串流對應的 AVStream 結構。

```
typedef struct AVFormatContext
{
    // ......

    /**
     * 當前檔案包含的資料流程數量
     */
    unsigned int nb_streams;
    /**
     * 當前檔案保存的各個資料流程的位址
     */
    AVStream **streams;

    // ......
} AVFormatContext;
```

AVStream 結構與 AVFormatContext 結構一樣，也宣告在 libavformat/avformat.h 中，其部分成員如下。

```
typedef struct AVStream
{
    int index; /**< 檔案中資料流程索引 */
    /**
     * 資料流程識別符號
     */
    int id;

    void *priv_data;

    /**
```

```
     * 當前資料流程的時間基
     */
    AVRational time_base;

    /**
     * 當前資料流程中第一幀資料的時間
     */
    int64_t start_time;

    /**
     * 當前資料流程的時長
     */
    int64_t duration;

    int64_t nb_frames; ///< 當前資料流程的總幀數，0 表示未知

    int disposition;

    enum AVDiscard discard; ///< 表示捨棄的編碼串流封包資訊

    /**
     * 取樣縱橫比
     */
    AVRational sample_aspect_ratio;

    AVDictionary *metadata;

    /**
     * 當前資料流程的平均每秒顯示畫面
     */
    AVRational avg_frame_rate;

    // ......
} AVStream;
```

AVStream 結構中的常用成員如表 13-2 所示。

表 13-2

名　稱	類　型	含　義
index	int	當前媒體串流在輸入檔案控制代碼結構中的串流序號
time_base	AVRational	當前媒體串流的時間基
start_time	int64_t	當前媒體串流第一幀的顯示時間戳記，可能為空（AV_NOPTS_VALUE）
duration	int64_t	當前媒體串流的時長，以 time_base 為單位
nb_frames	int64_t	當前媒體串流所包含的總幀數
codecpar	AVCodecParameters	當前媒體串流對應的編解碼參數，如媒體類型、轉碼器 ID、資料格式、串流速率等

FFmpeg 還提供了選擇媒體串流的 API──函數 av_find_best_stream。如果一個輸入檔案中包含了多路媒體串流，如一路視訊串流、多路音訊串流和多路字幕串流，則透過函數 av_find_best_stream 可以較為方便地選擇我們關注的串流序號。該函數同樣宣告在 libavformat/avformat.h 中。

```
/**
 * 尋找當前檔案中的最佳資料流程
 */
int av_find_best_stream(AVFormatContext *ic,
                        enum AVMediaType type,
                        int wanted_stream_nb,
                        int related_stream,
                        AVCodec **decoder_ret,
                        int flags);該函數共接收六個參數。
```

- ic：輸入檔案控制代碼結構。
- type：指定的媒體類型，如音訊、視訊、字幕等。
- wanted_stream_nb：使用者指定的媒體串流索引，-1 表示自動選擇。
- related_stream：尋找與指定串流相關的媒體串流索引，-1 表示不尋找。

- decoder_ret：輸出選定媒體串流的解碼器結構。
- flags：標識位元，目前無定義。

當返回值為非負值時，該值為選定的串流序號。如果發生錯誤，則返回 AVERROR_DECODER_NOT_FOUND，呼叫方式如下。

```
int video_stream_idx = av_find_best_stream(fmt_ctx, AVMEDIA_TYPE_VIDEO,
-1, -1, NULL, 0);
if (video_stream_idx < 0) {
    std::cerr << "Error: failed to find video stream." << std::endl;
    return -1;
}

int audio_stream_idx = av_find_best_stream(fmt_ctx, AVMEDIA_TYPE_AUDIO,
-1, -1, NULL, 0);
if (audio_stream_idx < 0) {
    std::cerr << "Error: failed to find audio stream." << std::endl;
    return -1;
}
```

13.1.3 迴圈讀取編碼串流封包資料

在初始化解重複使用器之後，就可以直接從輸入檔案中讀取音訊串流、視訊串流或字幕串流等編碼串流封包結構了。對於透過函數 avformat_open_input 打開的封裝格式的輸入檔案控制代碼，讀取編碼串流封包時不再需要單獨定義並初始化對應的編碼串流解析器實例，而是可以直接呼叫函數 av_read_frame 輕鬆實現。函數 av_read_frame 宣告在 libavformat/avformat.h 中。

```
/**
 * 從打開的影音檔案或媒體串流中讀取下一個編碼串流封包結構
 */
int av_read_frame(AVFormatContext *s, AVPacket *pkt);
```

該函數較為簡單，僅接收兩個參數。

- s：輸入檔案控制代碼結構。
- pkt：保存編碼串流的 AVPacket 結構。

當執行成功時，返回值為 0；當執行失敗時，返回負值（錯誤碼）。透過迴圈呼叫該函數，可以迴圈讀取輸入檔案的編碼串流封包。

```
while (av_read_frame(format_ctx, &pkt) >= 0) {
    std::cout << "Read packet, pts:" << pkt.pts << ", stream:" << pkt.
stream_index << ", size:" << pkt.size << std::endl;
    if (pkt.stream_index == audio_stream_index) {
        // 處理音訊編碼串流封包
    }
    else if (pkt.stream_index == video_stream_index) {
        // 處理視訊編碼串流封包
    }
    av_packet_unref(&pkt);
    if (result < 0) {
        break;
    }
}
```

參考第 11 章和第 12 章實現的視訊串流和音訊串流的解碼方法，對讀取的編碼串流封包進行解碼，實現對輸入檔案的迴圈解重複使用及解碼。

```
static int32_t decode_packet(AVCodecContext *dec, const AVPacket *pkt) {
    int32_t result = 0;
    result = avcodec_send_packet(dec, pkt);
    if (result < 0) {
        std::cerr << "Error: avcodec_send_packet failed." << std::endl;
        return result;
    }

    while (result >= 0) {
        result = avcodec_receive_frame(dec, frame);
```

```
        if (result < 0) {
            if (result == AVERROR_EOF || result == AVERROR(EAGAIN))
                return 0;

            std::cerr << "Error:Error during decoding:" <<
std::string(av_err2str(result)) << std::endl;
            return result;
        }

        if (dec->codec->type == AVMEDIA_TYPE_VIDEO) {
            write_frame_to_yuv(frame);
        }
        else {
            write_samples_to_pcm(frame, audio_dec_ctx);
        }

        av_frame_unref(frame);
    }

    return result;
}

int32_t demuxing(char *video_output_name, char *audio_output_name) {
    int32_t result = 0;
    while (av_read_frame(format_ctx, &pkt) >= 0) {
        std::cout << "Read packet, pts:" << pkt.pts << ", stream:" <<
pkt.stream_index << ", size:" << pkt.size << std::endl;
        if (pkt.stream_index == audio_stream_index) {
            result = decode_packet(audio_dec_ctx, &pkt);
        }
        else if (pkt.stream_index == video_stream_index) {
            result = decode_packet(video_dec_ctx, &pkt);
        }
        av_packet_unref(&pkt);
        if (result < 0) {
            break;
        }
    }
```

```cpp
    /* flush the decoders */
    if (video_dec_ctx)
        decode_packet(video_dec_ctx, nullptr);
    if (audio_dec_ctx)
        decode_packet(audio_dec_ctx, nullptr);

    std::cout << "Demuxing succeeded." << std::endl;
    if (video_dec_ctx) {
        std::cout << "Play the output video file with the command:" <<
                    std::endl << "    ffplay -f rawvideo -pix_fmt " <<
            std::string(av_get_pix_fmt_name(video_dec_ctx->pix_fmt)) <<
                    " -video_size " << video_dec_ctx->width <<
                    "x" << video_dec_ctx->height << " " <<
                    std::string(video_output_name) << std::endl;
    }
    if (audio_dec_ctx) {
        enum AVSampleFormat sfmt = audio_dec_ctx->sample_fmt;
        int n_channels = audio_dec_ctx->channels;
        const char *fmt;

        if (av_sample_fmt_is_planar(sfmt)) {
            const char *packed = av_get_sample_fmt_name(sfmt);
            sfmt = av_get_packed_sample_fmt(sfmt);
            n_channels = 1;
        }
        result = get_format_from_sample_fmt(&fmt, sfmt);
        if (result < 0) {
            return -1;
        }
        std::cout << "Play the output video file with the command:" <<
                    std::endl << "    ffplay -f " << std::string(fmt) <<
                        " -ac " << n_channels << " -ar " <<
                        audio_dec_ctx->sample_rate << " " <<
                std::string(audio_output_name) << std::endl;
    }

    return 0;
}
```

13.1.4 釋放解重複使用器和解碼器

在解重複使用和解碼完成後，需要釋放輸入檔案對應的 AVFormatContext
結構，以及音訊串流和視訊串流對應的 AVCodecContext 結構，實現方
法如下。

```cpp
void destroy_demuxer() {
    avcodec_free_context(&video_dec_ctx);
    avcodec_free_context(&audio_dec_ctx);
    avformat_close_input(&format_ctx);
    if (output_video_file != nullptr) {
        fclose(output_video_file);
        output_video_file = nullptr;
    }
    if (output_audio_file != nullptr) {
        fclose(output_audio_file);
        output_audio_file = nullptr;
    }
}
```

13.1.5 主函數的整體實現

在撰寫好解重複使用器的初始化、輸入檔案的解重複使用迴圈、解重複
使用器的釋放，以及其他內建函數後，可以參考下面的程式實現 demo
範例程式的主函數。

```cpp
#include <cstdlib>
#include <iostream>
#include <string>

#include "demuxer_core.h"

static void usage(const char *program_name) {
    std::cout << "usage: " << std::string(program_name) <<
```

```
              " input_file output_video_file output_audio_file" << std::endl;
}

int main(int argc, char **argv) {
    if (argc < 4) {
        usage(argv[0]);
        return 1;
    }

    do {
        int32_t result = init_demuxer(argv[1], argv[2], argv[3]);
        if (result < 0) {
            break;
        }
        result = demuxing(argv[2], argv[3]);
    } while (0);

end:
    destroy_demuxer();
    return 0;
}
```

由於解封裝過程所需的主要資訊都保存在輸入檔案頭部，因此該測試程
式的執行方式十分簡單，僅需指定輸入檔案、輸出的 .yuv 影像檔和 .pcm
音訊檔案即可。

```
demuxer ~/Video/test.mp4 output1.yuv output2.pcm
```

對輸出的 .yuv 影像檔和 .pcm 音訊檔案進行測試的方法可分別參考 11.2
節和 12.2 節仲介紹的使用 ffplay 播放的方法。

13.2 音訊串流與視訊串流檔案的封裝

與解封裝過程相反,音訊串流和視訊串流的封裝過程就是將分離的視訊串流和音訊串流資訊按照某種特定格式寫入一個輸出檔案。FFmpeg 的官方程式範例 mux.c 中提供了將人工合成的視訊圖型和音訊資料封裝為一個輸出檔案的範例程式。本節我們參考它的實現,將一個 H.264 格式的視訊串流和一個 MP3 格式的音訊串流封裝為一個輸出檔案。

13.2.1 主函數實現

在 demo 目錄中新建測試程式 muxer.cpp。

```
touch demo/muxer.cpp
```

在 muxer.cpp 中撰寫主函數。

```cpp
#include <cstdlib>
#include <iostream>
#include <string>

static void usage(const char *program_name) {
    std::cout << "usage: " << std::string(program_name) << " video_file
audio_file output_file" << std::endl;
}

int main(int argc, char **argv) {
    if (argc < 4) {
        usage(argv[0]);
        return 1;
    }
    return 0;
}
```

我們指定該範例程式接收三個輸入參數，分別表示輸入視訊串流檔案、輸入音訊串流檔案和輸出檔案。

13.2.2 影音流重複使用器的初始化

在解封裝某種容器格式的影音檔案前需要實現一個影音流解重複使用器，即 Demuxer。與之相反的是，想要將分離的音訊串流和視訊串流封裝為一個影音檔案則需要實現一個影音流重複使用器，即 Muxer。在 inc 目錄中創建標頭檔 muxer_core.h，在 src 目錄中創建原始檔案 muxer_core.cpp，並在標頭檔中撰寫以下程式。

```
#ifndef MUXER_CORE_H
#define MUXER_CORE_H
#include <stdint.h>
int32_t init_muxer(char *video_input_file, char *audio_input_file, char
*output_file);

#endif
```

在原始檔案中撰寫以下程式。

```
#include "muxer_core.h"
#include <iostream>
#include <stdlib.h>
#include <string.h>

extern "C" {
#include <libavutil/avutil.h>
#include <libavutil/imgutils.h>
#include <libavutil/samplefmt.h>
#include <libavutil/timestamp.h>
#include <libavformat/avformat.h>
}
```

```
#define STREAM_FRAME_RATE 25 /* 25 images/s */

static AVFormatContext *video_fmt_ctx = nullptr, *audio_fmt_ctx =
nullptr, *output_fmt_ctx = nullptr;
static AVPacket pkt;
static int32_t in_video_st_idx = -1, in_audio_st_idx = -1;
static int32_t out_video_st_idx = -1, out_audio_st_idx = -1;

int32_t init_muxer(char *video_input_file, char *audio_input_file, char
*output_file) {
    int32_t result = init_input_video(video_input_file, "h264");
    if (result < 0) {
        return result;
    }
    result = init_input_audio(audio_input_file, "mp3");
    if (result < 0) {
        return result;
    }
    result = init_output(output_file);
    if (result < 0) {
        return result;
    }

    return 0;
}
```

接下來詳細解析這部分程式。在介面函數 init_muxer 中呼叫了三個內建
函數。

- init_input_video：初始化輸入視訊檔案，需要指定輸入視訊檔案的路
  徑和格式。
- init_input_audio：初始化輸入音訊檔案，需要指定輸入音訊檔案的路
  徑和格式。
- init_output：初始化輸出檔案。

其中，初始化輸入視訊檔案和初始化輸入音訊檔案的方法相似，因此這裡以初始化輸入視訊檔案為例進行分析。從 init_muxer 的程式中可知，這裡輸入的是 H.264 格式的裸編碼串流。

1. 以指定格式打開輸入檔案

在第 11 章中，我們曾用編碼串流解析器 AVCodecParserContext 從一串連續的二進位編碼串流中解析出符合 H.264 標準的編碼串流封包，其實現方法較為煩瑣。在第 12 章中，我們曾透過函數 avformat_open _input 打開一個封裝格式的視訊檔案，透過該函數返回的 AVFormatContext 結構可以方便地獲取 AVPacket 結構的編碼串流封包。實際上，在 FFmpeg 中，H.264 格式的裸編碼串流被認為是一種特殊的「封裝格式」，可以為其指定對應的輸入格式。

FFmpeg 中提供了透過格式名稱尋找輸入格式結構的 API，即函數 av_find_input_format。該函數宣告在 libavformat/avformat.h 中。

```
/**
 * 根據輸入檔案的格式名稱尋找 AVInputFormat 結構
 */
ff_const59 AVInputFormat *av_find_input_format(const char *short_name);
```

透過傳入格式名稱，該函數可以返回對應的 AVInputFormat 結構的指標，在打開輸入檔案時作為指定格式傳入。函數 init_input_video 的實現方式如下。

```
static int32_t init_input_video(char *video_input_file, const char
*video_format) {
    int32_t result = 0;
    AVInputFormat *video_input_format = av_find_input_format(video_
format);
    if (!video_input_format) {
```

```
        std::cerr << "Error: failed to find proper AVInputFormat for
format:"
                    << std::string(video_format) << std::endl;
        return -1;
    }
    result = avformat_open_input(&video_fmt_ctx, video_input_file,
video_input_format, nullptr);
    if (result < 0) {
        std::cerr << "Error: avformat_open_input failed!" << std::endl;
        return -1;
    }
    result = avformat_find_stream_info(video_fmt_ctx, nullptr);
    if (result < 0) {
        std::cerr << "Error: avformat_find_stream_info failed!" <<
std::endl;
        return -1;
    }
    return result;
}
```

打開音訊輸入檔案的方法如下。

```
static int32_t init_input_audio(char *audio_input_file, const char
*audio_format) {
    int32_t result = 0;
    AVInputFormat *audio_input_format = av_find_input_format(audio_
format);
    if (!audio_input_format) {
        std::cerr << "Error: failed to find proper AVInputFormat for
format:"
                    << std::string(audio_format) << std::endl;
        return -1;
    }

    result = avformat_open_input(&audio_fmt_ctx, audio_input_file,
        audio_input_format, nullptr);
    if (result < 0) {
```

```
        std::cerr << "Error: avformat_open_input failed!" << std::endl;
        return -1;
    }
    result = avformat_find_stream_info(audio_fmt_ctx, nullptr);
    if (result < 0) {
        std::cerr << "Error: avformat_find_stream_info failed!" <<
std::endl;
        return -1;
    }
    return result;
}
```

2. 創建輸出檔案控制代碼結構

打開輸入檔案控制代碼可以使用函數 avformat_open_input 實現。與其
對應的是，當將一個封裝格式的檔案作為輸出檔案時，需要單獨創建對
應輸出檔案的 AVFormatContext 結構作為輸出檔案控制代碼。創建輸出
檔案控制代碼可以透過 libavformat/avformat.h 中宣告的 API，即函數
avformat_alloc_ output_context2 實現。

```
/**
 * 創建 AVFormatContext 結構的輸出檔案上下文控制碼
 */
int avformat_alloc_output_context2(AVFormatContext **ctx, ff_const59
AVOutputFormat *oformat, const char *format_name, const char *filename);
```

該函數共接收四個參數。

- ctx：由該函數分配的輸出檔案控制代碼的指標，當執行出現錯誤時，
  返回空指標。
- oformat：指定輸出檔案的格式，可設為空值，通常透過 format_name
  和 filename 判斷。

- format_name：指定輸出檔案的格式名稱，可設為空值，通常透過輸出檔案名稱判斷。
- filename：輸出檔案名稱。

透過以下程式可以創建一個新的輸出檔案控制代碼。

```
avformat_alloc_output_context2(&output_fmt_ctx, nullptr, nullptr,
output_file);
if (!output_fmt_ctx) {
    std::cerr << "Error: alloc output format context failed!" <<
std::endl;
    return -1;
}
```

在創建輸出檔案控制代碼後，接下來要在其中增加媒體串流。增加媒體串流可以使用函數 avformat_new_stream 實現，該函數的宣告方式如下。

```
/**
 * 在指定的輸出檔案控制代碼中增加音訊串流或視訊串流
 */
AVStream *avformat_new_stream(AVFormatContext *s, const AVCodec *c);
```

該函數共接收兩個參數。

- s：輸出檔案控制代碼。
- c：媒體串流初始化對應的轉碼器參數，可指定為空。

返回值為一個 AVStream 結構的指標，指向增加完成的媒體串流結構。

新創建的 AVStream 結構基本是空的，缺少關鍵資訊。為了將輸入媒體串流和輸出媒體串流的參數對齊，需要將輸入檔案中媒體串流的參數（主要是編碼串流編碼參數）複製到輸出檔案對應的媒體串流中。主要步驟是在輸入檔案中尋找對應的音訊串流或視訊串流，並複製到對應的輸出串流中。

```
in_video_st_idx = av_find_best_stream(video_fmt_ctx, AVMEDIA_TYPE_VIDEO,
-1, -1, nullptr, 0);
if (in_video_st_idx < 0) {
    std::cerr << "Error: find video stream in input video file failed!"
              << std::endl;
    return -1;
}
result = avcodec_parameters_copy(video_stream->codecpar, video_fmt_ctx-
>streams[in_video_st_idx]->codecpar);
if (result < 0) {
    std::cerr << "Error: copy video codec paramaters failed!" <<
std::endl;
    return -1;
}
```

這裡會用到一個新的 API，即函數 avcodec_parameters_copy，該函數宣告在 libavcodec/codec_par.h 中。

```
/**
 * 複製 AVCodecParameters 中的編解碼參數
 */
int avcodec_parameters_copy(AVCodecParameters *dst, const
AVCodecParameters *src);
```

該函數的作用十分簡單，即將來源 AVCodecParameters 中所包含的編解碼參數複製到目標 AVCodecParameters 中。

在創建好輸出檔案控制代碼，並在其中增加對應的媒體串流後，打開輸出檔案，將檔案 I/O 結構對應到輸出檔案的 AVFormatContext 結構（注意，有的輸出格式沒有輸出檔案）。

```
if (!(fmt->flags & AVFMT_NOFILE)) {
    result = avio_open(&output_fmt_ctx->pb, output_file, AVIO_FLAG_
WRITE);
    if (result < 0)    {
        std::cerr << "Error: avio_open output file failed!"
                  << std::string(output_file) << std::endl;
        return -1;
    }
}
```

函數 init_output 的完整實現如下。

```
static int32_t init_output(char *output_file) {
    int32_t result = 0;
    avformat_alloc_output_context2(&output_fmt_ctx, nullptr, nullptr,
        output_file);
    if (!output_fmt_ctx) {
        std::cerr << "Error: alloc output format context failed!" <<
std::endl;
        return -1;
    }

    AVOutputFormat *fmt = output_fmt_ctx->oformat;
    std::cout << "Default video codec id:" << fmt->video_codec
              << ", audio codec id:" << fmt->audio_codec << std::endl;

    AVStream *video_stream = avformat_new_stream(output_fmt_ctx, nullptr);
    if (!video_stream) {
        std::cerr << "Error: add video stream to output format context
failed!"
              << std::endl;
        return -1;
    }
    out_video_st_idx = video_stream->index;
    in_video_st_idx = av_find_best_stream(video_fmt_ctx, AVMEDIA_TYPE_
VIDEO, -1,
        -1, nullptr, 0);
```

```
    if (in_video_st_idx < 0) {
        std::cerr << "Error: find video stream in input video file
failed!" <<
            std::endl;
        return -1;
    }
    result = avcodec_parameters_copy(video_stream->codecpar,
        video_fmt_ctx->streams[in_video_st_idx]->codecpar);
    if (result < 0) {
        std::cerr << "Error: copy video codec paramaters failed!" <<
std::endl;
        return -1;
    }
    video_stream->id = output_fmt_ctx->nb_streams - 1;
    video_stream->time_base = (AVRational){1, STREAM_FRAME_RATE};

    AVStream *audio_stream = avformat_new_stream(output_fmt_ctx, nullptr);
    if (!audio_stream) {
        std::cerr << "Error: add audio stream to output format context
failed!"
            << std::endl;
        return -1;
    }
    out_audio_st_idx = audio_stream->index;
    in_audio_st_idx = av_find_best_stream(audio_fmt_ctx, AVMEDIA_TYPE_
AUDIO, -1,
        -1, nullptr, 0);
    if (in_audio_st_idx < 0) {
        std::cerr << "Error: find audio stream in input audio file
failed!" <<
            std::endl;
        return -1;
    }
    result = avcodec_parameters_copy(audio_stream->codecpar,
        audio_fmt_ctx->streams[in_audio_st_idx]->codecpar);
    if (result < 0) {
        std::cerr << "Error: copy audio codec paramaters failed!" <<
std::endl;
```

```
        return -1;
    }
    audio_stream->id = output_fmt_ctx->nb_streams - 1;
    audio_stream->time_base = (AVRational){1,
    audio_stream->codecpar->sample_rate};

    av_dump_format(output_fmt_ctx, 0, output_file, 1);
    std::cout << "Output video idx:" << out_video_st_idx
              << ", audio idx:" << out_audio_st_idx << std::endl;

    if (!(fmt->flags & AVFMT_NOFILE)) {
        result = avio_open(&output_fmt_ctx->pb, output_file, AVIO_FLAG_
WRITE);
        if (result < 0) {
            std::cerr << "Error: avio_open output file failed!" <<
                std::string(output_file) << std::endl;
            return -1;
        }
    }

    return result;
}
```

13.2.3　重複使用音訊串流和視訊串流

將音訊串流和視訊串流重複使用到輸出檔案共需要三步。

（1）寫入輸出檔案的表頭結構。
（2）迴圈寫入音訊封包和視訊封包。
（3）寫入輸出檔案的尾結構。

其中，寫入輸出檔案的表頭結構和寫入輸出檔案的尾結構可以透過呼叫特定的 API 實現，而迴圈寫入音訊封包和視訊封包則較為複雜，需要確保音訊封包和視訊封包與解碼播放同步，下面分別討論。

1. 寫入輸出檔案的表頭結構

多數封裝格式的影音檔案都攜帶一個複雜度不同的表頭結構。為了寫入輸出檔案的表頭結構，FFmpeg 提供了專門的函數 avformat_write_header，該函數宣告在 libavformat/avformat.h 中。

```
/**
 * 分配輸出檔案中每一路資料流程的私有資料，並將對應的資料寫入檔案頭部
 */
av_warn_unused_result
int avformat_write_header(AVFormatContext *s, AVDictionary **options);
```

該函數接收兩個輸入參數。

- s：輸出檔案控制代碼。
- options：封裝輸出的容器檔案的參數集合，可設為空。

呼叫方法如下。

```
result = avformat_write_header(output_fmt_ctx, nullptr);
if (result < 0) {
    return result;
}
```

2. 迴圈寫入音訊封包和視訊封包

將輸入檔案的音訊封包和視訊封包迴圈寫入輸出檔案可以分為以下三步。

- 從輸入檔案中讀取音訊封包或視訊封包。
- 確定音訊封包和視訊封包的時間戳記，判斷寫入順序。
- 將編碼串流封包寫入輸出檔案。

其中，最為關鍵的是確定時間戳記並判斷寫入順序。下面詳細介紹確定時間戳記和判斷寫入順序的方法。

▶ 比較時間戳記

根據當前已寫入輸出檔案的時間戳記的順序，確定當前應該讀取的音訊
封包或視訊封包。

```
// ......
int64_t cur_video_pts = 0, cur_audio_pts = 0; // 音訊封包和視訊封包的時間
戳記錄
AVStream *in_video_st = video_fmt_ctx->streams[in_video_st_idx];
AVStream *in_audio_st = audio_fmt_ctx->streams[in_audio_st_idx];

// ......
while (1) {
    if (av_compare_ts(cur_video_pts, in_video_st->time_base, cur_audio_pts,
        in_audio_st->time_base) <= 0) {
        // 寫入視訊封包
        // ......
    }
    else {
        // 寫入音訊封包
        // ......
    }
}
```

FFmpeg 提供了專門用於比較時間戳記的函數 **av_compare_ts**，其作
用是根據對應的時間基比較兩個時間戳記的順序。若當前已記錄的音訊
時間戳記比視訊時間戳記新，則從輸入視訊檔案中讀取資料並寫入；反
之，若當前已記錄的視訊時間戳記比音訊時間戳記新，則從輸入音訊檔
案中讀取資料並寫入。

▶ 計算視訊封包的時間戳記

由於從 H.264 格式的裸編碼串流中讀取的視訊封包中通常不包含時間戳
記資料，所以無法透過函數 **av_compare_ts** 來比較時間戳記。為此，我

們透過視訊幀數和指定每秒顯示畫面計算每一個 **AVPacket** 結構的時間戳記並為其設定值。

在 **AVStream** 結構中有一個重要的結構 **r_frame_rate**，它的宣告如下。

r_frame_rate 表示的是影音流中可以精準表示所有時間戳記的最低每秒顯示畫面。簡單來說，如果當前影音流的每秒顯示畫面是恒定的，那麼 **r_frame_rate** 表示的是影音流的實際每秒顯示畫面；如果當前影音流的每秒顯示畫面波動較大，那麼 **r_frame_rate** 的值通常會高於整體平均每秒顯示畫面，以此作為每一幀的時間戳記的單位。

對於沒有時間戳記的 pkt 結構，我們需要透過另外的方法計算一個並給它，方法如下。

```
if (pkt.pts == AV_NOPTS_VALUE) {
    // 計算每一幀的持續時長
    int64_t frame_duration = (double)AV_TIME_BASE / av_q2d(in_video_st-
>r_frame_rate);

    // 將幀時長的單位轉為以 time_base 為基準
    pkt.duration = (double)frame_duration / (double)(av_q2d(in_video_st-
>time_base) * AV_TIME_BASE);

    // 透過幀時長和幀數量計算每一幀的時間戳記
    pkt.pts = (double)(video_frame_idx * frame_duration) / (double)(av_
q2d(in_video_st->time_base) * AV_TIME_BASE);
    pkt.dts = pkt.dts;
}
```

▶ 將輸入串流時間戳記轉為輸出串流時間戳記

從輸入檔案讀取的編碼串流封包中保存的時間戳記是以輸入串流的 **time_base** 為基準的，在寫入輸出檔案之前需要轉為以輸出串流的 **time_base**

為基準。**FFmpeg** 提供的專用轉換函數 **av_rescale_q_rnd** 可以對時間戳記進行轉換，其宣告方式如下。

```
/**
 * 將輸入數值按照指定參數進行基準轉換，其數學含義等於 "a * bq / cq"
 */
int64_t av_rescale_q_rnd(int64_t a, AVRational bq, AVRational cq, enum
AVRounding rnd) av_const;
```

時間戳記和幀時長的轉換方法可參考以下程式。

```
pkt.pts = av_rescale_q_rnd(pkt.pts, input_stream->time_base, output_
stream->time_base, (AVRounding)(AV_ROUND_NEAR_INF | AV_ROUND_PASS_
MINMAX));
pkt.dts = av_rescale_q_rnd(pkt.dts, input_stream->time_base, output_
stream->time_base, (AVRounding)(AV_ROUND_NEAR_INF | AV_ROUND_PASS_
MINMAX));
pkt.duration = av_rescale_q(pkt.duration, input_stream->time_base,output_
stream->time_base);
```

3. 寫入輸出檔案的尾結構

在將輸入檔案的音訊封包和視訊封包全部寫入輸出檔案後，必須將資料流程尾部資料寫入輸出檔案，方法如下。

```
/**
 * 將資料流程尾部資料寫入輸出檔案，並釋放輸出檔案的私有資料
 */
int av_write_trailer(AVFormatContext *s);
```

呼叫方式十分簡單，只需傳入輸出檔案控制代碼作為參數即可。

```
result = av_write_trailer(output_fmt_ctx);
if (result < 0) {
    return result;
}
```

在實現前面的功能後，重複使用影音流可以在函數 muxing 中實現。

```
int32_t muxing() {
    int32_t result = 0;
    int64_t prev_video_dts = -1;
    int64_t cur_video_pts = 0, cur_audio_pts = 0;
    AVStream *in_video_st = video_fmt_ctx->streams[in_video_st_idx];
    AVStream *in_audio_st = audio_fmt_ctx->streams[in_audio_st_idx];
    AVStream *output_stream = nullptr, *input_stream = nullptr;

    int32_t video_frame_idx = 0;

    result = avformat_write_header(output_fmt_ctx, nullptr);
    if (result < 0) {
        return result;
    }

    av_init_packet(&pkt);
    pkt.data = nullptr;
    pkt.size = 0;

    std::cout << "Video r_frame_rate:" << in_video_st->r_frame_rate.num
<< "/"
        << in_video_st->r_frame_rate.den << std::endl;
    std::cout << "Video time_base:" << in_video_st->time_base.num << "/"
<<
        in_video_st->time_base.den << std::endl;

    while (1) {
        if (av_compare_ts(cur_video_pts, in_video_st->time_base, cur_
audio_pts,
            in_audio_st->time_base) <= 0) {
            // Write video
            input_stream = in_video_st;
            result = av_read_frame(video_fmt_ctx, &pkt);
            if (result < 0) {
                av_packet_unref(&pkt);
                break;
```

```
            }

        if (pkt.pts == AV_NOPTS_VALUE) {
            int64_t frame_duration = (double)AV_TIME_BASE /
                av_q2d(in_video_st->r_frame_rate);
            pkt.duration = (double)frame_duration /
                (double)(av_q2d(in_video_st->time_base) * AV_TIME_
BASE);
            pkt.pts = (double)(video_frame_idx * frame_duration) /
                (double)(av_q2d(in_video_st->time_base) * AV_TIME_
BASE);
            pkt.dts = pkt.dts;
            std::cout << "frame_duration:" << frame_duration << ",
                pkt.duration:" << pkt.duration << ", pkt.pts" <<
pkt.pts << std::endl;
        }

        video_frame_idx++;
        cur_video_pts = pkt.pts;
        pkt.stream_index = out_video_st_idx;
        output_stream = output_fmt_ctx->streams[out_video_st_idx];
    }
    else {
        // Write audio
        input_stream = in_audio_st;
        result = av_read_frame(audio_fmt_ctx, &pkt);
        if (result < 0) {
            av_packet_unref(&pkt);
            break;
        }

        cur_audio_pts = pkt.pts;
        pkt.stream_index = out_audio_st_idx;
        output_stream = output_fmt_ctx->streams[out_audio_st_idx];
    }

    pkt.pts = av_rescale_q_rnd(pkt.pts, input_stream->time_base,
        output_stream->time_base, (AVRounding)(AV_ROUND_NEAR_INF |
```

```
            AV_ROUND_PASS_MINMAX));
        pkt.dts = av_rescale_q_rnd(pkt.dts, input_stream->time_base,
            output_stream->time_base, (AVRounding)(AV_ROUND_NEAR_INF |
            AV_ROUND_PASS_MINMAX));
        pkt.duration = av_rescale_q(pkt.duration, input_stream->time_
base,
            output_stream->time_base);
        std::cout << "Final pts:" << pkt.pts << ", duration:" << pkt.
duration <<
            ", output_stream->time_base:" << output_stream->time_base.
num << "/"
            << output_stream->time_base.den << std::endl;
        if (av_interleaved_write_frame(output_fmt_ctx, &pkt) < 0) {
            std::cerr << "Error: failed to mux packet!" << std::endl;
            break;
        }
        av_packet_unref(&pkt);
    }

    result = av_write_trailer(output_fmt_ctx);
    if (result < 0) {
        return result;
    }

    return result;
}
```

13.2.4 釋放重複使用器實例

在整個重複使用過程結束後,需要一一釋放重複使用器所分配的各個物件,包括輸入音訊檔案控制代碼、輸入視訊檔案控制代碼,以及輸出檔案控制代碼。在釋放輸出檔案控制代碼之前,須關閉對應的輸出檔案。

```
void destroy_muxer() {
    avformat_free_context(video_fmt_ctx);
```

```
    avformat_free_context(audio_fmt_ctx);

    if (!(output_fmt_ctx->oformat->flags & AVFMT_NOFILE)) {
        avio_closep(&output_fmt_ctx->pb);
    }
    avformat_free_context(output_fmt_ctx);
}
```

最終，main 函數的實現如下。

```cpp
#include <cstdlib>
#include <iostream>
#include <string>

#include "muxer_core.h"

static void usage(const char *program_name) {
    std::cout << "usage: " << std::string(program_name) << " video_file
audio_file
        output_file" << std::endl;
}

int main(int argc, char **argv) {
    if (argc < 4) {
        usage(argv[0]);
        return 1;
    }
    int32_t result = 0;
    do {
        result = init_muxer(argv[1], argv[2], argv[3]);
        if (result < 0) {
            break;
        }
        result = muxing();
        if (result < 0) {
            break;
        }
```

```
    } while (0);
    destroy_muxer();

    return result;
}
```

與媒體檔案解封裝過程相反，該視訊和音訊資料封裝測試程式指定視訊
基本串流檔案和音訊檔案作為輸入，指定某格式的容器檔案（如 MP4）
作為輸出。

```
muxer ~/Video/es.h264 ~/Video/test.mp3 output.mp4
```

使用 ffplay 可簡單播放封裝後輸出的檔案。

```
ffplay -i output.mp4
```

使用 FFmpeg SDK 增加視訊濾鏡和音訊濾鏡

影音濾鏡特效可以在多個應用場景中造成重要作用,舉例來說,當前火熱的網路直播和短視訊應用中的美顏、變聲特效等。在不同的平台上,可以用不同的方法實現影音濾鏡。livavfilter 函數庫提供了一種較為便捷的跨平台機制,開發者可以根據實際需求實現複雜度不同的影音濾鏡功能。第 8 章曾介紹過如何使用 FFmpeg 的命令列工具實現影音檔案的編輯功能,然而一個可執行程式形式的 ffmpeg 工具擴充性相對有限,難以基於實際需求進行自訂開發。本章我們參考 FFmpeg 提供的範例程式,透過呼叫 FFmpeg SDK 的方式實現簡單的影音濾鏡功能。

14.1 視訊濾鏡

在 FFmpeg 中,filter_video.cpp 演示了對一個視訊檔案進行解碼並增加濾鏡的基本方法。簡單起見,本節我們直接讀取 YUV 格式的圖型序列到 AVFrame 結構中,對其增加濾鏡並輸出。

14.1.1 主函數實現

在 demo 目錄中新建測試程式 video_filter.cpp。

```
touch demo/video_filter.cpp
```

在 video_filter.cpp 中實現主函數的基本框架。

```cpp
#include <cstdlib>
#include <iostream>
#include <string>

static void usage(const char *program_name) {
    std::cout << "usage: " << std::string(program_name) << " input_file
pic_width pic_height pix_fmt filter_discr" << std::endl;
}

int main(int argc, char **argv) {
    if (argc < 6) {
        usage(argv[0]);
        return 1;
    }

    return 0;
}
```

14.1.2 視訊濾鏡初始化

在對讀取的每一幀執行濾鏡之前，需要進行一系列初始化操作，如初始化濾鏡圖、設定濾鏡參數等。在 inc 目錄中創建標頭檔 video_filter_core.h，在 src 目錄中創建原始檔案 video_filter_core.cpp，在標頭檔中撰寫以下程式。

```
// video_filter_core.h
#ifndef VIDEO_FILTER_H
#define VIDEO_FILTER_H
#include <stdint.h>

int32_t init_video_filter(int32_t width, int32_t height, const char
*pix_fmt, const char *filter_descr);

#endif
```

在原始檔案中撰寫以下程式。

```
#include <iostream>
#include <stdlib.h>
#include <string.h>

#include "video_filter_core.h"
#include "io_data.h"

extern "C" {
#include <libavfilter/buffersink.h>
#include <libavfilter/buffersrc.h>
#include <libavutil/opt.h>
#include <libavutil/frame.h>
}

#define STREAM_FRAME_RATE 25

AVFilterContext *buffersink_ctx;
AVFilterContext *buffersrc_ctx;
AVFilterGraph *filter_graph;

AVFrame *input_frame = nullptr, *output_frame = nullptr;

static int32_t init_frames(int32_t width, int32_t height, enum
AVPixelFormat pix_fmt) {
    int result = 0;
```

```cpp
    input_frame = av_frame_alloc();
    output_frame = av_frame_alloc();
    if (!input_frame || !output_frame) {
        std::cerr << "Error: frame allocation failed." << std::endl;
        return -1;
    }

    input_frame->width = width;
    input_frame->height = height;
    input_frame->format = pix_fmt;

    result = av_frame_get_buffer(input_frame, 0);
    if (result < 0) {
        std::cerr << "Error: could not get AVFrame buffer." << std::endl;
        return -1;
    }

    result = av_frame_make_writable(input_frame);
    if (result < 0) {
        std::cerr << "Error: input frame is not writable." << std::endl;
        return -1;
    }
    return 0;
}

int32_t init_video_filter(int32_t width, int32_t height, const char
*filter_descr) {
    int32_t result = 0;
    char args[512] = {0};
    const AVFilter *buffersrc = avfilter_get_by_name("buffer");
    const AVFilter *buffersink = avfilter_get_by_name("buffersink");
    AVFilterInOut *outputs = avfilter_inout_alloc();
    AVFilterInOut *inputs = avfilter_inout_alloc();
    AVRational time_base = (AVRational){1, STREAM_FRAME_RATE};
    enum AVPixelFormat pix_fmts[] = {AV_PIX_FMT_YUV420P, AV_PIX_FMT_NONE};

    do {
        filter_graph = avfilter_graph_alloc();
```

```
        if (!outputs || !inputs || !filter_graph) {
            std::cerr << "Error: creating filter graph failed." <<
std::endl;
            result = AVERROR(ENOMEM);
            break;
        }

        snprintf(args, sizeof(args),
            "video_size=%dx%d:pix_fmt=%d:time_base=%d/%d:pixel_
aspect=%d/%d",
            width, height, AV_PIX_FMT_YUV420P, 1, STREAM_FRAME_RATE, 1, 1);
        result = avfilter_graph_create_filter(&buffersrc_ctx, buffersrc,
            "in", args, NULL, filter_graph);
        if (result < 0) {
            std::cerr << "Error: could not create source filter."
                    << std::endl;
            break;
        }

        result = avfilter_graph_create_filter(&buffersink_ctx, buffersink,
            "out", NULL, NULL, filter_graph);
        if (result < 0) {
            std::cerr << "Error: could not create sink filter." << std::endl;
            break;
        }

        result = av_opt_set_int_list(buffersink_ctx, "pix_fmts", pix_fmts,
            AV_PIX_FMT_NONE, AV_OPT_SEARCH_CHILDREN);
        if (result < 0) {
            std::cerr << "Error: could not set output pixel format." <<
std::endl;
            break;
        }

        outputs->name = av_strdup("in");
        outputs->filter_ctx = buffersrc_ctx;
        outputs->pad_idx = 0;
        outputs->next = NULL;
```

```
        inputs->name = av_strdup("out");
        inputs->filter_ctx = buffersink_ctx;
        inputs->pad_idx = 0;
        inputs->next = NULL;

        if ((result = avfilter_graph_parse_ptr(filter_graph, filter_descr,
            &inputs, &outputs, NULL)) < 0) {
            std::cerr << "Error: avfilter_graph_parse_ptr failed" <<
std::endl;
            break;
        }

        if ((result = avfilter_graph_config(filter_graph, NULL)) < 0) {
            std::cerr << "Error: Graph config invalid." << std::endl;
            break;
        }

        result = init_frames(width, height, AV_PIX_FMT_YUV420P);
        if (result < 0) {
            std::cerr << "Error: init frames failed." << std::endl;
            break;
        }
    } while (0);

    avfilter_inout_free(&inputs);
    avfilter_inout_free(&outputs);
    return result;
}
```

在上述程式中，我們在 init_video_filter 函數中實現了視訊濾鏡的初始化。整體初始化流程可以大致分為創建濾鏡圖結構、創建濾鏡實例結構、創建和設定濾鏡介面，以及根據濾鏡描述解析並設定濾鏡圖等步驟，下面分別討論。

▶ 創建濾鏡圖結構

視訊濾鏡功能最核心的結構為濾鏡圖結構，即 libavfilter 函數庫中的 AVFilterGraph 結構，該結構宣告在標頭檔 libavfilter/avfilter.h 中。

```
typedef struct AVFilterGraph {
    const AVClass *av_class;
    AVFilterContext **filters;
    unsigned nb_filters;

    char *scale_sws_opts; ///< 自動增加圖型伸縮濾鏡的參數選項

    int thread_type;

    int nb_threads;

    AVFilterGraphInternal *internal;

    void *opaque;

    avfilter_execute_func *execute;

    char *aresample_swr_opts; ///< 自動增加的音訊重取樣的參數選項

    AVFilterLink **sink_links;
    int sink_links_count;

    unsigned disable_auto_convert;
} AVFilterGraph;
```

我們可以使用一個極簡的函數創建一個濾鏡圖結構。

```
AVFilterGraph *avfilter_graph_alloc(void);
```

當該函數返回不可為空值時，表示濾鏡圖結構創建成功。

▶ 創建濾鏡實例結構

僅創建一個空的濾鏡圖結構顯然是無法完成任何工作的，因此必須根據需求向濾鏡圖中加入對應的濾鏡實例。FFmpeg 中預先定義了多種常用的濾鏡，此處我們需要獲取 buffer 和 buffersink 兩個濾鏡作為視訊濾鏡的輸入和輸出。濾鏡由 AVFilter 結構實現，AVFilter 結構定義在 libavfilter/avfilter.h 中。

```
typedef struct AVFilter {
    const char *name;

    const char *description;

    const AVFilterPad *inputs;

    const AVFilterPad *outputs;

    const AVClass *priv_class;

    int flags;

    int (*preinit)(AVFilterContext *ctx);

    int (*init)(AVFilterContext *ctx);

    int (*init_dict)(AVFilterContext *ctx, AVDictionary **options);

    void (*uninit)(AVFilterContext *ctx);

    int (*query_formats)(AVFilterContext *);

    int priv_size;       ///< 濾鏡私有資料的大小

    int flags_internal; ///< 供濾鏡內部使用的標識位元

    struct AVFilter *next;
```

```
    int (*process_command)(AVFilterContext *, const char *cmd, const
char *arg,
        char *res, int res_len, int flags);

    int (*init_opaque)(AVFilterContext *ctx, void *opaque);

    int (*activate)(AVFilterContext *ctx);
} AVFilter;
```

在 AVFilter 結構中，絕大多數成員均為內部參數，主要供 libavfilter 函數庫的內建函數使用，使用者極少直接修改其中的值，使用指定的名稱即可獲取指定的濾鏡。

```
const AVFilter *buffersrc = avfilter_get_by_name("buffer");
const AVFilter *buffersink = avfilter_get_by_name("buffersink");
```

在獲取 buffer 和 buffersink 這兩個濾鏡後，接下來需要創建對應的濾鏡實例。濾鏡實例由 AVFilterContext 結構實現，AVFilterContext 結構定義在 libavfilter/avfilter.h 中。

```
struct AVFilterContext {
    const AVClass *av_class;      ///< 內部結構，主要用於實現日誌輸出等功能

    const AVFilter *filter;       ///< 當前濾鏡上下文對應的濾鏡實例

    char *name;                   ///< 濾鏡名稱

    AVFilterPad   *input_pads;    ///< 輸入介面
    AVFilterLink **inputs;        ///< 輸入連結
    unsigned     nb_inputs;       ///< 輸入介面數量

    AVFilterPad   *output_pads;   ///< 輸出介面
    AVFilterLink **outputs;       ///< 輸出連結
    unsigned     nb_outputs;      ///< 輸出介面數量
```

```
    void *priv;                      ///< 私有資料

    struct AVFilterGraph *graph;     ///< 濾鏡圖指標

    int thread_type;

    AVFilterInternal *internal;

    struct AVFilterCommand *command_queue;

    char *enable_str;
    void *enable;
    double *var_values;
    int is_disabled;

    AVBufferRef *hw_device_ctx;

    int nb_threads;

    unsigned ready;

    int extra_hw_frames;
};
```

libavfilter 函數庫中定義了專門創建濾鏡實例的函數，可以把濾鏡實例增
加到創建好的濾鏡圖結構中。該函數的宣告方式如下。

```
int avfilter_graph_create_filter(AVFilterContext **filt_ctx, const
AVFilter *filt, const char *name, const char *args, void *opaque,
AVFilterGraph *graph_ctx);
```

該函數接收以下參數。

- **filt_ctx**：輸出參數，返回創建完成的濾鏡實例物件指標。
- **filt**：輸入參數，指定獲取的濾鏡類型。

- name：輸入參數，指定濾鏡實例的名稱。
- args：輸入參數，用於初始化濾鏡實例。
- opaque：輸入參數，自訂資訊。
- graph_ctx：輸入參數，之前創建好的濾鏡圖實例，將當前創建完成的濾鏡實例增加到其中。

在創建 buffer 濾鏡時，需要根據輸入參數 args 指定的資料對濾鏡進行初始化。

```
snprintf(args, sizeof(args), "video_size=%dx%d:pix_fmt=%d:time_
base=%d/%d:pixel_aspect=%d/%d", width, height, AV_PIX_FMT_YUV420P, 1,
STREAM_FRAME_RATE, 1, 1);
result = avfilter_graph_create_filter(&buffersrc_ctx, buffersrc, "in",
args, NULL, filter_graph);
if (result < 0) {
    std::cerr << "Error: could not create source filter." << std::endl;
    break;
}
```

在創建 buffersink 濾鏡時，可以使用函數 av_opt_set 設定輸出圖型的像素格式。

```
result = avfilter_graph_create_filter(&buffersink_ctx, buffersink,
"out", NULL, NULL, filter_graph);
if (result < 0) {
    std::cerr << "Error: could not create sink filter." << std::endl;
    break;
}

result = av_opt_set_int_list(buffersink_ctx, "pix_fmts", pix_fmts, AV_
PIX_FMT_NONE, AV_OPT_SEARCH_CHILDREN);
if (result < 0) {
    std::cerr << "Error: could not set output pixel format." <<
std::endl;
    break;
}
```

▶ 創建和設定濾鏡介面

對於創建好的濾鏡,需要將對應的介面連接後方可正常執行。濾鏡介面類別型定義為 **AVFilterInOut** 結構,其本質是一個鏈結串列的節點。

```
typedef struct AVFilterInOut {
    /** 濾鏡輸入、輸出介面名稱 */
    char *name;

    /** 當前結構所連結的濾鏡圖結構實例 */
    AVFilterContext *filter_ctx;

    /** 連接到濾鏡圖結構的介面序號 */
    int pad_idx;

    /** 介面鏈結串列的後繼 */
    struct AVFilterInOut *next;
} AVFilterInOut;
```

創建輸入和輸出介面的方法十分簡單,具體如下。

```
AVFilterInOut *avfilter_inout_alloc(void);
```

直接呼叫上述方法即可創建輸入介面和輸出介面。

```
AVFilterInOut *outputs = avfilter_inout_alloc();
AVFilterInOut *inputs  = avfilter_inout_alloc();
```

在創建介面物件後,需要將濾鏡物件和介面綁定。首先設定 buffersink_ctx 物件的輸出介面。

```
outputs->name       = av_strdup("in");
outputs->filter_ctx = buffersrc_ctx;
outputs->pad_idx    = 0;
outputs->next       = NULL;
```

此處，輸出介面中的 filter_ctx 會指向 buffersink_ctx 物件，並且 name 被設為 in，這樣在建構濾鏡圖時，當前介面將預設尋找和連接名稱為 in 的介面。

設定 buffersink_ctx 物件的方法如下。

```
inputs->name        = av_strdup("out");
inputs->filter_ctx = buffersink_ctx;
inputs->pad_idx     = 0;
inputs->next        = NULL;
```

輸入介面中的 filter_ctx 指向 buffersink_ctx 物件，並且 name 被設為 out，這樣在建構濾鏡圖時，當前介面將預設尋找和連接名稱為 out 的介面。

▶ 根據濾鏡描述解析並設定濾鏡圖

在完成濾鏡圖、相關濾鏡和介面結構的創建後，接下來需要根據字串類型的濾鏡描述資訊對整體的濾鏡圖進行解析和設定。由於執行視訊編輯操作的具體參數都已在濾鏡描述字串中列出，因此只有將設定描述加入濾鏡圖後，整個濾鏡結構才知道應該如何執行編輯操作。解析濾鏡描述可以使用下面的方法。

```
int avfilter_graph_parse_ptr(AVFilterGraph *graph, const char *filters,
                    AVFilterInOut **inputs, AVFilterInOut **outputs,
                    void *log_ctx);
```

其中，關鍵參數如下。

- graph：創建好的濾鏡圖結構。
- filters：濾鏡描述字串。
- inputs：輸入介面的物件指標。

■ outputs：輸出介面的物件指標。

在本範例中，使用的濾鏡描述為 "scale=640:480,transpose=cclock"，表示將視訊幀按 640 像素 ×480 像素縮放，並且逆時鐘旋轉 90°，呼叫方法如下。

```
if ((result = avfilter_graph_parse_ptr(filter_graph, filter_descr,
&inputs, &outputs, NULL)) < 0) {
    std::cerr << "Error: avfilter_graph_parse_ptr failed" << std::endl;
    break;
}
```

在解析濾鏡描述後，需要驗證濾鏡圖整體設定的有效性，方法如下。

```
int avfilter_graph_config(AVFilterGraph *graphctx, void *log_ctx);
```

呼叫方法如下。

```
if ((result = avfilter_graph_config(filter_graph, NULL)) < 0) {
    std::cerr << "Error: Graph config invalid." << std::endl;
    break;
}
```

14.1.3 迴圈編輯視訊幀

在視訊濾鏡初始化後，接下來應讀取 YUV 格式的視訊幀並進行迴圈編輯，整體實現如下。

```
static int32_t filter_frame() {
    int32_t result = 0;
    if ((result = av_buffersrc_add_frame_flags(buffersrc_ctx, input_frame,
        AV_BUFFERSRC_FLAG_KEEP_REF)) < 0) {
        std::cerr << "Error: add frame to buffer src failed." <<
std::endl;
```

```
            return result;
        }

    while (1) {
        result = av_buffersink_get_frame(buffersink_ctx, output_frame);
        if (result == AVERROR(EAGAIN) || result == AVERROR_EOF) {
            return 1;
        }
        else if (result < 0) {
            std::cerr << "Error: buffersink_get_frame failed." << std::endl;
            return result;
        }

        std::cout << "Frame filtered, width:" << output_frame->width << ",
            height:" << output_frame->height << std::endl;
        write_frame_to_yuv(output_frame);
        av_frame_unref(output_frame);
    }

    return result;
}

int32_t filtering_video(int32_t frame_cnt) {
    int32_t result = 0;
    for (size_t i = 0; i < frame_cnt; i++) {
        result = read_yuv_to_frame(input_frame);
        if (result < 0) {
            std::cerr << "Error: read_yuv_to_frame failed." << std::endl;
            return result;
        }

        result = filter_frame();
        if (result < 0) {
            std::cerr << "Error: filter_frame failed." << std::endl;
            return result;
        }
    }
```

```
    return result;
}
```

在上述程式中，從輸入檔案中讀取 YUV 圖型，以及將編輯後的 YUV 圖型寫入輸出檔案的功能依然使用前面章節中實現的 io_data 功能，此處不再贅述。這裡特別注意 filter_frame 中的程式。

在 filter_frame 中，對一幀圖型進行編輯主要分為兩步。

（1）透過 av_buffersrc_add_frame_flags 將輸入圖型增加到濾鏡圖中。
（2）透過 av_buffersink_get_frame 從 sink 濾鏡中獲取編輯後的圖型。

1. 將輸入圖型增加到濾鏡圖中

將輸入圖型增加到濾鏡圖中所使用的函數為 av_buffersrc_add_frame_flags，宣告方式如下。

```
int av_buffersrc_add_frame_flags(AVFilterContext *buffer_src, AVFrame
*frame, int flags);
```

該函數的關鍵參數如下。

- buffer_src：濾鏡圖的 src 濾鏡。
- frame：保存輸入圖型的 AVFrame 結構指標。
- flags：標識位元，可選 AV_BUFFERSRC_FLAG_NO_CHECK_FORMAT（不進行格式變化檢測）、AV_BUFFERSRC_FLAG_PUSH（編輯幀立即輸出）和 AV_BUFFERSRC_FLAG_KEEP_REF（給輸出幀增加引用）的任意組合。

給濾鏡圖增加圖型的方法如下。

```
if ((result = av_buffersrc_add_frame_flags(buffersrc_ctx, input_frame,
AV_BUFFERSRC_FLAG_KEEP_REF)) < 0) {
    std::cerr << "Error: add frame to buffer src failed." << std::endl;
    return result;
}
```

2. 獲取輸出圖型

在將圖型增加到濾鏡圖後，可以透過迴圈呼叫函數 av_buffersink_get_
frame 的方式獲取影像處理結果，宣告方式如下。

```
int av_buffersink_get_frame(AVFilterContext *ctx, AVFrame *frame);
```

該函數接收兩個參數。

- ctx：濾鏡圖的 sink 濾鏡。
- frame：保存輸出圖型的 AVFrame 結構指標。

在迴圈呼叫時，可以透過該函數的返回值判斷是否有輸出圖型返回。該
函數的返回值及釋義如下。

- 返回非負值：表示成功。
- 返回 AVERROR(EAGAIN)：表示輸出圖型尚未準備完成，需要繼續傳
  入輸入圖型。
- 返回 AVERROR_EOF：表示全部輸出圖型已獲取完成。
- 返回其他負值：函數執行失敗。

迴圈獲取輸出圖型的方法如下。

```
while (1) {
    result = av_buffersink_get_frame(buffersink_ctx, output_frame);
    if (result == AVERROR(EAGAIN) || result == AVERROR_EOF) {
```

```
        return 1;
    }
    else if (result < 0) {
        std::cerr << "Error: buffersink_get_frame failed." << std::endl;
        return result;
    }

    std::cout << "Frame filtered, width:" << output_frame->width << ",
height:"
        << output_frame->height << std::endl;
    write_frame_to_yuv(output_frame);
    av_frame_unref(output_frame);
}
```

14.1.4 銷毀視訊濾鏡

銷毀視訊濾鏡主要指釋放創建成功的濾鏡圖結構，以及釋放保存輸入和
輸出圖型結構的 AVFrame 結構，方法如下。

```
static void free_frames() {
    av_frame_free(&input_frame);
    av_frame_free(&output_frame);
}

void destroy_video_filter() {
    free_frames();
    avfilter_graph_free(&filter_graph);
}
```

最終，測試 demo 的主函數實現如下。

```
#include <cstdlib>
#include <iostream>
#include <string>

#include "io_data.h"
```

```cpp
#include "video_filter_core.h"

static void usage(const char *program_name) {
    std::cout << "usage: " << std::string(program_name) << " input_file
pic_width
        pic_height total_frame_cnt filter_discr output_file" << std::endl;
}

int main(int argc, char **argv) {
    if (argc < 4) {
        usage(argv[0]);
        return 1;
    }

    char *input_file_name = argv[1];
    int32_t pic_width = atoi(argv[2]);
    int32_t pic_height = atoi(argv[3]);
    int32_t total_frame_cnt = atoi(argv[4]);
    char *filter_descr = argv[5];
    char *output_file_name = argv[6];

    int32_t result = open_input_output_files(input_file_name, output_
file_name);
    if (result < 0) {
        return result;
    }

    result = init_video_filter(pic_width, pic_height, filter_descr);
    if (result < 0) {
        return result;
    }

    result = filtering_video(total_frame_cnt);
    if (result < 0) {
        return result;
    }

    close_input_output_files();
```

```
    destroy_video_filter();

    return 0;
}
```

根據主函數中的參數定義，使用以下方法可以測試該視訊濾鏡的範例程式。

```
video_filter ~/Video/input_1280x720.yuv 1280 720 20 hflip filtered.yuv
```

播放編輯後的 .yuv 圖像資料可參考以下 ffplay 命令。

```
ffplay -f rawvideo -pix_fmt yuv420p -video_size 1280x720 filtered.yuv
```

14.2 音訊濾鏡

在實現了視訊濾鏡功能後，音訊濾鏡實現起來就較為容易了。從 FFmpeg 提供的範例程式 filter_audio.cpp 中可以看出，音訊濾鏡的實現方式與視訊濾鏡相似，輸入音訊使用的是計算獲取的模擬資料。為了更加接近實際應用場景，本節的範例程式使用的是一段實際的音樂檔案解碼產生的、參數已知的 PCM 取樣資料，透過音訊濾鏡改變其參數，並將輸出資料保存為另一段 PCM 取樣資料。

14.2.1 主函數框架

在 demo 目錄中新建測試程式 audio_filter.cpp。

```
touch demo/audio_filter.cpp
```

在 audio_filter.cpp 中實現主函數的基本框架。

```cpp
#include <cstdlib>
#include <iostream>
#include <string>

#include "io_data.h"
#include "audio_filter_core.h"

static void usage(const char *program_name) {
    std::cout << "usage: " << std::string(program_name) << " input_file volume
        output_file" << std::endl;
}

int main(int argc, char **argv) {
    if (argc < 4) {
        usage(argv[0]);
        return -1;
    }

    char *input_file_name = argv[1];
    char *output_file_name = argv[2];
    char *volume_factor = argv[3];

    int32_t result = 0;
    return result;
}
```

14.2.2 音訊濾鏡初始化

本節不再使用濾鏡描述的方式創建濾鏡,而是手動創建所需濾鏡並將其連接起來創建音訊濾鏡。在 inc 目錄中創建標頭檔 audio_filter_core.h,在 src 目錄中創建原始檔案 audio_filter_core.cpp,在標頭檔中撰寫以下程式。

```
// audio_filter_core.h
#ifndef AUDIO_FILTER_CORE_H
#define AUDIO_FILTER_CORE_H
#include <stdint.h>

int32_t init_audio_filter(char* volume_factor);

#endif
```

在原始檔案中撰寫以下程式。

```
#include <iostream>
#include <stdlib.h>
#include <string.h>

#include "audio_filter_core.h"
#include "io_data.h"

extern "C" {
    #include "libavfilter/avfilter.h"
    #include <libavfilter/buffersink.h>
    #include <libavfilter/buffersrc.h>
    #include <libavutil/opt.h>
    #include <libavutil/frame.h>

    #include "libavutil/mem.h"
    #include "libavutil/opt.h"
    #include "libavutil/samplefmt.h"
    #include "libavutil/channel_layout.h"
}

#define INPUT_SAMPLERATE     44100
#define INPUT_FORMAT         AV_SAMPLE_FMT_FLTP
#define INPUT_CHANNEL_LAYOUT AV_CH_LAYOUT_STEREO

static AVFilterGraph *filter_graph;
static AVFilterContext *abuffersrc_ctx;
```

```cpp
static AVFilterContext *volume_ctx;
static AVFilterContext *aformat_ctx;
static AVFilterContext *abuffersink_ctx;

static AVFrame *input_frame = nullptr, *output_frame = nullptr;

int32_t init_audio_filter(char *volume_factor) {
    int32_t result = 0;
    char ch_layout[64];
    char options_str[1024];
    AVDictionary *options_dict = NULL;

    /* 創建濾鏡圖 */
    filter_graph = avfilter_graph_alloc();
    if (!filter_graph) {
        std::cout << "Error: Unable to create filter graph." << std::endl;
        return AVERROR(ENOMEM);
    }

    /* 創建 abuffer 濾鏡 */
    const AVFilter  *abuffer = avfilter_get_by_name("abuffer");
    if (!abuffer) {
        std::cout << "Error: Could not find the abuffer filter." <<
std::endl;
        return AVERROR_FILTER_NOT_FOUND;
    }

    abuffersrc_ctx = avfilter_graph_alloc_filter(filter_graph, abuffer,
"src");
    if (!abuffersrc_ctx) {
        std::cout << "Error: Could not allocate the abuffer instance."
<< std::endl;
        return AVERROR(ENOMEM);
    }

    av_get_channel_layout_string(ch_layout, sizeof(ch_layout), 0,
        INPUT_CHANNEL_LAYOUT);
    av_opt_set     (abuffersrc_ctx, "channel_layout", ch_layout,
```

```
        AV_OPT_SEARCH_CHILDREN);
    av_opt_set    (abuffersrc_ctx, "sample_fmt",
        av_get_sample_fmt_name(INPUT_FORMAT), AV_OPT_SEARCH_CHILDREN);
    av_opt_set_q  (abuffersrc_ctx, "time_base",      (AVRational){ 1,
        INPUT_SAMPLERATE },  AV_OPT_SEARCH_CHILDREN);
    av_opt_set_int(abuffersrc_ctx, "sample_rate",    INPUT_SAMPLERATE,
         AV_OPT_SEARCH_CHILDREN);

    result = avfilter_init_str(abuffersrc_ctx, NULL);
    if (result < 0) {
        std::cout << "Error: Could not initialize the abuffer filter."
<< std::endl;
        return result;
    }

    /* 創建 volumn 濾鏡 */
    const AVFilter *volume = avfilter_get_by_name("volume");
    if (!volume) {
        std::cout << "Error: Could not find the volumn filter." << std::endl;
        return AVERROR_FILTER_NOT_FOUND;
    }

    volume_ctx = avfilter_graph_alloc_filter(filter_graph, volume,
"volume");
    if (!volume_ctx) {
        std::cout << "Error: Could not allocate the volume instance." <<
std::endl;
        return AVERROR(ENOMEM);
    }

    av_dict_set(&options_dict, "volume", volume_factor, 0);
    result = avfilter_init_dict(volume_ctx, &options_dict);
    av_dict_free(&options_dict);
    if (result < 0) {
        std::cout << "Error: Could not initialize the volume filter." <<
std::endl;
        return result;
    }
```

```
    /* 創建 aformat 濾鏡 */
    const AVFilter *aformat = avfilter_get_by_name("aformat");
    if (!aformat) {
        std::cout << "Error: Could not find the aformat filter." <<
std::endl;
        return AVERROR_FILTER_NOT_FOUND;
    }

    aformat_ctx = avfilter_graph_alloc_filter(filter_graph, aformat,
"aformat");
    if (!aformat_ctx) {
        std::cout << "Error: Could not allocate the aformat instance."
<< std::endl;
        return AVERROR(ENOMEM);
    }

    snprintf(options_str, sizeof(options_str), "sample_fmts=%s:sample_
rates=%d:channel_layouts=0x%"PRIx64,
             av_get_sample_fmt_name(AV_SAMPLE_FMT_S16), 22050,
             (uint64_t)AV_CH_LAYOUT_MONO);
    result = avfilter_init_str(aformat_ctx, options_str);
    if (result < 0) {
        std::cout << "Error: Could not initialize the aformat filter."
<< std::endl;
        return result;
    }

    /* 創建 abuffersink 濾鏡 */
    const AVFilter *abuffersink = avfilter_get_by_name("abuffersink");
    if (!abuffersink) {
        std::cout << "Error: Could not find the abuffersink filter." <<
std::endl;
        return AVERROR_FILTER_NOT_FOUND;
    }

    abuffersink_ctx = avfilter_graph_alloc_filter(filter_graph, abuffersink,
        "sink");
```

```cpp
    if (!abuffersink_ctx) {
        std::cout << "Error: Could not allocate the abuffersink
instance." << std::endl;
        return AVERROR(ENOMEM);
    }

    result = avfilter_init_str(abuffersink_ctx, NULL);
    if (result < 0) {
        std::cout << "Error: Could not initialize the abuffersink
instance." <<
            std::endl;
        return result;
    }

    /* 連接創建好的濾鏡 */
    result = avfilter_link(abuffersrc_ctx, 0, volume_ctx, 0);
    if (result >= 0)
        result = avfilter_link(volume_ctx, 0, aformat_ctx, 0);
    if (result >= 0)
        result = avfilter_link(aformat_ctx, 0, abuffersink_ctx, 0);
    if (result < 0) {
        fprintf(stderr, "Error connecting filters\n");
        return result;
    }

    /* 設定濾鏡圖 */
    result = avfilter_graph_config(filter_graph, NULL);
    if (result < 0) {
        std::cout << "Error: Error configuring the filter graph." <<
std::endl;
        return result;
    }

    /* 創建輸入幀物件和輸出幀物件 */
    input_frame = av_frame_alloc();
    if (!input_frame) {
        std::cerr << "Error: could not alloc input frame." << std::endl;
        return -1;
```

```
    }

    output_frame = av_frame_alloc();
    if (!output_frame) {
        std::cerr << "Error: could not alloc input frame." << std::endl;
        return -1;
    }

    return result;
}
```

在上述程式中，視訊濾鏡初始化的主要步驟如下。

（1）透過 avfilter_graph_alloc 創建濾鏡圖。

（2）透過 avfilter_graph_alloc_filter 創建濾鏡實例。

（3）為創建的濾鏡實例設定對應的參數。

（4）連接創建好的各個濾鏡。

其中，創建音訊的濾鏡圖和濾鏡實例的方法與創建視訊的完全相同，這裡著重討論為濾鏡設定實例參數和連接各個濾鏡的方法。

1. 設定濾鏡參數

在音訊濾鏡範例程式中，我們共使用了 4 個濾鏡組成整個濾鏡圖：abuffer 濾鏡、volume 濾鏡、aformat 濾鏡和 abuffersink 濾鏡。其中，abuffer 濾鏡、volume 濾鏡和 aformat 濾鏡在創建後都需要設定必要的參數，主要有直接對濾鏡實例設定參數、以字典形式對濾鏡實例設定參數和以字串形式對濾鏡實例設定參數等。

▶ 直接對濾鏡實例設定參數

創建和設定 abuffer 濾鏡的方法如下。

```
const AVFilter  *abuffer = avfilter_get_by_name("abuffer");
if (!abuffer) {
    std::cout << "Error: Could not find the abuffer filter." <<
std::endl;
    return AVERROR_FILTER_NOT_FOUND;
}

abuffersrc_ctx = avfilter_graph_alloc_filter(filter_graph, abuffer,
"src");
if (!abuffersrc_ctx) {
    std::cout << "Error: Could not allocate the abuffer instance." <<
std::endl;
    return AVERROR(ENOMEM);
}

av_get_channel_layout_string(ch_layout, sizeof(ch_layout), 0, INPUT_
CHANNEL_LAYOUT);
av_opt_set    (abuffersrc_ctx, "channel_layout", ch_layout,
AV_OPT_SEARCH_CHILDREN);
av_opt_set    (abuffersrc_ctx, "sample_fmt",     av_get_sample_fmt_
name(INPUT_FORMAT), AV_OPT_SEARCH_CHILDREN);
av_opt_set_q  (abuffersrc_ctx, "time_base",      (AVRational){ 1, INPUT_
SAMPLERATE },  AV_OPT_SEARCH_CHILDREN);
av_opt_set_int(abuffersrc_ctx, "sample_rate",    INPUT_SAMPLERATE,
AV_OPT_SEARCH_CHILDREN);

result = avfilter_init_str(abuffersrc_ctx, NULL);
if (result < 0) {
    std::cout << "Error: Could not initialize the abuffer filter." <<
std::endl;
    return result;
}
```

abuffer 濾鏡所需要的主要為輸入音訊資料的各項參數，有取樣速率、取
樣值格式、聲道佈局等。透過 av_opt_set 及一系列的衍生函數，可以將
字串、整數態資料、雙精度浮點數、分數、一組二進位資料塊等參數與

名稱一起作為一個鍵值對參數指定指定的結構，常用的方法如下。

- av_opt_set：設定字串為指定結構的參數。
- av_opt_set_int：設定整數態資料為指定結構的參數。
- av_opt_set_double：設定雙精度浮點數為指定結構的參數。
- av_opt_set_q：設定分數為指定結構的參數。
- av_opt_set_bin：設定一組二進位資料塊為指定結構的參數。

在設定聲道佈局參數之前，還呼叫了 av_get_channel_layout_string 將
列舉類型的聲道佈局參數轉為字串類型。舉例來説，本節實例使用的是
身歷聲音訊資料，聲道佈局類型為 AV_CH_LAYOUT_STEREO，該函數
將其轉為字串 stereo 作為濾鏡的參數。

▶ 以字典形式對濾鏡實例設定參數

創建和設定 volume 濾鏡的方法如下。

```
/* 創建 volumn 濾鏡 */
AVDictionary *options_dict = NULL;

// ......
const AVFilter *volume = avfilter_get_by_name("volume");
if (!volume) {
    std::cout << "Error: Could not find the volumn filter." <<
std::endl;
    return AVERROR_FILTER_NOT_FOUND;
}

volume_ctx = avfilter_graph_alloc_filter(filter_graph, volume,
"volume");
if (!volume_ctx) {
    std::cout << "Error: Could not allocate the volume instance." <<
std::endl;
    return AVERROR(ENOMEM);
```

```
}

av_dict_set(&options_dict, "volume", volume_factor, 0);
result = avfilter_init_dict(volume_ctx, &options_dict);
av_dict_free(&options_dict);
if (result < 0) {
    std::cout << "Error: Could not initialize the volume filter." <<
std::endl;
    return result;
}
```

如果希望在 volume 濾鏡中指定音訊的音量,則需要將音量值作為參數寫入一個字典類別結構,並且將該字典類別結構作為參數,在初始化濾鏡實例時傳入。在字典類別結構中設定參數可以使用以下幾種方法。

- **av_dict_set**:設定數值型態為字串類型的鍵值對參數。
- **av_dict_set_int**:設定數值型態為整數的鍵值對參數。
- **av_dict_parse_string**:從輸入的字串中解析鍵值對。

在字典類別結構中設定數值型態為鍵值對參數後,可以透過下面的函數初始化濾鏡實例。

```
int avfilter_init_dict(AVFilterContext *ctx, AVDictionary **options);
```

如果該函數返回非負值,則表示濾鏡初始化成功。如果該函數返回負值,則表示濾鏡初始化失敗。在初始化後,需要用函數 **av_dict_free** 釋放參數實例。

另外,對於在初始化濾鏡時不需要指定任何參數的情況,該函數的參數 options 可設為空,如下所示。

```
result = avfilter_init_dict(filter_ctx, nullptr);
```

▶ 以字串形式對濾鏡實例設定濾鏡參數

除字典形式外，還可以透過字串形式給濾鏡設定參數。創建和設定 aformat 濾鏡的方法如下。

```
/* 創建 aformat 濾鏡 */
const AVFilter *aformat = avfilter_get_by_name("aformat");
if (!aformat) {
    std::cout << "Error: Could not find the aformat filter." <<
std::endl;
    return AVERROR_FILTER_NOT_FOUND;
}

aformat_ctx = avfilter_graph_alloc_filter(filter_graph, aformat,
"aformat");
if (!aformat_ctx) {
    std::cout << "Error: Could not allocate the aformat instance." <<
std::endl;
    return AVERROR(ENOMEM);
}

snprintf(options_str, sizeof(options_str),
        "sample_fmts=%s:sample_rates=%d:channel_layouts=0x%"PRIx64,
        av_get_sample_fmt_name(AV_SAMPLE_FMT_S16), 22050,
        (uint64_t)AV_CH_LAYOUT_MONO);
result = avfilter_init_str(aformat_ctx, options_str);
if (result < 0) {
    std::cout << "Error: Could not initialize the aformat filter." <<
std::endl;
    return result;
}
```

當以字串形式給濾鏡實例設定濾鏡參數時，參數的形式為一串按指定格式排列而成的字串，宣告方式如下。

```
int avfilter_init_str(AVFilterContext *ctx, const char *args);
```

在本例中，我們指定輸出音訊資料的取樣格式為 AV_SAMPLE_FMT_
S16，取樣速率為 22050，聲道佈局為單聲道，並按指定格式寫入指定字
串，作為參數對濾鏡 aformat 進行設定。

與函數 avfilter_init_dict 類似，如果按預設設定初始化濾鏡實例，則給參
數 args 傳入空指標即可。

```
result = avfilter_init_str(filter_ctx, nullptr);
```

2. 連接濾鏡實例

由於濾鏡實例是手動創建的，所以在創建後需要對各個濾鏡實例進行
手動連接。libavfilter 中提供了連接濾鏡的函數 avfilter_link，它宣告在
libavfilter/avfilter.h 中。

```
int avfilter_link(AVFilterContext *src, unsigned srcpad,
                  AVFilterContext *dst, unsigned dstpad);
```

該函數共需要四個輸入參數。

- src：連接的來源濾鏡。
- srcpad：來源濾鏡連介面序號。
- dst：連接的目標濾鏡。
- dstpad：目標濾鏡連介面序號。

該函數透過返回值判斷是否執行成功，當返回值為非負數時，表示執行
成功；當返回值為負數時，表示執行失敗。在創建並初始化所有濾鏡
後，可以透過多次呼叫函數 avfilter_link 一個一個連接各個濾鏡。

```
/* 連接創建完成的濾鏡 */
result = avfilter_link(abuffersrc_ctx, 0, volume_ctx, 0);
```

```
if (result >= 0)
    result = avfilter_link(volume_ctx, 0, aformat_ctx, 0);
if (result >= 0)
    result = avfilter_link(aformat_ctx, 0, abuffersink_ctx, 0);
if (result < 0) {
    std::cout << "Error: Failed to connecting filters." << std::endl;
    return result;
}
```

14.2.3 迴圈編輯音訊幀

在音訊濾鏡初始化後,逐幀迴圈編輯音訊幀的方式與視訊濾鏡類似,在一個迴圈結構內讀取音訊取樣資料,傳入濾鏡圖並從中獲取編輯輸出的音訊資料,整體實現方式如下。

```
static int32_t filter_frame() {
    int32_t result = av_buffersrc_add_frame(abuffersrc_ctx, input_frame);
    if (result < 0) {
        std::cerr << "Error:add frame to buffersrc failed." << std::endl;
        return result;
    }

    while (1) {
        result = av_buffersink_get_frame(abuffersink_ctx, output_frame);
        if (result == AVERROR(EAGAIN) || result == AVERROR_EOF) {
            return 1;
        } else if (result < 0) {
            std::cerr << "Error: buffersink_get_frame failed." << std::endl;
            return result;
        }
        std::cout << "Output channels:" << output_frame->channels << ",
            nb_samples:" << output_frame->nb_samples << ", sample_fmt:" <<
            output_frame->format << std::endl;
        write_samples_to_pcm2(output_frame,
            (AVSampleFormat)output_frame->format, output_frame->channels);
```

```
            av_frame_unref(output_frame);
    }

    return result;
}

int32_t audio_filtering() {
    int32_t result = 0;
    while (!end_of_input_file()) {
        result = init_frame();
        if (result < 0) {
            std::cerr << "Error: init_frame failed." << std::endl;
            return result;
        }
        result = read_pcm_to_frame2(input_frame, INPUT_FORMAT, 2);
        if (result < 0) {
            std::cerr << "Error: read_pcm_to_frame failed." <<
std::endl;
            return -1;
        }
        result = filter_frame();
        if (result < 0) {
            std::cerr << "Error: filter_frame failed." << std::endl;
            return -1;
        }
    }
    return result;
}
```

無論將包含音訊取樣資料的 AVFrame 結構送入濾鏡圖，還是從濾鏡圖中
獲取包含輸出音訊取樣資料的 AVFrame 結構，使用的方法都與視訊濾鏡
一致，即分別使用函數 av_buffersrc_add_frame 和函數 av_buffersink_
get_frame 實現。

14.2.4 銷毀音訊濾鏡

銷毀音訊濾鏡的方法與銷毀視訊濾鏡的方法相同，主要包括釋放創建成功的濾鏡圖結構，以及釋放保存輸入和輸出圖型結構的 AVFrame 結構，方法如下。

```
static void free_frames() {
    av_frame_free(&input_frame);
    av_frame_free(&output_frame);
}

void destroy_audio_filter() {
    free_frames();
    avfilter_graph_free(&filter_graph);
}
```

最終，測試 demo 的主函數實現如下。

```
#include <cstdlib>
#include <iostream>
#include <string>

#include "io_data.h"
#include "audio_filter_core.h"

static void usage(const char *program_name) {
    std::cout << "usage: " << std::string(program_name) << " input_file
volume
        output_file" << std::endl;
}

int main(int argc, char **argv) {
    if (argc < 4) {
        usage(argv[0]);
        return -1;
    }
```

```
    char *input_file_name = argv[1];
    char *output_file_name = argv[2];
    char *volume_factor = argv[3];

    int32_t result = 0;
    do {
        result = open_input_output_files(input_file_name, output_file_name);
        if (result < 0) {
            break;
        }

        result = init_audio_filter(volume_factor);
        if(result < 0) {
            break;
        }

        result = audio_filtering();
        if(result < 0) {
            break;
        }
    } while (0);

failed:
    close_input_output_files();
    destroy_audio_filter();
    return result;
}
```

編譯完成後，參考以下方法執行該測試程式。

```
audio_filter ~/Video/input_f32le_2_44100.pcm output.pcm 0.5
```

與 12.2 節中的方法類似，使用 ffplay 播放生成的 .pcm 音訊檔案。

```
ffplay -f f32le -ac 2 -ar 44100 output.pcm
```

使用 FFmpeg SDK 進行
視訊圖型轉換與音訊重取樣

在第 14 章中我們討論了如何使用 libavfilter 提供的視訊濾鏡和音訊濾鏡對視訊資料和音訊資料進行編輯操作。雖然 FFmpeg 提供的影音濾鏡可以實現十分複雜且強大的功能，然而從影音濾鏡的程式實現中我們可以直觀地感受到，呼叫影音濾鏡通常不夠便捷，尤其是當根據需求初始化濾鏡圖和濾鏡實例時，往往需要經過較為複雜的初始化過程。對於部分簡單且使用頻率較高的功能，雖然使用 libavfilter 提供的濾鏡也可以實現，但未必是最佳選擇，本章我們討論如何實現以下兩個功能。

（1）視訊縮放與圖型格式轉換。
（2）音訊訊號的重取樣。

實際上，這兩個功能在第 14 章中已經實現了，在本章中我們將嘗試用更簡單的方法實現。

15.1 視訊圖型轉換

將視訊中的圖型幀按照一定比例或指定寬、高進行放大或縮小是圖型和視訊編輯中最為常見的操作之一。FFmpeg 提供了專門的 libswscale 函數庫來實現視訊縮放和圖型格式轉換功能。本章我們實現一個 demo 程式，呼叫 libswscale 函數庫中提供的介面，將 YUV420P 格式的輸入圖型轉為 RGB24 格式輸出。

15.1.1 主函數實現

在 demo 目錄中新建測試程式 video_transformer.cpp。

```
touch demo/video_transformer.cpp
```

在 video_transformer.cpp 中實現主函數的基本框架。

```
#include <cstdlib>
#include <iostream>
#include <string>

#include "video_swscale_core.h"
#include "io_data.h"

static void usage(const char *program_name) {
    std::cout << "usage: " << std::string(program_name) << " input_file
input_size
        in_pix_fmt in_layout output_file output_size out_pix_fmt out_
layout" <<
        std::endl;
}

int main(int argc, char **argv) {
    int result = 0;
```

```
    if (argc < 7) {
        usage(argv[0]);
        return -1;
    }

    return result;
}
```

15.1.2 視訊格式轉換初始化

我們使用一個特定的函數封裝視訊格式轉換需要呼叫的程式。在 inc 目錄中創建標頭檔 video_swscale_core.h，在 src 目錄中創建原始檔案 video_swscale_core.cpp，並在標頭檔中撰寫以下程式。

```
#ifndef VIDEO_SCALE_CORE_H
#define VIDEO_SCALE_CORE_H
#include <stdint.h>

int32_t init_video_swscale(char *src_size, char *src_fmt, char *dst_size, char *dst_fmt);

#endif
```

在原始檔案中撰寫以下程式。

```
#include <iostream>
#include <stdlib.h>
#include <string.h>

#include "video_swscale_core.h"
#include "io_data.h"

extern "C" {
#include <libavutil/imgutils.h>
#include <libavutil/parseutils.h>
```

```cpp
#include <libswscale/swscale.h>
}

static AVFrame *input_frame = nullptr;
static struct SwsContext *sws_ctx;
static int32_t src_width = 0, src_height = 0, dst_width = 0, dst_height
= 0;
static enum AVPixelFormat src_pix_fmt = AV_PIX_FMT_NONE, dst_pix_fmt =
AV_PIX_FMT_NONE;

static int32_t init_frame(int32_t width, int32_t height, enum
AVPixelFormat pix_fmt) {
    int result = 0;
    input_frame = av_frame_alloc();
    if (!input_frame) {
        std::cerr << "Error: frame allocation failed." << std::endl;
        return -1;
    }

    input_frame->width = width;
    input_frame->height = height;
    input_frame->format = pix_fmt;

    result = av_frame_get_buffer(input_frame, 0);
    if (result < 0) {
        std::cerr << "Error: could not get AVFrame buffer." << std::endl;
        return -1;
    }

    result = av_frame_make_writable(input_frame);
    if (result < 0) {
        std::cerr << "Error: input frame is not writable." << std::endl;
        return -1;
    }
    return 0;
}

int32_t init_video_swscale(char *src_size, char *src_fmt, char
*dst_size, char *dst_fmt) {
```

```
    int32_t result = 0;

    // 解析輸入視訊和輸出視訊的圖型尺寸
    result = av_parse_video_size(&src_width, &src_height, src_size);
    if (result < 0) {
        std::cerr << "Error: Invalid input size. Must be in the form WxH
or a valid
            size abbreviation. Input:" << std::string(src_size) <<
std::endl;
        return -1;
    }
    result = av_parse_video_size(&dst_width, &dst_height, dst_size);
    if (result < 0) {
        std::cerr << "Error: Invalid output size. Must be in the form
WxH or a
            valid size abbreviation. Input:" << std::string(src_size) <<
std::endl;
        return -1;
    }

    // 選擇輸入視訊和輸出視訊的圖型格式
    if (!strcasecmp(src_fmt, "YUV420P")) {
        src_pix_fmt = AV_PIX_FMT_YUV410P;
    } else if (!strcasecmp(src_fmt, "RGB24")) {
        src_pix_fmt = AV_PIX_FMT_RGB24;
    } else {
        std::cerr << "Error: Unsupported input pixel format:" <<
            std::string(src_fmt) << std::endl;
        return -1;
    }

    if (!strcasecmp(dst_fmt, "YUV420P")) {
        dst_pix_fmt = AV_PIX_FMT_YUV410P;
    } else if (!strcasecmp(dst_fmt, "RGB24")) {
        dst_pix_fmt = AV_PIX_FMT_RGB24;
    } else {
        std::cerr << "Error: Unsupported output pixel format:" <<
            std::string(dst_fmt) << std::endl;
```

```
        return -1;
    }

    // 獲取 SwsContext 結構
    sws_ctx = sws_getContext(src_width, src_height, src_pix_fmt,
                             dst_width, dst_height, dst_pix_fmt,
                             SWS_BILINEAR, NULL, NULL, NULL);
    if (!sws_ctx) {
        std::cerr << "Error: failed to get SwsContext." << std::endl;
        return -1;
    }

    // 初始化 AVFrame 結構
    result = init_frame(src_width, src_height, src_pix_fmt);
    if (result < 0) {
        std::cerr << "Error: failed to initialize input frame." <<
std::endl;
        return -1;
    }

    return result;
}
```

上述視訊圖型轉換的初始化過程相對較為簡單，AVFrame 結構的創建、
參數設定和分配儲存區的方法在前面的章節中已多次使用。這裡重點討
論兩個新的基礎知識：解析輸入視訊的圖型尺寸，以及獲取 SwsContext
結構。

1. 解析輸入視訊的圖型尺寸

在前面的章節中，在使用 FFmpeg 的二進位工具時通常使用參數 -video_
size 來指定輸入視訊的尺寸，其格式為 WxH，該方法以一個字串的形式
一次性傳遞圖型的寬和高兩個數值。為了將輸入的字串參數解析為獨立
的寬和高，FFmpeg 提供了專門的函數實現。

```
int av_parse_video_size(int *width_ptr, int *height_ptr, const char
*str);
```

該函數接收三個參數。

- width_ptr：指向解析後的圖型寬度。
- height_ptr：指向解析後的圖型高度。
- str：字串類型的輸入參數。

當解析成功時，返回非負返回值。如果輸入參數的格式不正確，則返回負值（錯誤碼），呼叫方式如下。

```
result = av_parse_video_size(&src_width, &src_height, src_size);
if (result < 0) {
    std::cerr << "Error: Invalid input size. Must be in the form WxH or
a valid
        size abbreviation. Input:" << std::string(src_size) << std::endl;
    return -1;
}
```

2. 獲取 SwsContext 結構

視訊圖型轉換的核心為一個 SwsContext 結構，其中保存了輸入圖型和輸出圖型的寬、高，以及像素格式等多種參數。透過 sws_getContext 函數可以十分方便地創建並獲取 SwsContext 結構的實例，該函數宣告於 libswscale/swscale.h 中。

```
struct SwsContext *sws_getContext(int srcW, int srcH,
                                  enum AVPixelFormat srcFormat,
                                  int dstW, int dstH,
                                  enum AVPixelFormat dstFormat,
                                  int flags, SwsFilter *srcFilter,
                                  SwsFilter *dstFilter, const double
*param);
```

sws_getContext 函數的常用參數如下。

- srcW/srcH/srcFormat：輸入圖型的寬、高，以及像素格式。
- dstW/dstH/dstFormat：輸出圖型的寬、高，以及像素格式。
- flags：指定圖型在縮放時使用的取樣演算法或插值演算法。

當 sws_getContext 函數執行成功時，返回創建完成的 SwsContext 結構指標；當 sws_getContext 函數執行失敗時，返回空指標，呼叫方式如下。

```
sws_ctx = sws_getContext(src_width, src_height, src_pix_fmt,
                         dst_width, dst_height, dst_pix_fmt,
                         SWS_BILINEAR, NULL, NULL, NULL);
if (!sws_ctx) {
    std::cerr << "Error: failed to get SwsContext." << std::endl;
    return -1;
}
```

15.1.3 視訊的圖型幀迴圈轉換

在初始化後，可以透過迴圈讀取的方式對輸入的 YUV 視訊進行格式轉換操作，整體實現方式如下。

```
int32_t transforming(int32_t frame_cnt) {
    int32_t result = 0;
    uint8_t *dst_data[4];
    int32_t dst_linesize[4] = {0}, dst_bufsize = 0;

    result = av_image_alloc(dst_data, dst_linesize, dst_width, dst_height,
        dst_pix_fmt, 1);
    if (result < 0) {
        std::cerr << "Error: failed to alloc output frame buffer."
                  << std::endl;
```

```
            return -1;
    }
    dst_bufsize = result;

    for(int idx = 0; idx < frame_cnt; idx++) {
        result = read_yuv_to_frame(input_frame);
        if (result < 0) {
            std::cerr << "Error: read_yuv_to_frame failed." <<
std::endl;
            return result;
        }
        sws_scale(sws_ctx, input_frame->data, input_frame->linesize, 0,
            src_height, dst_data, dst_linesize);

        write_packed_data_to_file(dst_data[0], dst_bufsize);
    }

    av_freep(&dst_data[0]);
    return result;
}
```

從上述程式可知，透過 libswscale 對視訊格式進行轉換比使用濾鏡更加
便捷，轉換的核心函數為 sws_scale，宣告方式如下。

```
int sws_scale(struct SwsContext *c, const uint8_t *const srcSlice[],
            const int srcStride[], int srcSliceY, int srcSliceH,
            uint8_t *const dst[], const int dstStride[]);
```

該函數的常用參數如下。

- c：在初始化過程中創建的 SwsContext 結構實例。
- srcSlice：輸入來源圖型的快取位址。
- srcStride：輸入來源圖型的快取寬度。
- srcSliceY：圖像資料在快取中的起始位置。
- srcSliceH：輸入圖型的高度。

- dst：輸出目標圖像的快取位址。
- dstStride：輸出目標圖像的快取寬度。

返回值表示輸出目標圖像的高度，呼叫過程如下。

```
sws_scale(sws_ctx, input_frame->data, input_frame->linesize, 0, src_
height, dst_data, dst_linesize);
```

15.1.4 視訊格式轉換結構的銷毀和釋放

在對所有輸入的視訊幀進行轉換之後，需釋放和銷毀初始化分時配的
SwsContext 和 AVFrame 等結構，方法如下。

```
void destroy_video_swscale() {
    av_frame_free(&input_frame);
    sws_freeContext(sws_ctx);
}
```

主函數的整體實現如下。

```
#include <cstdlib>
#include <iostream>
#include <string>

#include "video_swscale_core.h"
#include "io_data.h"

static void usage(const char *program_name) {
    std::cout << "usage: " << std::string(program_name)
                << " input_file input_size in_pix_fmt in_layout output_
file output_size out_pix_fmt out_layout" << std::endl;
}

int main(int argc, char **argv) {
    int result = 0;
```

```
    if (argc < 7) {
        usage(argv[0]);
        return -1;
    }

    char *input_file_name = argv[1];
    char *input_pic_size = argv[2];
    char *input_pix_fmt = argv[3];
    char *output_file_name = argv[4];
    char *output_pic_size = argv[5];
    char *output_pix_fmt = argv[6];

    do {
        result = open_input_output_files(input_file_name, output_file_
name);
        if (result < 0) {
            break;
        }
        result = init_video_swscale(input_pic_size, input_pix_fmt,
            output_pic_size, output_pix_fmt);
        if (result < 0) {
            break;
        }
        result = transforming(100);
        if (result < 0) {
            break;
        }
    } while (0);

failed:
    destroy_video_swscale();
    close_input_output_files();
    return result;
}
```

編譯完成後,參考以下方法執行該圖型轉換程式。

```
video_transformer ~/Video/input_1280x720.yuv 1280x720 YUV420P scaled.
data 640x480 RGB24
```

透過上述命令，YUV420P 格式的輸入圖型將轉為 RGB24 格式的輸出圖型。與 YUV 格式類似，RGB 格式的影像檔同樣可使用 ffplay 播放。

```
ffplay -f rawvideo -pix_fmt rgb24 -video_size 640x480 scaled.data
```

15.2 音訊重取樣

當某段音訊的取樣頻率與需求不符時，可透過 libswresample 函數庫提供的介面按照指定的輸出取樣速率對原音訊資訊進行重取樣。本節我們參考 FFmpeg 提供的測試程式 resampling_audio.c，實現對輸入音訊訊號重取樣的 demo。

15.2.1 主函數實現

在 demo 目錄中新建測試程式 audio_resampler.cpp。

```
touch demo/audio_resampler.cpp
```

在 audio_resampler.cpp 中實現主函數的基本框架。

```
#include <cstdlib>
#include <iostream>
#include <string>

#include "audio_resampler_core.h"
#include "io_data.h"
```

```
static void usage(const char *program_name) {
    std::cout << "usage: " << std::string(program_name) << " in_file
        in_sample_rate in_sample_fmt out_file out_sample_fmt out_sample_
fmt" <<
        std::endl;
}

int main(int argc, char **argv) {
    int result = 0;
    if (argc < 7) {
        usage(argv[0]);
        return -1;
    }

    return result;
}
```

15.2.2 音訊重取樣初始化

在 inc 目錄中創建標頭檔 audio_resampler_core.h，在 src 目錄中創建原
始檔案 audio_resampler_core.cpp，並在標頭檔中撰寫以下程式。

```
#ifndef AUDIO_RESAMPLEER_CORE_H
#define AUDIO_RESAMPLEER_CORE_H
#include <stdint.h>

int32_t init_audio_resampler(int32_t in_sample_rate, const char
                            *in_sample_fmt,
                            const char *in_ch_layout,
                            int32_t out_sample_rate,
                            const char *out_sample_fmt,
                            const char *out_ch_layout);
#endif
```

在原始檔案中撰寫以下程式。

```cpp
#include <iostream>
#include <stdlib.h>
#include <string.h>

#include "audio_resampler_core.h"
#include "io_data.h"

extern "C" {
    #include <libavutil/opt.h>
    #include <libavutil/channel_layout.h>
    #include <libavutil/samplefmt.h>
    #include <libswresample/swresample.h>
    #include <libavutil/frame.h>
}

#define SRC_NB_SAMPLES 1152

static struct SwrContext *swr_ctx;
static AVFrame *input_frame = nullptr;
int32_t dst_nb_samples, max_dst_nb_samples, dst_nb_channels, dst_rate,
src_rate;
enum AVSampleFormat src_sample_fmt = AV_SAMPLE_FMT_NONE, dst_sample_fmt
= AV_SAMPLE_FMT_NONE;
uint8_t **dst_data = NULL;
int32_t dst_linesize = 0;

static int32_t init_frame(int sample_rate, int sample_format, uint64_t
channel_layout) {
    int32_t result = 0;
    input_frame->sample_rate = sample_rate;
    input_frame->nb_samples = SRC_NB_SAMPLES;
    input_frame->format = sample_format;
    input_frame->channel_layout = channel_layout;

    result = av_frame_get_buffer(input_frame, 0);
    if (result < 0) {
        std::cerr << "Error: AVFrame could not get buffer." <<
std::endl;
```

```
            return -1;
    }

    return result;
}

int32_t init_audio_resampler(int32_t in_sample_rate, const char *in_
sample_fmt, const char *in_ch_layout,
                             int32_t out_sample_rate, const char *out_
sample_fmt, const char *out_ch_layout) {
    int32_t result = 0;
    swr_ctx = swr_alloc();
    if (!swr_ctx) {
        std::cerr << "Error: failed to allocate SwrContext." << std::endl;
        return -1;
    }

    int64_t src_ch_layout = -1, dst_ch_layout = -1;
    if (!strcasecmp(in_ch_layout, "MONO")) {
        src_ch_layout = AV_CH_LAYOUT_MONO;
    } else if (!strcasecmp(in_ch_layout, "STEREO")) {
        src_ch_layout = AV_CH_LAYOUT_STEREO;
    } else if (!strcasecmp(in_ch_layout, "SURROUND")) {
        src_ch_layout = AV_CH_LAYOUT_SURROUND;
    } else {
        std::cerr << "Error: unsupported input channel layout." <<
std::endl;
        return -1;
    }
    if (!strcasecmp(out_ch_layout, "MONO")) {
        dst_ch_layout = AV_CH_LAYOUT_MONO;
    } else if (!strcasecmp(out_ch_layout, "STEREO")) {
        dst_ch_layout = AV_CH_LAYOUT_STEREO;
    } else if (!strcasecmp(out_ch_layout, "SURROUND")) {
        dst_ch_layout = AV_CH_LAYOUT_SURROUND;
    } else {
        std::cerr << "Error: unsupported output channel layout." <<
std::endl;
```

```
            return -1;
        }

    if (!strcasecmp(in_sample_fmt, "fltp")) {
        src_sample_fmt = AV_SAMPLE_FMT_FLTP;
    } else if (!strcasecmp(in_sample_fmt, "s16")) {
        src_sample_fmt = AV_SAMPLE_FMT_S16P;
    } else {
        std::cerr << "Error: unsupported input sample format." <<
std::endl;
        return -1;
    }
    if (!strcasecmp(out_sample_fmt, "fltp")) {
        dst_sample_fmt = AV_SAMPLE_FMT_FLTP;
    } else if (!strcasecmp(out_sample_fmt, "s16")) {
        dst_sample_fmt = AV_SAMPLE_FMT_S16P;
    } else {
        std::cerr << "Error: unsupported output sample format." <<
std::endl;
        return -1;
    }

    src_rate = in_sample_rate;
    dst_rate = out_sample_rate;
    av_opt_set_int(swr_ctx, "in_channel_layout",    src_ch_layout, 0);
    av_opt_set_int(swr_ctx, "in_sample_rate",       src_rate, 0);
    av_opt_set_sample_fmt(swr_ctx, "in_sample_fmt", src_sample_fmt, 0);

    av_opt_set_int(swr_ctx, "out_channel_layout",    dst_ch_layout, 0);
    av_opt_set_int(swr_ctx, "out_sample_rate",       dst_rate, 0);
    av_opt_set_sample_fmt(swr_ctx, "out_sample_fmt", dst_sample_fmt, 0);

    result = swr_init(swr_ctx);
    if (result < 0) {
        std::cerr << "Error: failed to initialize SwrContext." <<
std::endl;
        return -1;
    }
```

```
    input_frame = av_frame_alloc();
    if (!input_frame) {
        std::cerr << "Error: could not alloc input frame." << std::endl;
        return -1;
    }
    result = init_frame(in_sample_rate, src_sample_fmt, src_ch_layout);
    if (result < 0) {
        std::cerr << "Error: failed to initialize input frame." <<
std::endl;
        return -1;
    }
    max_dst_nb_samples = dst_nb_samples = av_rescale_rnd(SRC_NB_SAMPLES,
        out_sample_rate, in_sample_rate, AV_ROUND_UP);
    dst_nb_channels = av_get_channel_layout_nb_channels(dst_ch_layout);
    std::cout << "max_dst_nb_samples:" << max_dst_nb_samples << ", ";
        dst_nb_channels:" << dst_nb_channels << std::endl;

    return result;
}
```

與 15.1 節中視訊的圖型幀迴圈轉換的程式相比,音訊重取樣的初始化過
程略微複雜。本節重點講解其中所用到的結構和函數。

▶ 創建音訊重取樣結構

FFmpeg 專門提供了一個 SwrContext 結構來實現對音訊訊號的重取樣功
能。SwrContext 結構是一個黑盒結構,在標頭檔中無法直接查看其內部
資料定義,只能透過對應的介面創建和設定參數。創建 SwrContext 結構
的方法宣告於 libswresample/swresample.h 中。

```
struct SwrContext *swr_alloc(void);
```

創建 SwrContext 結構的程式如下。

```
struct SwrContext *swr_ctx = swr_alloc();
if (!swr_ctx) {
    std::cerr << "Error: failed to allocate SwrContext." << std::endl;
    return -1;
}
```

▶ 設定音訊重取樣參數

在創建 SwrContext 結構之後，就可以透過 av_opt_set_int 和 av_opt_
set_sample_fmt 等方法為 SwrContext 結構設定必要的參數了。

```
av_opt_set_int(swr_ctx, "in_channel_layout",    src_ch_layout, 0);
av_opt_set_int(swr_ctx, "in_sample_rate",        src_rate, 0);
av_opt_set_sample_fmt(swr_ctx, "in_sample_fmt", src_sample_fmt, 0);

av_opt_set_int(swr_ctx, "out_channel_layout",    dst_ch_layout, 0);
av_opt_set_int(swr_ctx, "out_sample_rate",        dst_rate, 0);
av_opt_set_sample_fmt(swr_ctx, "out_sample_fmt", dst_sample_fmt, 0);
```

透過上述方法可以為 SwrContext 結構設定輸入音訊資訊和輸出音訊資訊
的聲道佈局、取樣速率和取樣格式等參數。

▶ 初始化音訊重取樣結構

在為 SwrContext 結構設定好參數之後，需要初始化方可使用。初始化
SwrContex 結構的方法非常簡單，使用 swr_init 實現即可，宣告方式如
下。

```
int swr_init(struct SwrContext *s);
```

呼叫方法如下。

```
result = swr_init(swr_ctx);
if (result < 0) {
    std::cerr << "Error: failed to initialize SwrContext." << std::endl;
    return -1;
}
```

15.2.3 對音訊幀迴圈重取樣

從輸入檔案中迴圈讀取原始音訊訊號，在進行重取樣後將輸出音訊訊號
寫入輸出檔案，整體實現方法如下。

```
static int32_t resampling_frame() {
    int32_t result = 0;
    int32_t dst_bufsize = 0;
    dst_nb_samples = av_rescale_rnd(swr_get_delay(swr_ctx, src_rate) +
        SRC_NB_SAMPLES, dst_rate, src_rate, AV_ROUND_UP);
    if (dst_nb_samples > max_dst_nb_samples) {
        av_freep(&dst_data[0]);
        result = av_samples_alloc(dst_data, &dst_linesize, dst_nb_channels,
            dst_nb_samples, dst_sample_fmt, 1);
        if (result < 0) {
            std::cerr << "Error:failed to reallocat dst_data." << std::endl;
            return -1;
        }
        std::cout << "nb_samples exceeds max_dst_nb_samples, buffer
            reallocated." << std::endl;
        max_dst_nb_samples = dst_nb_samples;
    }
    result = swr_convert(swr_ctx, dst_data, dst_nb_samples, (const uint8_t
        **)input_frame->data, SRC_NB_SAMPLES);
    if (result < 0) {
        std::cerr << "Error:swr_convert failed." << std::endl;
        return -1;
    }
```

```cpp
    dst_bufsize = av_samples_get_buffer_size(&dst_linesize, dst_nb_
channels,
         result, dst_sample_fmt, 1);
    if (dst_bufsize < 0) {
        std::cerr << "Error:Could not get sample buffer size." << std::endl;
        return -1;
    }
    write_packed_data_to_file(dst_data[0], dst_bufsize);

    return result;
}

int32_t audio_resampling() {
    int32_t result = av_samples_alloc_array_and_samples(&dst_data,
        &dst_linesize, dst_nb_channels, dst_nb_samples, dst_sample_fmt, 0);
    if (result < 0) {
        std::cerr << "Error: av_samples_alloc_array_and_samples failed." <<
            std::endl;
        return -1;
    }
    std::cout << "dst_linesize:" << dst_linesize << std::endl;

    while (!end_of_input_file()) {
        result = read_pcm_to_frame2(input_frame, src_sample_fmt, 2);
        if (result < 0) {
            std::cerr << "Error: read_pcm_to_frame failed." << std::endl;
            return -1;
        }
        result = resampling_frame();
        if (result < 0) {
            std::cerr << "Error: resampling_frame failed." << std::endl;
            return -1;
        }
    }

    return result;
}
```

上述程式在整體邏輯上可分為讀取→處理→寫出，其中，處理和寫出過程涉及新的處理函數，下面分別介紹。

1. 音訊訊號取樣轉換函數 swr_convert

音訊訊號取樣轉換函數 swr_convert 的作用是將按某取樣速率取樣的一段輸入音訊訊號按照指定輸出取樣速率轉為輸出音訊訊號。音訊訊號取樣轉換透過函數 swr_convert 實現，宣告方式如下。

```
int swr_convert(struct SwrContext *s, uint8_t **out, int out_count,
                const uint8_t **in , int in_count);
```

該函數共接收五個輸入參數。

- s：初始化完成的 SwrContext 結構。
- out：輸出音訊訊號快取。
- out_count：輸出音訊訊號每聲道的快取大小。
- in：輸入音訊訊號快取。
- in_count：輸入音訊訊號的每聲道取樣點數。

該函數的返回值表示輸出音訊訊號的每聲道取樣點數，如果執行失敗，則返回負值（錯誤碼），呼叫方式如下。

```
result = swr_convert(swr_ctx, dst_data, dst_nb_samples, (const uint8_t
**)input_frame->data, SRC_NB_SAMPLES);
if (result < 0) {
    std::cerr << "Error:swr_convert failed." << std::endl;
    return -1;
}
```

2. 音訊資料快取的分配

在對音訊幀迴圈重取樣的程式實現中，輸出音訊幀快取是以二維陣列的方式定義的。輸出音訊幀快取所需要的記憶體空間大小與聲道數、每聲道取樣點數和取樣點格式有關。分配一個輸出音訊幀快取可使用下面的函數實現。

```
int av_samples_alloc_array_and_samples(uint8_t ***audio_data,
                                int *linesize,
                                int nb_channels, int nb_samples,
                                enum AVSampleFormat sample_fmt,
                                int align);
```

該函數接收兩個輸出參數和四個輸入參數，其中，輸出參數如下。

- audio_data：輸出取樣點快取的指標。
- linesize：輸出取樣點快取的大小。

輸入參數如下。

- nb_channels：輸出音訊聲道數。
- nb_samples：每聲道的取樣點數。
- sample_fmt：輸出音訊訊號的取樣點格式。
- align：記憶體位元組對齊標識位元，0 表示對齊，1 表示不對齊，預設為 0。

如果執行成功，則返回快取大小。如果執行失敗，則返回負值（錯誤碼），呼叫方式如下。

```
int32_t result = av_samples_alloc_array_and_samples(&dst_data, &dst_linesize, dst_nb_
channels, dst_nb_samples, dst_sample_fmt, 0);
if (result < 0) {
   std::cerr << "Error: av_samples_alloc_array_and_samples failed." <<
```

```
    std::endl;
  return -1;
}
```

在前文的程式中還呼叫了函數 **av_samples_get_buffer_size**，它的宣告方式如下。

```
int av_samples_get_buffer_size(int *linesize, int nb_channels, int nb_
samples, enum AVSampleFormat sample_fmt, int align);
```

該函數的參數結構與分配音訊取樣快取函數 **av_samples_alloc_array_ and_samples** 的結構相同，其作用為返回指定格式音訊訊號的快取大小，呼叫方式如下。

```
dst_bufsize = av_samples_get_buffer_size(&dst_linesize, dst_nb_channels,
result, dst_sample_fmt, 1);
if (dst_bufsize < 0) {
    std::cerr << "Error:Could not get sample buffer size." << std::endl;
    return -1;
}
```

15.2.4 音訊重取樣結構的銷毀和釋放

在對所有的輸入音訊資訊進行重取樣後，即可退出程式，銷毀手動創建的結構及分配的記憶體，主要包括 SwrContext 結構，以及輸入和輸出的音訊資料快取，程式如下。

```
void destroy_audio_resampler() {
    av_frame_free(&input_frame);
    if (dst_data)
        av_freep(&dst_data[0]);
    av_freep(&dst_data);
    swr_free(&swr_ctx);
}
```

主函數的整體實現如下。

```cpp
#include <cstdlib>
#include <iostream>
#include <string>
#include "audio_resampler_core.h"
#include "io_data.h"
static void usage(const char *program_name) {
  std::cout << "usage: " << std::string(program_name)
       << "in_file in_sample_rate in_sample_fmt out_file out_sample_fmt"
       "out_sample_fmt"
       << std::endl;
}
int main(int argc, char **argv) {
  int result = 0;
  if (argc < 7) {
    usage(argv[0]);
    return -1;
  }
  char *input_file_name = argv[1];
  int32_t in_sample_rate = atoi(argv[2]);
  char *in_sample_fmt = argv[3];
  char *in_sample_layout = argv[4];
  char *output_file_name = argv[5];
  int32_t out_sample_rate = atoi(argv[6]);
  char *out_sample_fmt = argv[7];
  char *out_sample_layout = argv[8];
  do {
    result = open_input_output_files(input_file_name, output_file_name);
    if (result < 0) {
      break;
    }
    result = init_audio_resampler(in_sample_rate, in_sample_fmt,
                                  in_sample_layout, out_sample_rate,
                                  out_sample_fmt, out_sample_layout);
    if (result < 0) {
      std::cerr << "Error: init_audio_resampler failed." << std::endl;
      return result;
```

```
    }
    result = audio_resampling();
    if (result < 0) {
      std::cerr << "Error: audio_resampling failed." << std::endl;
      return result;
    }
  } while (0);
  close_input_output_files();
  destroy_audio_resampler();
  return result;
}
```

編譯完成後，參考以下方法執行音訊重取樣測試程式。

```
audio_resampler ~/Video/input_f32le_2_44100.pcm 44100 fltp STEREO
resampled.pcm 22050 s16 MONO
```

上述命令將輸入的 .pcm 音訊資料按照 22050 單聲道的格式重取樣，並以 16 位元有號整數態資料的形式保存到輸出檔案中。執行完成後使用 ffplay 播放輸出 .pcm 音訊檔案。

```
ffplay -f s16le -ac 1 -ar 22050 ./build/resampled.pcm
```

更多的內容和資源，請參考本書書附程式中的內容。